W. TUTSCHKE
GRUNDLAGEN DER FUNKTIONENTHEORIE

uni—text

WOLFGANG TUTSCHKE

GRUNDLAGEN DER FUNKTIONENTHEORIE

Lehrbuch für
Mathematiker, Physiker und Elektrotechniker
im 4. Semester

Mit 52 Abbildungen

Friedr. Vieweg & Sohn · Braunschweig

ISBN 978-3-322-97933-9   ISBN 978-3-322-98481-4 (eBook)
DOI 10.1007/978-3-322-98481-4

1969

Best.-Nr. 5508

VORWORT

Dieses Buch stellt eine Einführung in die (komplexe) Funktionentheorie dar. Die Funktionentheorie ist eine nach den verschiedensten Richtungen sehr weit entwickelte mathematische Theorie, deren Grundlage die Theorie der komplexen Differentiation ist. Einer der wichtigsten Sätze der Funktionentheorie ist der Cauchysche Integralsatz. Er besagt, daß das komplexe Kurvenintegral einer komplexwertigen Funktion $f(z)$ über eine geschlossene Kurve gleich Null ist, wenn $f(z)$ in jedem Punkt ihres Definitionsgebietes im komplexen Sinne differenzierbar ist. Allerdings gilt diese Aussage nur, wenn über die Struktur des Definitionsgebietes bestimmte Voraussetzungen gemacht werden. Hierin zeigt sich die enge Verbindung von Funktionentheorie und Topologie der Ebene. Diesen Zusammenhang kann man verwenden, um die Funktionentheorie gleich von Anfang an durch Heranziehung topologischer Aussagen aufzubauen. Ein solcher Satz, der an die Spitze der Funktionentheorie gestellt werden kann, ist der Jordansche Kurvensatz. Seine Verwendung ist für die Funktionentheorie äußerst bequem, da in den Begriff des einfach zusammenhängenden Gebietes, zu dessen Definition man die Aussage des Jordanschen Kurvensatzes benötigt, sozusagen alle topologischen Schwierigkeiten hineingesteckt werden. Ein Nachteil dieser Ansätze ist, daß manche Analogien zur reellen Analysis, die erhalten bleiben könnten, verlorengehen. SAKS und ZYGMUND waren meines Wissens die ersten, die auf diesen Umstand hingewiesen und in ihrem Buch [56] die Funktionentheorie ohne Verwendung des Jordanschen Kurvensatzes aufgebaut haben. Diese Idee wurde von L. AHLFORS [1] erneut aufgegriffen. R. NEVANLINNA und V. PAATERO gaben in [48] einen Aufbau der Funktionentheorie mit Hilfe von Elementardeformationen, wodurch unnötige topologische Schwierigkeiten umgangen werden. Eine entscheidende Vereinfachung erzielte auch A. DINGHAS [15] durch die Verwendung des Begriffs des Sterngebietes. Wie DINGHAS zeigte, kann man durch Betrachtung der Sterngebiete lokale und globale funktionentheoretische Aussagen scharf trennen. Er wies damit nach, daß die lokale Theorie mit rein analytischen Methoden auskommt, während erst bei globalen Fragestellungen topologische Gesichtspunkte wirksam werden. Es zeigt sich nun, daß die Dinghassche Sterngebietskonzeption auch dann äußerst wirkungsvoll ist, wenn man die Funktionentheorie unter starker Verwendung des Potenzreihenkalküls aufbaut. Dies soll in der vorliegenden Einführung in die Funktionentheorie geschehen. Es war sehr ermutigend für mich, daß sich auch

Herr Professor DINGHAS zu meinem Plan, ein solches Lehrbuch zu schreiben, zustimmend geäußert hat.

Im ersten Abschnitt werden die komplexen Zahlen eingeführt und als Punkte der Ebene gedeutet. Außerdem werden Folgen komplexer Zahlen und allgemeine Punktmengen in der komplexen Ebene (Gebiet, Sterngebiet) betrachtet.

Der zweite Abschnitt behandelt komplexwertige Funktionen $w = f(z)$ einer komplexen Veränderlichen z. Solche Funktionen können als Abbildungen aus der z-Ebene in die w-Ebene gedeutet werden. Im Fall einer im komplexen Sinne differenzierbaren Funktion ($f'(z) \neq 0$) bleiben bei dieser Abbildung die Winkel zwischen Kurven erhalten. Neben dem Begriff der komplexen Differentiation werden im Abschnitt 2 das (bestimmte) komplexe Kurvenintegral und der Begriff der Stammfunktion eingeführt. Besitzt $f(z)$ eine Stammfunktion, so besteht zwischen dieser Stammfunktion und dem komplexen Kurvenintegral derselbe Zusammenhang wie zwischen Stammfunktion (= unbestimmtem Integral) und bestimmtem Integral im Fall reellwertiger Funktionen einer reellen Veränderlichen (Hauptsatz der Differential- und Integralrechnung). Das grundlegende Resultat dieses Abschnittes besteht in dem Nachweis, daß $f(z)$ eine Stammfunktion besitzt, wenn das Definitionsgebiet G ein Sterngebiet ist und $f(z)$ in G regulär ist.

Auf diesem Resultat aufbauend, werden im dritten Abschnitt für eine in G reguläre Funktion $w = f(z)$ die Werte w für z aus der offenen Kreisscheibe $|z - z_0| < r$ durch ein komplexes Kurvenintegral über die Kreislinie $|z - z_0| = r$ dargestellt, wenn $|z - z_0| \leq r$ ganz zu G gehört (Cauchysche Integralformel). Hieraus wird die Potenzreihenentwicklung regulärer Funktionen in einer zum Definitionsgebiet gehörenden Kreisscheibe gewonnen. Als Nebenresultat ergibt sich der sogenannte Fundamentalsatz der Algebra: Ist $p(z)$ ein Polynom in z (mit komplexen Koeffizienten), so gibt es wenigstens eine Nullstelle, d. h. ein (komplexes) z_0 mit $p(z_0) = 0$.

Von der im dritten Abschnitt hergeleiteten Potenzreihenentwicklung einer regulären Funktion wird im Abschnitt 4 die Umkehrung bewiesen: Eine Potenzreihe $\sum\limits_{\mu=0}^{\infty} a_\mu (z - z_0)^\mu$ stellt in ihrem Konvergenzgebiet stets eine reguläre Funktion dar (falls die Potenzreihe nicht nur in $z = z_0$ konvergiert, konvergiert die Potenzreihe entweder in der ganzen komplexen Ebene oder in einer Kreisscheibe $|z - z_0| < R$. Im zweiten Fall ist in keinem Punkt von $|z - z_0| > R$ Konvergenz möglich). Aus dem Satz von der Regularität einer Potenzreihe im Konvergenzkreis werden wichtige Folgerungen gezogen: Es ergibt sich für jede reguläre Funktion Existenz und Stetigkeit der Ableitungen beliebig hoher Ordnung. Außerdem erhält man auch für die Ableitungen in den Punkten z einer Kreisscheibe die Cauchysche Integraldarstellung. Auch der Weierstraßsche Konvergenzsatz, nach dem die Grenzfunktion einer gleichmäßig konvergenten Folge regulärer Funktionen ebenfalls regulär ist, wird auf den Satz von der Regularität einer Potenzreihe zurückgeführt.

Eine Konsequenz der Potenzreihenentwicklung einer regulären Funktion bezieht sich auf die Art, wie eine reguläre Funktion einen Wert w_0 annimmt: Ist $f(z)$ nicht im ganzen Definitionsgebiet identisch w_0, so gibt es um den Punkt z_0, in dem $f(z_0) = w_0$ sein soll, eine ganze Kreisscheibe $|z - z_0| < \delta$, so daß $f(z)$ außer in z_0 den Wert w_0 dort nicht mehr annimmt. Das bedeutet insbesondere, daß die w_0-Stellen einer nicht konstanten regulären Funktion keinen zum Definitionsgebiet gehörenden Häufungspunkt haben können. Weiter wird das Maximumprinzip gefolgert, nach dem der Betrag einer nicht konstanten regulären Funktion in keinem Punkt des Definitionsgebietes ein relatives Maximum haben kann.

Der fünfte Abschnitt bringt die Theorie der isolierten singulären Stellen z_0 einer regulären Funktion $w = f(z)$. Wenn eine isolierte singuläre Stelle z_0 nicht überhaupt hebbar ist (dann ist nach geeigneter Definition von $f(z_0)$ die ergänzte Funktion $f(z)$ in einer vollen Umgebung von z_0 regulär), gibt es für das Verhalten von $f(z)$ nur folgende beiden Möglichkeiten: Entweder liegen die Werte $w = f(z)$ außerhalb eines beliebig groß gewählten Kreises um den Nullpunkt der w-Ebene, wenn z in einem hinreichend kleinen Kreis um z_0 liegt (z_0 heißt dann Polstelle), oder $w = f(z)$ kommt in jeder Umgebung von z_0 jedem komplexen Wert beliebig nahe (z_0 heißt in diesem Fall wesentlich singuläre Stelle). Nach Definition des Residuums wird der Residuensatz bewiesen. Er besagt, daß sich ein komplexes Kurvenintegral über eine geschlossene Kurve γ_0 durch die Residuen und die Windungszahlen von γ_0 in bezug auf die singulären Stellen ausdrücken läßt. Die Windungszahl einer geschlossenen Kurve γ_0 in bezug auf einen nicht auf γ_0 gelegenen Punkt z_* gibt an, wieviel Mal z_* von γ_0 umlaufen wird. Als Spezialfall des Residuensatzes ergibt sich die Cauchysche Integralformel für eine beliebige geschlossene Kurve an Stelle einer Kreislinie.

Die Theorie der isolierten singulären Stellen läßt sich zur Untersuchung des Verhaltens regulärer Funktionen für Werte z mit hinreichend großem Abstand vom Nullpunkt ($z = 0$) heranziehen. Dazu ist es zweckmäßig, die komplexe Ebene durch Hinzunahme einer einzigen „uneigentlichen" komplexen Zahl $z = \infty$ zu erweitern, wie dies im sechsten Abschnitt durchgeführt wird. Diese neue komplexe Zahl $z = \infty$ wird durch $Z = \dfrac{1}{z}$ in $Z = 0$ übergeführt. Auf diesem Wege kann man also das Verhalten einer Funktion $f(z)$ in $z = \infty$ auf das Verhalten von $f\left(\dfrac{1}{Z}\right)$ in $Z = 0$ zurückführen. Funktionen, die in der ganzen komplexen Ebene einschließlich $z = \infty$ regulär sind mit Ausnahme von (endlich vielen) Polstellen, sind notwendig rationale Funktionen in z. Die Theorie der isolierten singulären Stellen ergibt unmittelbar, daß sich rationale Funktionen in Partialbrüche zerlegen lassen (6.2.).

Der siebente Abschnitt behandelt schließlich Aussagen über die gegenseitige Lage der Werte w in bezug auf die gegenseitige Lage der Stellen z, wenn w durch eine reguläre Funktion $w = f(z)$ den Stellen z zugeordnet wird.

Die ersten sieben Abschnitte stellen in ihrer Gesamtheit den Kalkül der Funktionentheorie dar. Dagegen behandelt der achte und letzte Abschnitt theoretische Fragen, die Zusammenhänge von Funktionentheorie und Topologie herstellen. Dabei wird die topologische Struktur derjenigen Gebiete aufgeklärt, in denen der Cauchysche Integralsatz gilt.

Diesem Buch liegt das Manuskript der Vorlesung Funktionentheorie I zugrunde, die ich wiederholt an der Humboldt-Universität Berlin gehalten habe. Die Ausarbeitung dieses Buches wurde durch das Institut für Reine Mathematik der Deutschen Akademie der Wissenschaften, insbesondere durch Herrn Professor NAAS, gefördert. Für anregende Gespräche, die sich auf die Abfassung dieses Lehrbuches auswirkten, sei Herrn Professor PIRL gedankt. Mein Dank gilt auch dem VEB Deutscher Verlag der Wissenschaften, der das Manuskript mit größter Sorgfalt bearbeitet hat. Ich möchte auch dem zuständigen Herausgeber des Verlages, Herrn Professor MARUHN, für seine Zustimmung zur Aufnahme dieses Buches in die Hochschulbuchreihe danken. Herr Professor MARUHN hat außerdem durch kritische Hinweise auf die Gestaltung des Manuskriptes eingewirkt.

WOLFGANG TUTSCHKE

Berlin, im Herbst 1967

INHALTSVERZEICHNIS

1. DIE KOMPLEXEN ZAHLEN

1.1. Definition und Eigenschaften

Es seien $a, b, c, \ldots$ reelle Zahlen. C sei die Menge aller geordneten Paare $[a, b]$ von reellen Zahlen. Dabei werden zwei Paare $[a, b]$ und $[c, d]$ von C dann und nur dann als gleich angesehen, wenn $a = c$ und $b = d$ ist.[1]) Es wird jetzt gezeigt, daß es möglich ist, die Paare $[a, b]$ selbst in folgendem Sinne als Zahlen aufzufassen:

1. Definition zweier *Verknüpfungen* in C:

Man erhält in C eine Addition und eine Multiplikation, wenn man je zwei Paaren $[a, b]$ und $[c, d]$ in der folgenden Weise eindeutig eine Summe und ein Produkt zuordnet:

$$[a, b] + [c, d] = [a + c, b + d],$$

$$[a, b] \cdot [c, d] = [ac - bd, bc + ad].$$

Die Definitionen der Summe und des Produktes sind so gewählt, daß alle für reelle Zahlen gültigen Rechengesetze auch beim Rechnen mit den Paaren $[a, b]$ gültig bleiben.

2. *Kommutativgesetze*:

Es ist $[a, b] + [c, d] = [a + c, b + d]$. Andererseits ist $[c, d] + [a, b] = [c + a, d + b]$. Berücksichtigt man die Kommutativität der Addition reeller Zahlen und die oben gegebene Definition der Gleichheit von Paaren, so sieht man, daß $[a + c, b + d] = [c + a, d + b]$ ist. Damit hat man

$$[a, b] + [c, d] = [c, d] + [a, b],$$

d. h., es gilt das Kommutativgesetz der Addition. Weiter ist

$$[a, b] \cdot [c, d] = [ac - bd, bc + ad]$$

---

[1]) Es sei bemerkt, daß die so in C definierte Gleichheitsrelation natürlich reflexiv, symmetrisch und transitiv ist, d. h. $[a, b] = [a, b]$, aus $[a, b] = [c, d]$ folgt $[c, d] = [a, b]$, und aus $[a, b] = [c, d]$ und $[c, d] = [e, f]$ folgt $[a, b] = [e, f]$.

und

$$[c, d] \cdot [a, b] = [ca - db, da + cb].$$

Durch Vergleich sieht man hieraus — wenn man die **Kommutativität der Multiplikation** reeller Zahlen berücksichtigt —, daß auch in C das Kommutativgesetz der Multiplikation gilt:

$$[a, b] \cdot [c, d] = [c, d] \cdot [a, b].$$

3. *Assoziativgesetze*:

Es ist

$$([a, b] + [c, d]) + [e, f] = [(a + c) + e, (b + d) + f]$$

und

$$[a, b] + ([c, d] + [e, f]) = [a + (c + e), b + (d + f)].$$

Da die Addition der reellen Zahlen assoziativ ist, erhält man durch Vergleich der rechten Seiten

$$([a, b] + [c, d]) + [e, f] = [a, b] + ([c, d] + [e, f]);$$

dies ist das Assoziativgesetz der Addition in C.

Durch Ausrechnen erhält man[1])

$$([a, b] \cdot [c, d]) \cdot [e, f] = [ace - bde - bcf - adf, bce + ade + acf - bdf].$$

Genau denselben Ausdruck erhält man aber auch, wenn man $[a, b] \cdot ([c, d] \cdot [e, f])$ ausmultipliziert, womit das Assoziativgesetz der Multiplikation bestätigt ist:

$$([a, b] \cdot [c, d]) \cdot [e, f] = [a, b] \cdot ([c, d] \cdot [e, f]).$$

4. *Distributivgesetz*[2]):

Es ist

$$[a, b] \cdot ([c, d] + [e, f]) = [a(c + e) - b(d + f), b(c + e) + a(d + f)]$$

und

$$[a, b] \cdot [c, d] + [a, b] \cdot [e, f] = [(ac - bd) + (ae - bf), (bc + ad) + (be + af)].$$

Durch Verwendung des Distributivgesetzes für das Rechnen mit reellen Zahlen ist hieraus die Gültigkeit des Distributivgesetzes in C ersichtlich:

$$[a, b] \cdot ([c, d] + [e, f]) = [a, b] \cdot [c, d] + [a, b] \cdot [e, f].$$

---

[1]) Wegen der Assoziativität der Multiplikation der reellen Zahlen ist $a(bc) = (ab)c$, und man kann daher $a(bc) = (ab)c = abc$ schreiben.

[2]) Wegen der Kommutativität der Multiplikation braucht man nicht zwei Distributivgesetze zu unterscheiden.

5. *Neutrale Elemente*:

Unmittelbar aus der Definition der Addition folgt

$$[a, b] + [0, 0] = [a + 0, b + 0] = [a, b].$$

Also ist $[0, 0]$ neutrales Element bezüglich der Addition. Entsprechend ergibt sich nach Definition der Multiplikation

$$[a, b] \cdot [1, 0] = [a \cdot 1 - b \cdot 0, b \cdot 1 + a \cdot 0] = [a, b],$$

d. h., $[1, 0]$ ist neutrales Element bezüglich der Multiplikation.

6. *Inverse Operationen*:

Die Umkehrung der Addition bedeutet, zu vorgegebenen Paaren $[a, b]$ und $[c, d]$ ein Paar $[x, y]$ zu bestimmen, so daß

$$[a, b] + [x, y] = [c, d]$$

gilt. Nach Definition der Addition und der Gleichheit in C ergibt sich hieraus das Gleichungssystem

$$a + x = c,$$

$$b + y = d.$$

Dieses System ist stets eindeutig lösbar, $x = c - a$, $y = d - b$. Man erkennt damit, daß die Subtraktion, die Umkehrung der Addition, unbeschränkt und eindeutig ausführbar ist. Dabei ist

$$[x, y] = [c - a, d - b].$$

Die Division, die Umkehrung der Multiplikation, erfordert die Bestimmung von $[x, y]$, so daß bei gegebenen $[a, b]$ und $[c, d]$ die Gleichung

$$[a, b] \cdot [x, y] = [c, d]$$

gilt. Da $[a, b] \cdot [x, y] = [ax - by, bx + ay]$ ist, bedeutet dies nach Definition der Gleichheit in C

$$ax - by = c,$$

$$bx + ay = d.$$

Die Koeffizientendeterminante dieses linearen Gleichungssystems ist $a^2 + b^2$, also positiv, außer wenn $[a, b]$ das Paar $[0, 0]$ ist. Daher ist für $[a, b] \neq [0, 0]$ das Gleichungssystem stets eindeutig lösbar. Die Division, außer durch $[0, 0]$, ist also unbeschränkt und eindeutig ausführbar. Ist insbesondere $[c, d] = [0, 0]$, so ist $[x, y] = [0, 0]$. Ist $[a, b] = [0, 0]$, so ist für alle $[x, y]$

$$[a, b] \cdot [x, y] = [0, 0] \cdot [x, y] = [0, 0].$$

Die Gleichung

$$[0, 0] \cdot [x, y] = [c, d]$$

ist also für $[c, d] \neq [0, 0]$ nicht erfüllbar und wird für $[c, d] = [0, 0]$ durch jedes $[x, y]$ erfüllt.

Zusammenfassend ergibt sich:

In C sind Addition, Subtraktion, Multiplikation und Division (außer durch $[0, 0]$) eindeutig ausführbar.[1])

Die Elemente $[a, b]$ von C heißen *komplexe Zahlen*. Als Symbol für eine komplexe Zahl $[a, b]$ wird ein einziger Buchstabe z verwendet.

Nun werden speziell die komplexen Zahlen der Form $[a, 0]$ betrachtet. Aus den Definitionen von Addition und Multiplikation folgt

$$[a, 0] + [c, 0] = [a + c, 0],$$
$$[a, 0] \cdot [c, 0] = [ac - 0 \cdot 0, 0 \cdot c + a \cdot 0] = [ac, 0].$$

Man erkennt hieraus, daß man mit den Paaren $[a, 0]$ genau so rechnen kann wie mit reellen Zahlen.[2]) Man kann also das Paar $[a, 0]$ mit der reellen Zahl a identifizieren. Demzufolge kann man den Ausdrücken $a + [c, d]$ und $a \cdot [c, d]$ einen Sinn geben, nämlich

$$a + [c, d] = [a, 0] + [c, d] = [a + c, d]$$

und

$$a \cdot [c, d] = [a, 0] \cdot [c, d] = [ac - 0 \cdot d, 0 \cdot c + ad] = [ac, ad].$$

Aus der letzten Regel folgt, daß man eine komplexe Zahl $z = [a, b]$ stets in der Form

$$z = [a, b] = [a, 0] + [0, b] = a \cdot [1, 0] + b \cdot [0, 1]$$

schreiben kann. $[1, 0]$ ist mit der reellen Zahl 1 zu identifizieren, das Paar $[0, 1]$ bezeichnet man zur Abkürzung mit i. Damit ergibt sich für z die folgende „normierte" Darstellung

$$z = [a, b] = a + b \cdot i.$$

a heißt der *Realteil* von z, b der *Imaginärteil*. Symbolisch schreibt man

$$a = \mathrm{Re}\,[z], \quad b = \mathrm{Im}\,[z].$$

Komplexe Zahlen der Form $[0, b] = b \cdot i$ heißen *rein imaginär*, i heißt die *imaginäre Einheit*. Die wichtigste Eigenschaft von i besteht darin, daß

$$i^2 = i \cdot i = [0, 1] \cdot [0, 1] = [0 \cdot 0 - 1 \cdot 1, 1 \cdot 0 + 0 \cdot 1] = [-1, 0] = -1$$

---

[1]) Nach den Bezeichnungen der Algebra ist C also ein kommutativer Körper.

[2]) Algebraisch gesprochen, bilden die Paare der Form $[a, 0]$ von C einen Unterkörper, der dem Körper der reellen Zahlen isomorph ist.

ist. Daher besitzt die algebraische Gleichung $z^2 + 1 = 0$ die komplexe Zahl $z = i$ als Lösung.[1])

Die normierte Darstellung einer komplexen Zahl ist für das praktische Rechnen mit komplexen Zahlen vorteilhaft:

$$(a + b \cdot i) \pm (c + d \cdot i) = [a, b] \pm [c, d] = [a \pm c, b \pm d]$$
$$= (a \pm c) + (b \pm d) \cdot i,$$

d. h., man addiert bzw. subtrahiert zwei komplexe Zahlen, indem man jeweils die Realteile und die Imaginärteile addiert bzw. subtrahiert.

Für das Produkt zweier komplexer Zahlen erhält man zunächst

$$(a + b \cdot i) \cdot (c + d \cdot i) = [a, b] \cdot [c, d] = [ac - bd, bc + ad]$$
$$= (ac - bd) + (bc + ad) \cdot i.$$

Dies ist aber nichts anderes als das, was man erhält, wenn man $a + b \cdot i$ und $c + d \cdot i$ gliedweise ausmultipliziert und dabei $i^2 = -1$ berücksichtigt; denn es ist

$$(a + b \cdot i)(c + d \cdot i) = ac + ad \cdot i + bc \cdot i + bd \cdot i^2 = ac - bd + (ad + bc) \cdot i.$$

Die Division kann man natürlich auf die Multiplikation zurückführen. Setzt man

$$\frac{a + b \cdot i}{c + d \cdot i} = Z, \quad c + d \cdot i \neq 0,$$

so bedeutet dies

$$a + b \cdot i = Z \cdot (c + d \cdot i).$$

Diese Gleichung bleibt richtig, wenn man beide Seiten mit einer beliebigen komplexen Zahl $e + f \cdot i$ multipliziert. Es ist also

$$(a + b \cdot i)(e + f \cdot i) = Z \cdot [(c + d \cdot i)(e + f \cdot i)].$$

Ist $e + f \cdot i \neq 0$, so ist auch $[(c + d \cdot i)(e + f \cdot i)] \neq 0$ [2]), und man kann an Stelle der letzten Gleichung auch

$$Z = \frac{(a + b \cdot i)(e + f \cdot i)}{(c + d \cdot i)(e + f \cdot i)}$$

---

[1]) Ebenso zeigt man, daß auch $z = -i$ Lösung von $z^2 + 1 = 0$ ist. Später wird mit funktionentheoretischen Mitteln gezeigt werden, daß jede Gleichung $\sum_{\mu} a_\mu z^\mu = 0$ (a_μ komplex) wenigstens eine komplexe Zahl als Lösung besitzt (Fundamentalsatz der Algebra). Demzufolge kann jedes Polynom mit komplexen Koeffizienten als Produkt von Linearfaktoren geschrieben werden.

[2]) Das Produkt zweier von Null verschiedener komplexer Zahlen ist stets $\neq 0$. Denn ist $[a, b] \cdot [x, y] = [0, 0]$ und $[a, b] \neq [0, 0]$, so folgt (vgl. Abschnitt 6 auf S. 13) $x = 0$, $y = 0$. Das bedeutet also: Ist ein Produkt zweier komplexer Zahlen Null, so muß wenigstens ein Faktor gleich Null sein.

schreiben, womit gezeigt ist, daß man einen Quotienten komplexer Zahlen mit einer beliebigen von Null verschiedenen komplexen Zahl $e + f \cdot i$ erweitern kann. Erweitert man nun $Z = \dfrac{a + b \cdot i}{c + d \cdot i}$ speziell mit $c - d \cdot i$, so ergibt sich

$$Z = \frac{(a + b \cdot i)\,(c - d \cdot i)}{(c + d \cdot i)\,(c - d \cdot i)} = \frac{(ac + bd) + (bc - da) \cdot i}{c^2 + d^2}.$$

Nochmaliges Erweitern mit $\dfrac{1}{c^2 + d^2}$ liefert schließlich

$$Z = \frac{ac + bd}{c^2 + d^2} + \frac{bc - ad}{c^2 + d^2} \cdot i.$$

Man erkennt hieraus: Ist der Nenner $c + d \cdot i$ und erweitert man mit $c - d \cdot i$, so erreicht man, daß nach dem Erweitern der Nenner reell wird. Ist $z = c + d \cdot i$, so nennt man $\bar z = c - d \cdot i$ die zu z *konjugiert komplexe Zahl*. Es ist $z + \bar z = 2c$, $z - \bar z = 2d \cdot i$, also hat man

$$c = \mathrm{Re}\,[z] = \frac{1}{2}\,(z + \bar z),$$

$$d = \mathrm{Im}\,[z] = \frac{1}{2i}\,(z - \bar z).$$

Unmittelbar aus der Definition der konjugiert komplexen Zahl folgt

$$\overline{(\bar z)} = z,$$

d. h., zweimaliges Bilden des Konjugiert-Komplexen führt zu der ursprünglichen Zahl zurück.

Aus $z = c + d \cdot i$ folgt $\dfrac{1}{z} = \dfrac{c}{c^2 + d^2} - \dfrac{d}{c^2 + d^2} \cdot i$, also

$$\overline{\left(\frac{1}{z}\right)} = \frac{c}{c^2 + d^2} + \frac{d}{c^2 + d^2} \cdot i.$$

Andererseits ist $\bar z = c - d \cdot i$, also

$$\frac{1}{\bar z} = \frac{c}{c^2 + d^2} + \frac{d}{c^2 + d^2} \cdot i.$$

Durch Vergleich ergibt sich damit die Rechenregel

$$\overline{\left(\frac{1}{z}\right)} = \frac{1}{\bar z}.$$

Ist $z_1 = c_1 + d_1 \cdot i$, $z_2 = c_2 + d_2 \cdot i$, so ist $z_1 + z_2 = (c_1 + c_2) + (d_1 + d_2) \cdot i$, also $\overline{(z_1 + z_2)} = (c_1 + c_2) - (d_1 + d_2) \cdot i$. Andererseits ist $\bar z_1 = c_1 - d_1 \cdot i$, $\bar z_2 = c_2 - d_2 \cdot i$, also $\bar z_1 + \bar z_2 = (c_1 + c_2) - (d_1 + d_2) \cdot i$. Damit ergibt sich

$$\overline{(z_1 + z_2)} = \bar z_1 + \bar z_2.$$

Durch eine entsprechende Rechnung läßt sich schließlich noch die Regel

$$\overline{(z_1 \cdot z_2)} = \bar{z}_1 \cdot \bar{z}_2$$

bestätigen.

Beispiele.

$$(3 + 4i) + (5 - 2i) = (3 + 5) + (4 - 2)\,i = 8 + 2i,$$

$$(3 + 4i) - (5 - 2i) = (3 - 5) + (4 - (-2))\,i = -2 + 6i,$$

$$(3 + 4i) \cdot (5 - 2i) = (3 \cdot 5 - 4 \cdot (-2)) + (4 \cdot 5 + 3 \cdot (-2))\,i = 23 + 14i,$$

$$\frac{3 + 4i}{5 - 2i} = \frac{(3 + 4i)\,(5 + 2i)}{(5 - 2i)\,(5 + 2i)} = \frac{(15 - 8) + (20 + 6)\,i}{25 + 4} = \frac{7 + 26i}{29} = \frac{7}{29} + \frac{26}{29}\,i.$$

1.2. Die komplexe Ebene

In einer Ebene werde ein rechtwinkliges x, y-Koordinatensystem (Rechtssystem) betrachtet. Jeder komplexen Zahl z werde dann der Punkt mit den Koordinaten

$$x = \text{Re}\,[z], \quad y = \text{Im}\,[z]$$

zugeordnet (Abb. 1). Dadurch erhält man eine eineindeutige Zuordnung der komplexen Zahlen zu den Punkten der Ebene. Man kann auf diese Weise die Lage eines Punktes in der Ebene durch eine komplexe Zahl beschreiben. Der Ursprung O entspricht z. B. der komplexen Zahl $z = 0$. Die Ebene selbst heißt dann *komplexe Ebene*. Neben dem rechtwinkligen Koordinatensystem werde noch ein Polarkoordinatensystem, dessen Zentrum im Ursprung O des rechtwinkligen Koordinatensystems liege, verwendet. r sei der Abstand des Punktes z vom Ursprung O; φ sei der

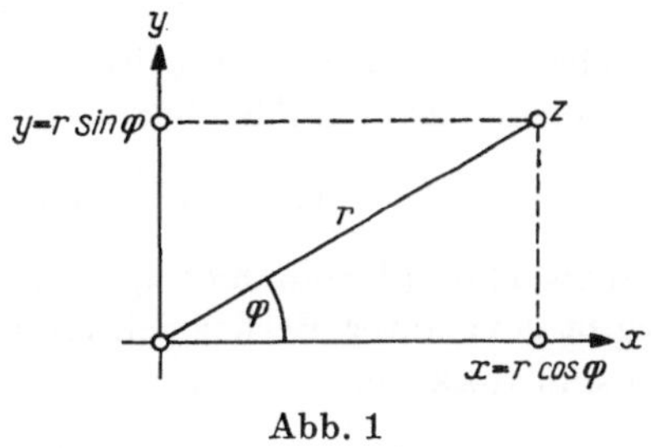

Abb. 1

Winkel, um den man die positive x-Achse im mathematisch positiven Sinn drehen muß, damit sie die Lage des Strahls von O durch z einnimmt (Abb. 1). r heißt der *Betrag* der komplexen Zahl, symbolisch $r = |z|$. Der Polarwinkel φ ist für jede Zahl $z \neq 0$ bis auf ganzzahlige Vielfache von 2π eindeutig bestimmt und heißt das *Argument* der komplexen Zahl, symbolisch $\varphi = \arg z$. Nach Definition der Sinus- und der Kosinusfunktion ist

$$\left.\begin{aligned} x &= r \cdot \cos \varphi, \\ y &= r \cdot \sin \varphi. \end{aligned}\right\} \tag{1}$$

Damit ergibt sich

$$z = x + y \cdot i = r \left(\cos \varphi + i \cdot \sin \varphi \right).$$

Diese Darstellung heißt die *trigonometrische Form einer komplexen Zahl*. Komplexe Zahlen, deren Betrag gleich 1 ist, heißen *unimodular*; sie haben die Form $z = \cos \varphi + i \cdot \sin \varphi$. Alle unimodularen Zahlen liegen auf einem Kreis vom Radius 1 und dem Mittelpunkt $z = 0$. Aus (1) folgt

$$\tan \varphi = \frac{y}{x} = \frac{\operatorname{Im} [z]}{\operatorname{Re} [z]} \quad \text{und} \quad r = |z| = \sqrt{x^2 + y^2}.$$

Andererseits ist

$$\bar{z} = r \left(\cos \varphi - i \cdot \sin \varphi \right), \tag{2}$$

woraus $z \cdot \bar{z} = r^2$ folgt. Also hat man für $r = |z|$ noch die Darstellung

$$|z|^2 = z \cdot \bar{z}.$$

Da $\sin \varphi$ und $\cos \varphi$ höchstens den Betrag 1 haben können, ergeben sich für den Realteil $x = \operatorname{Re} [z]$ und den Imaginärteil $y = \operatorname{Im} [z]$ einer komplexen Zahl z aus (1) noch die folgenden Abschätzungen

$$|\operatorname{Re} [z]| \leqq |z|, \quad |\operatorname{Im} [z]| \leqq |z|. \tag{3}$$

Formel (2) kann auch in der Form

$$\bar{z} = r \left(\cos \left(-\varphi \right) + i \cdot \sin \left(-\varphi \right) \right)$$

geschrieben werden. Dies ist aber die trigonometrische Form der konjugiert komplexen Zahl $\bar{z}$. Also hat man

$$|\bar{z}| = |z| \quad \text{und} \quad \arg \bar{z} \equiv -\arg z \ (\operatorname{mod} 2\pi).$$

Für zwei komplexe Zahlen $z_1 = r_1 \left(\cos \varphi_1 + i \cdot \sin \varphi_1 \right)$, $z_2 = r_2 \left(\cos \varphi_2 + i \cdot \sin \varphi_2 \right)$ ergibt sich unter Berücksichtigung der Additionstheoreme der Sinus- und der Kosinusfunktion

$$z_1 \cdot z_2 = r_1 \cdot r_2 \left(\left(\cos \varphi_1 \cdot \cos \varphi_2 - \sin \varphi_1 \cdot \sin \varphi_2 \right) + i \cdot \left(\cos \varphi_1 \cdot \sin \varphi_2 + \sin \varphi_1 \cdot \cos \varphi_2 \right) \right)$$

$$= r_1 \cdot r_2 \left(\cos \left(\varphi_1 + \varphi_2 \right) + i \cdot \sin \left(\varphi_1 + \varphi_2 \right) \right).$$

Hieraus ergibt sich

$$|z_1 \cdot z_2| = |z_1| \cdot |z_2|,$$

$$\arg \left(z_1 \cdot z_2 \right) \equiv \arg z_1 + \arg z_2 \ (\operatorname{mod} 2\pi).$$

Insbesondere ist

$$|z^2| = |z|^2, \quad \arg \left(z^2 \right) \equiv 2 \cdot \arg z \ (\operatorname{mod} 2\pi).$$

Durch Induktion folgt für eine natürliche Zahl n

$$|z^n| = |z|^n, \quad \arg(z^n) \equiv n \cdot \arg z \pmod{2\pi}.$$

Damit hat man die *Formel von Moivre* gewonnen: Für $z = r\,(\cos\varphi + i \cdot \sin\varphi)$ hat man

$$z^n = r^n \big(\cos(n\,\varphi) + i \cdot \sin(n\varphi)\big).$$

Nach dem Satz von MOIVRE ist

$$z^{-n} = \frac{1}{z^n} = \frac{1}{r^n\,(\cos(n\varphi) + i \cdot \sin(n\varphi))}\,.$$

Durch Erweitern mit $\cos(n\varphi) - i \cdot \sin(n\varphi)$ folgt

$$z^{-n} = \frac{1}{r^n}\big(\cos(n\varphi) - i \cdot \sin(n\varphi)\big) = r^{-n}\big(\cos(-n\varphi) + i \cdot \sin(-n\varphi)\big),$$

also gilt der Satz von MOIVRE auch für negativ ganzzahliges n. Speziell für $n = 1$ folgt aus der letzten Formel

$$z^{-1} = \frac{1}{z} = \frac{1}{r}\big(\cos(-\varphi) + i \cdot \sin(-\varphi)\big).$$

Also hat man

$$\left|\frac{1}{z}\right| = \frac{1}{|z|}, \quad \arg\left(\frac{1}{z}\right) \equiv - \arg z \pmod{2\pi}.$$

Schließlich sollen mit Hilfe des Satzes von MOIVRE noch die n-ten Wurzeln einer komplexen Zahl $z = r\,(\cos\varphi + i \cdot \sin\varphi)$ bestimmt werden. Es werden also alle Zahlen ζ gesucht, für die $\zeta^n = z$ ist. Setzt man auch ζ in trigonometrischer Form an, $\zeta = \varrho\,(\cos\psi + i \cdot \sin\psi)$, so folgt nach dem Satz von MOIVRE

$$\zeta^n = \varrho^n \big(\cos(n\psi) + i \cdot \sin(n\psi)\big).$$

Der Vergleich mit $z = r\,(\cos\varphi + i \cdot \sin\varphi)$ ergibt $\varrho^n = r$; denn $\cos\varphi + i \cdot \sin\varphi$ und $\cos(n\psi) + i \cdot \sin(n\psi)$ haben beide den Betrag 1. Also ist $\varrho = \sqrt[n]{r}$, wobei hiermit die eindeutig bestimmte positiv reelle n-te Wurzel der positiv reellen Zahl r gemeint ist. Damit hat man

$$\frac{\zeta^n}{r} = \cos(n\psi) + i \cdot \sin(n\psi).$$

Dies muß aber wegen $\zeta^n = z$ mit

$$\frac{z}{r} = \cos\varphi + i \cdot \sin\varphi$$

übereinstimmen. Somit muß

$$n\psi \equiv \varphi \pmod{2\pi}$$

sein, also $n\psi = \varphi + k \cdot 2\pi$ (k ganz), d. h. $\psi = \dfrac{\varphi}{n} + k \cdot \dfrac{2\pi}{n}$. Mod 2π erhält man damit genau n verschiedene Werte für ψ:

$$\psi = \frac{\varphi}{n} + k \cdot \frac{2\pi}{n} \qquad (k = 0, 1, \ldots, n - 1),$$

d. h., man erhält für die n-te Wurzel aus z die folgenden n Werte:

$$\sqrt[n]{r}\left(\cos\left(\frac{\varphi}{n} + k \cdot \frac{2\pi}{n}\right) + i \cdot \sin\left(\frac{\varphi}{n} + k \cdot \frac{2\pi}{n}\right)\right) \qquad (k = 0, 1, \ldots, n - 1).$$

Die zugehörigen Punkte in der komplexen Zahlenebene liegen auf einem Kreis um $z = 0$ mit dem Radius $\sqrt[n]{r}$. Zwei benachbarte Punkte haben dabei einen Argumentunterschied von $\dfrac{2\pi}{n}$ (Abb. 2). Für $z = 1$ ($r = 1, \varphi = 0$) ergeben sich die n-ten Einheitswurzeln:

$$\cos\left(k \cdot \frac{2\pi}{n}\right) + i \cdot \sin\left(k \cdot \frac{2\pi}{n}\right) \qquad (k = 0, 1, \ldots, n - 1).$$

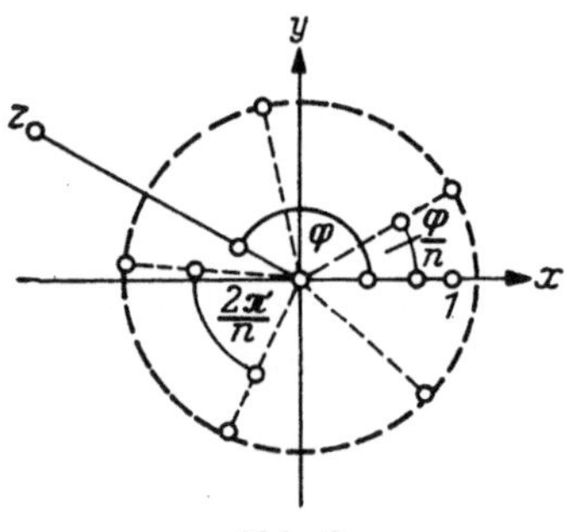

Abb. 2

Beispiel. Für die dritten Einheitswurzeln ($n = 3$) ergibt sich

$$\cos 0 + i \cdot \sin 0 = 1,$$

$$\cos \frac{2\pi}{3} + i \cdot \sin \frac{2\pi}{3} = -\frac{1}{2} + \frac{i}{2}\sqrt{3},$$

$$\cos \frac{4\pi}{3} + i \cdot \sin \frac{4\pi}{3} = -\frac{1}{2} - \frac{i}{2}\sqrt{3}.$$

Bisher wurden die komplexen Zahlen $z = x + i \cdot y$ als Punkte (x, y) in der x, y-Ebene gedeutet. Eine zweite Deutungsmöglichkeit besteht darin, daß man der komplexen Zahl z einen Vektor in der x, y-Ebene zuordnet. Und zwar werde der Zahl $z = x + i \cdot y$ der Vektor $\mathfrak{a}$ von $(0, 0)$ nach (x, y) zugeordnet. Der Vektor $\mathfrak{a}$ hat die Länge $|z|$. Er bildet mit der x-Achse den Winkel $\arg z$. Sind $z_1 = x_1 + i \cdot y_1$ und $z_2 = x_2 + i \cdot y_2$ zwei komplexe Zahlen, $\mathfrak{a}_1 = \{x_1, y_1\}$ und $\mathfrak{a}_2 = \{x_2, y_2\}$ die ihnen entsprechenden Vektoren, so entspricht $z_1 + z_2 = (x_1 + x_2) + i \cdot (y_1 + y_2)$ dem Vektor $\mathfrak{a}_3 = \{x_1 + x_2, y_1 + y_2\}$, und es ist $\mathfrak{a}_3 = \mathfrak{a}_1 + \mathfrak{a}_2$ (Abb. 3). Da die Summe zweier Seiten eines Dreiecks immer größer als die dritte Seite ist, hat man

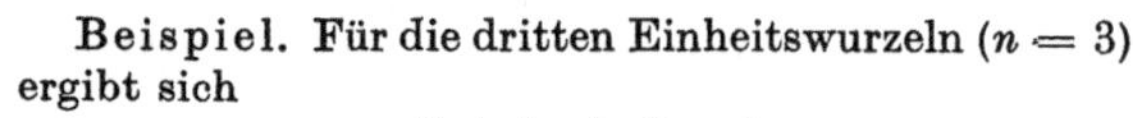

Abb. 3

$$|z_1 + z_2| \leq |z_1| + |z_2| \quad (\textit{Dreiecksungleichung}).$$

Das Gleichheitszeichen kann hierin nur dann stehen, wenn die drei Punkte z_1, z_2 und $z_1 + z_2$ in der komplexen Zahlenebene auf einer Geraden liegen.

Wegen $z_1 = z_2 + (z_1 - z_2)$ hat man nach der Dreiecksungleichung

$$|z_1| \leqq |z_2| + |z_1 - z_2|,$$

also

$$|z_1 - z_2| \geqq |z_1| - |z_2|.$$

Vertauscht man z_1 und z_2, so folgt hieraus

$$|z_1 - z_2| = |z_2 - z_1| \geqq |z_2| - |z_1| = -(|z_1| - |z_2|).$$

Daher kann man die Dreiecksungleichung durch folgende Abschätzung nach unten ergänzen:

$$|z_1 - z_2| \geqq ||z_1| - |z_2||.$$

Schließlich soll noch eine Deutung des Produktes zweier komplexer Zahlen gegeben werden. Wegen $|z_1 \cdot z_2| = |z_1| \cdot |z_2|$ ist die Länge des dem Produkt $z_1 \cdot z_2$ entsprechenden Vektors $\mathfrak{a}$ gleich dem Produkt der Längen der Vektoren $\mathfrak{a}_1$ und $\mathfrak{a}_2$, die den komplexen Zahlen z_1 und z_2 entsprechen. Der Winkel, den $\mathfrak{a}$ mit der positiven x-Achse bildet, ist $\arg (z_1 \cdot z_2) \equiv \arg z_1 + \arg z_2 \pmod{2\pi}$, also gleich der Summe der Winkel, die $\mathfrak{a}_1$ und $\mathfrak{a}_2$ mit der positiven x-Achse bilden.

1.3. Punktmengen in der komplexen Ebene

Einer Menge von komplexen Zahlen entspricht nach **1.2.** eine Punktmenge in der komplexen Ebene. Ordnet man jeder natürlichen Zahl $n = 1, 2, \ldots$ eine komplexe Zahl z_n zu, so erhält man eine spezielle Menge von komplexen Zahlen, die man *Folge* nennt. Dabei können einige oder alle z_n untereinander gleich sein. Symbolisch wird eine Folge mit $\{z_n\}$ bezeichnet. Die wichtigsten Folgen sind die konvergenten Folgen. Um den Begriff der Konvergenz einer Folge einführen zu können, wird der Begriff der δ-*Umgebung* eines Punktes z_0 der komplexen Ebene benötigt. Unter der δ-Umgebung von z_0, symbolisch $U_\delta(z_0)$, versteht man alle Punkte der komplexen Ebene, die — gemessen mit Hilfe der euklidischen Abstandsdefinition — von z_0 um weniger als δ ($\delta > 0$) entfernt sind. $U_\delta(z_0)$ ist also eine randlose Kreisscheibe um z_0 vom Radius δ (Abb. 4).

Zwei Punkte $z_1 = x_1 + i \cdot y_1$ und $z_2 = x_2 + i \cdot y_2$ in der komplexen Ebene haben

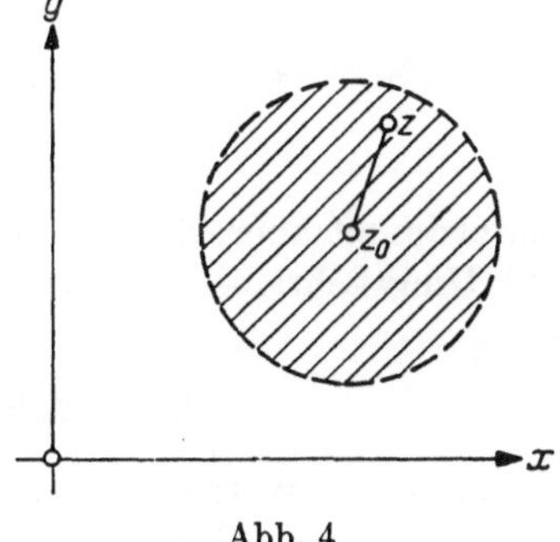

Abb. 4

den euklidischen Abstand

$$d(z_1, z_2) = \sqrt{(x_2 - x_1)^2 + (y_2 - y_1)^2}.$$

Andererseits ist $z_2 - z_1 = (x_2 - x_1) + i \cdot (y_2 - y_1)$, also

$$|z_2 - z_1| = \sqrt{(x_2 - x_1)^2 + (y_2 - y_1)^2}.$$

Durch Vergleich ergibt sich

$$d(z_1, z_2) = |z_2 - z_1|.$$

Daher kann man die δ-Umgebung von z_0 so charakterisieren: $U_\delta(z_0)$ enthält genau alle diejenigen z, für die $|z - z_0| < \delta$ ist.

Nun kann folgende Definition gegeben werden:

Eine Folge $\{z_n\}$ heißt *konvergent*, wenn ein z_* und zu jedem $\delta > 0$ eine natürliche Zahl $N = N(\delta)$ angegeben werden können, so daß alle z_n für $n \geqq N(\delta)$ in $U_\delta(z_*)$ liegen, d. h., es ist $|z_n - z_*| < \delta$ für alle $n \geqq N(\delta)$. z_* heißt *Limes* der Folge $\{z_n\}$. Symbolisch schreibt man:

$$z_* = \lim_{n \to \infty} z_n \quad \text{oder} \quad z_n \to z_* \text{ für } n \to \infty.$$

Bezüglich der Konvergenz einer komplexen Folge gilt die folgende grundlegende Aussage:

Satz 1. *Die komplexe Folge* $\{z_n\}$, $z_n = x_n + i \cdot y_n$, *ist genau dann konvergent mit dem Limes* $z_* = x_* + i \cdot y_*$, *wenn die beiden reellen Folgen* $\{x_n\}$ *und* $\{y_n\}$ *konvergent sind und die Limites* x_* *bzw.* y_* *haben.*

Beweis. a) Es sei $\{z_n\}$ konvergent, $z_* = \lim\limits_{n \to \infty} z_n$.

Wegen $z_n - z_* = (x_n - x_*) + i \cdot (y_n - y_*)$ ist

$$\text{Re}\,[z_n - z_*] = x_n - x_*, \quad \text{Im}\,[z_n - z_*] = y_n - y_*.$$

Unter Berücksichtigung der Formeln (3) von **1.2.** ist wegen der vorausgesetzten Konvergenz

$$|x_n - x_*| \leqq |z_n - z_*| < \delta \quad \text{und} \quad |y_n - y_*| \leqq |z_n - z_*| < \delta,$$

$$\text{jeweils für } n \geqq N(\delta).$$

Das bedeutet aber, daß x_* und y_* die Limites von $\{x_n\}$ bzw. $\{y_n\}$ sind.

b) Umgekehrt seien x_n und y_n konvergent, $x_* = \lim\limits_{n \to \infty} x_n$ und $y_* = \lim\limits_{n \to \infty} y_n$. Es ist

$$|z_n - z_*|^2 = (x_n - x_*)^2 + (y_n - y_*)^2.$$

Wegen der Konvergenz von x_n und y_n kann man nun $(x_n - x_*)^2$ und $(y_n - y_*)^2$ beliebig klein machen (für $n \geqq N$, N hinreichend groß), also kann man auch

$|z_n - z_*|$ beliebig klein machen $(n \geqq N)$. Das bedeutet aber: $z_n \to z_*$ für $n \to \infty$. Q. e. d.

Beispiel. Es sei $z_n = \dfrac{n-1}{n} + \dfrac{2n}{3n+1}\, i$. Wegen $\lim\limits_{n\to\infty} \dfrac{n-1}{n} = 1$ und $\lim\limits_{n\to\infty} \dfrac{2n}{3n+1} = \dfrac{2}{3}$ ist $\lim\limits_{n\to\infty} z_n = 1 + \dfrac{2}{3}\, i$.

Aus Satz 1 ergeben sich nachstehende Folgerungen:

1. Da der Limes einer konvergenten reellen Folge eindeutig bestimmt ist, ist auch der Limes einer konvergenten komplexen Folge eindeutig bestimmt.

2. Für die Konvergenz einer komplexen Folge ist die Konvergenzbedingung von CAUCHY (*Cauchysches Konvergenzkriterium*) notwendig und hinreichend, d. h., eine komplexe Folge $\{z_n\}$ ist genau dann konvergent, wenn zu jedem $\delta > 0$ ein $N = N(\delta)$ existiert, so daß $|z_n - z_m| < \delta$ für alle $n, m \geqq N(\delta)$ ist.

Die Notwendigkeit der Cauchyschen Konvergenzbedingung läßt sich unmittelbar einsehen. Ist nämlich $\{z_n\}$ konvergent, so gibt es ein z_*, so daß $|z_n - z_*| < \dfrac{\delta}{2}$ für $n \geqq N\left(\dfrac{\delta}{2}\right)$ ist. Wegen $z_n - z_m = (z_n - z_*) - (z_m - z_*)$ ist $|z_n - z_m| \leqq |z_n - z_*| + |z_m - z_*|$ und damit $|z_n - z_m| < \dfrac{\delta}{2} + \dfrac{\delta}{2} = \delta$ für $n, m \geqq N\left(\dfrac{\delta}{2}\right)$.

Daß die Cauchysche Konvergenzbedingung auch hinreichend ist, läßt sich aus Satz 1 folgern. $\{z_n\}$ sei eine Folge, die die Cauchysche Konvergenzbedingung erfülle. Für $z_n = x_n + i \cdot y_n$, $z_m = x_m + i \cdot y_m$ gilt offenbar $z_n - z_m = (x_n - x_m) + i \cdot (y_n - y_m)$. Nach (3) von **1.2.** ist $|x_n - x_m| \leqq |z_n - z_m|$ und $|y_n - y_m| \leqq |z_n - z_m|$. Nach Voraussetzung ist aber $|z_n - z_m| < \delta$ für alle $n, m \geqq N(\delta)$, d. h., die Folgen $\{x_n\}$ und $\{y_n\}$ erfüllen die Cauchysche Konvergenzbedingung. Nach dem Cauchyschen Konvergenzkriterium für reelle Folgen sind also $\{x_n\}$ und $\{y_n\}$ konvergent. Es gibt daher ein x_* bzw. y_*, so daß $x_n \to x_*$ und $y_n \to y_*$ für $n \to \infty$ gilt. Nach Satz 1 gilt dann aber auch

$$z_n = x_n + i \cdot y_n \to x_* + i \cdot y_* \quad \text{für} \quad n \to \infty. \quad \text{Q. e. d.}$$

3. Sind $\{z_n\}$, $\{z_n'\}$ konvergente Folgen mit den Limites z_* bzw. z_*', so sind auch die Folgen

$$\{z_n + z_n'\}, \quad \{z_n - z_n'\} \quad \text{und} \quad \{z_n \cdot z_n'\}$$

konvergent und haben die Limites

$$z_* + z_*', \quad z_* - z_*' \quad \text{bzw.} \quad z_* \cdot z_*'.$$

Sind alle $z_n' \neq 0$ und ist $z_*' \neq 0$, so ist auch die Folge $\left\{\dfrac{z_n}{z_n'}\right\}$ konvergent und hat den Limes $\dfrac{z_*}{z_*'}$.

Der Beweis dieser Behauptungen ergibt sich daraus, daß man durch Satz 1 die Konvergenz komplexer Folgen auf die Konvergenz reeller Folgen, für die diese Aussagen gelten, zurückführt. Als Beispiel soll die Konvergenz der Folge $z_n \cdot z_n'$ gezeigt werden. Setzt man $z_n = x_n + i \cdot y_n$, $z_n' = x_n' + i \cdot y_n'$, so ist

$$z_n \cdot z_n' = (x_n \cdot x_n' - y_n \cdot y_n') + i \cdot (x_n \cdot y_n' + y_n \cdot x_n').$$

Ist $z_* = x_* + i \cdot y_*$, $z_*' = x_*' + i \cdot y_*'$, so ist nach Satz 1

$$x_n \to x_*, \quad y_n \to y_*, \quad x_n' \to x_*', \quad y_n' \to y_*',$$

also gilt nach den entsprechenden Sätzen über reelle Folgen

$$x_n \cdot x_n' - y_n \cdot y_n' \to x_* \cdot x_*' - y_* \cdot y_*' \quad \text{und} \quad x_n \cdot y_n' + y_n \cdot y_n' \to x_* \cdot y_*' + y_* \cdot x_*'.$$

Da $(x_* \cdot x_*' - y_* \cdot y_*') + i \cdot (x_* \cdot y_*' + y_* \cdot x_*') = z_* \cdot z_*'$ ist, hat man damit, wieder nach Satz 1, $z_n \cdot z_n' \to z_* \cdot z_*'$.

Beispiel. Ist $z_n = 1 + \dfrac{1}{n} i$, $z_n' = \dfrac{n-1}{n} + i$, so ist $z_* = \lim\limits_{n \to \infty} z_n = 1$, $z_*' = \lim\limits_{n \to \infty} z_n' = 1 + i$. Weiter ist

$$\frac{z_n}{z_n'} = \frac{1 + \dfrac{1}{n} i}{\dfrac{n-1}{n} + i} = \frac{n+i}{(n-1) + ni} = \frac{(n+i)\,((n-1) - ni)}{((n-1) + ni)\,((n-1) - ni)}$$

$$= \frac{n^2 + (n - 1 - n^2)\,i}{2n^2 - 2n + 1} = \frac{n^2}{2n^2 - 2n + 1} + \frac{n - 1 - n^2}{2n^2 - 2n + 1} i.$$

Hieraus folgt

$$\lim_{n \to \infty} \frac{z_n}{z_n'} = \frac{1}{2} - \frac{1}{2} i.$$

Andererseits ist aber auch

$$\frac{z_*}{z_*'} = \frac{1}{1+i} = \frac{1-i}{(1+i)\,(1-i)} = \frac{1-i}{2} = \frac{1}{2} - \frac{1}{2} i.$$

Es ist zweckmäßig, neben dem Begriff der Folge noch den Begriff der „unendlichen Summe" (= unendlichen Reihe) einzuführen. Sind $b_1, b_2, \ldots$ komplexe Zahlen, so soll dem Ausdruck

$$b_1 + b_2 + \cdots + b_n + \cdots$$

(unendliche Summe) ein Sinn gegeben werden. Man bildet dazu die Folge der komplexen Zahlen

$$s_1 = b_1,$$

$$s_2 = b_1 + b_2,$$

$$\vdots$$

$$s_n = b_1 + b_2 + \cdots + b_n,$$

$$\vdots$$

Die (endliche) Summe s_n heißt n-te Partialsumme. Falls nun die Folge der Partialsummen einen Limes $s = \lim\limits_{n\to\infty} s_n$ besitzt, wird s als Wert der unendlichen Summe (Reihe)

$$b_1 + b_2 + \cdots + b_n + \cdots = \sum_{\mu=1}^{\infty} b_\mu$$

aufgefaßt. Nach Definition der n-ten Partialsumme ist $s_n = \sum\limits_{\mu=1}^{n} b_\mu$. Man sagt, die unendliche Reihe konvergiere, wenn die Folge der Partialsummen konvergiert.

Beispiel. Es sei q eine fest gewählte komplexe Zahl, $|q| < 1$. Es soll entschieden werden, ob die unendliche Reihe

$$1 + q + q^2 + \cdots$$

konvergiert. Die n-te Partialsumme ist

$$s_n = 1 + q + \cdots + q^{n-1}.$$

Wegen $q \cdot s_n = q + q^2 + \cdots + q^n$ ist

$$s_n(1 - q) = 1 - q^n,$$

also (es ist wegen $|q| < 1$ insbesondere $q \neq 1$)

$$s_n = \frac{1 - q^n}{1 - q}.$$

Wegen $|q| < 1$ ist $\lim\limits_{n\to\infty} |q^n| = \lim\limits_{n\to\infty} |q|^n = 0$, d. h. auch $\lim\limits_{n\to\infty} q^n = 0$. Mithin ergibt sich

$$\lim_{n\to\infty} s_n = \frac{1}{1 - q}.$$

Insgesamt erhält man das folgende Ergebnis:
Ist $|q| < 1$, so konvergiert die unendliche Reihe $1 + q + q^2 + \cdots$ (geometrische Reihe), und es ist im Sinne der obigen Definition

$$1 + q + q^2 + \cdots = \frac{1}{1 - q}.$$

Läßt man die Einschränkung $|q| < 1$ fallen, so verliert diese Aussage ihren Sinn. Ist z. B. $q = 2$, so ist

$$s_n = 1 + 2 + 4 + \cdots + 2^{n-1} > n,$$

also ist die Folge $\{s_n\}$ nicht konvergent.

Die unendliche Reihe

$$\sum_{\mu=1}^{\infty} b_\mu = b_1 + b_2 + \cdots + b_n + \cdots$$

heißt absolut konvergent, wenn die Reihe der Absolutbeträge,

$$\sum_{\mu=1}^{\infty} |b_\mu| = |b_1| + |b_2| + \cdots + |b_n| + \cdots,$$

konvergiert. Es gilt:

Ist die Reihe $\sum_{\mu=1}^{\infty} b_\mu$ absolut konvergent, so konvergiert sie auch im gewöhnlichen Sinne.

Beweis. Es ist zu zeigen, daß die Folge der Partialsummen $s_n = \sum_{\mu=1}^{n} b_\mu$ von $\sum_{\mu=1}^{\infty} b_\mu$ konvergiert. Nach Voraussetzung ist $\sum_{\mu=1}^{\infty} b_\mu$ absolut konvergent. Bezeichnet man die n-te Partialsumme von $\sum_{\mu=1}^{\infty} |b_\mu|$ mit σ_n, ist also

$$\sigma_n = \sum_{\mu=1}^{n} |b_\mu|,$$

so folgt aus dem Cauchyschen Konvergenzkriterium:

Zu $\varepsilon > 0$ gibt es ein $N = N(\varepsilon)$, so daß $|\sigma_m - \sigma_n| < \varepsilon$ ist für alle m, n mit $m, n \geqq N(\varepsilon)$. Wegen $\sigma_m \geqq \sigma_n$ für $m > n$ ist $|\sigma_m - \sigma_n| = \sigma_m - \sigma_n$ $(m > n)$. Andererseits ist $(m > n)$

$$s_m - s_n = \sum_{\mu=n+1}^{m} b_\mu,$$

also

$$|s_m - s_n| \leqq \sum_{\mu=n+1}^{m} |b_\mu| = \sigma_m - \sigma_n.$$

Man hat damit auch die Aussage: Für $m, n > N(\varepsilon)$ ist $|s_m - s_n| < \varepsilon$, wobei $\varepsilon > 0$ beliebig vorgegeben werden kann. Das bedeutet aber: Die Folge $\{s_n\}$ ist konvergent. Q. e. d.

Eine besonders wichtige Rolle spielen in der Analysis die Potenzreihen, das sind Reihen der Form

$$a_0 + a_1(z - z_0) + a_2(z - z_0)^2 + \cdots,$$

wobei $a_0, a_1, a_2, \ldots$ und z_0 fest vorgegebene komplexe Zahlen sind, während z ein variabler Punkt der komplexen Ebene ist. Die n-te Partialsumme einer solchen Reihe wird durch

$$s_n = s_n(z) = a_0 + a_1(z - z_0) + \cdots + a_n(z - z_0)^n = \sum_{\mu=0}^{n} a_\mu(z - z_0)^\mu$$

definiert.[1]) Eine Potenzreihe heißt *im Punkt z konvergent*, wenn für dieses z die Folge der Partialsummen konvergiert. Bei Potenzreihen wird später (**4.1.**) das folgende Problem behandelt: Es sind alle z zu bestimmen, für welche die Potenzreihe konvergiert.

Nach der Behandlung der Folgen sollen jetzt beliebige Punktmengen M in der komplexen Ebene betrachtet werden. M heißt *offen*, wenn mit jedem Punkt z_0 von M auch eine δ-Umgebung $U_\delta(z_0)$ noch ganz zu M gehört. Ein Punkt z_* (der nicht notwendig zu M gehören muß) heißt *Häufungspunkt* von M, wenn in jedem $U_\delta(z_*)$ ($\delta > 0$ beliebig) wenigstens ein von z_* verschiedener Punkt von M liegt.[2]) Ein Punkt z_* von M, der kein Häufungspunkt von M ist, hat die Eigenschaft, daß es wenigstens eine δ-Umgebung von z_* gibt, die außer z_* selbst keinen weiteren Punkt von M enthält; z_* heißt daher in diesem Fall *isolierter* Punkt von M. Daß man jeden Häufungspunkt von M als Limes einer zu M gehörenden Folge erhalten kann, ergibt sich aus dem folgenden Satz.[2])

Satz 2. *Ist z_* Häufungspunkt von M, so gibt es eine Folge $\{z_n\}$ mit den folgenden Eigenschaften:*

a) $z_n \in M$, b) $z_n \neq z_*$ *und* c) $z_n \to z_*$.

Der Beweis ergibt sich unmittelbar aus der Definition des Häufungspunktes: In jedem $U_\delta(z_*)$ gibt es wenigstens ein von z_* verschiedenes Element von M. Insbesondere sei $\tilde{z}_n$ ein in $U_\delta(z_*)$ gelegenes Element von M, wenn $\delta = \dfrac{1}{n}$ gesetzt wird, $\tilde{z}_n \neq z_*$. Wegen $|\tilde{z}_n - z_*| < \dfrac{1}{n}$ ist $\tilde{z}_n \to z_*$ für $n \to \infty$. Q. e. d.

Eine Menge M heißt *beschränkt*, wenn es ein R gibt, so daß M ganz in der Kreisscheibe $|z| < R$ enthalten ist.[3]) Eine Menge, die alle ihre Häufungspunkte enthält, heißt *abgeschlossen*.[4]) *Kompakt* heißt eine Menge, wenn sie a) abgeschlossen ist und wenn b) jede unendliche Teilmenge wenigstens einen Häufungspunkt besitzt.[5])

Eine offene Menge G heißt *Gebiet*, wenn man je zwei Punkte z_1, z_2 von G durch einen ganz in G gelegenen Streckenzug verbinden kann (Abb. 5a). Liegt mit

---

[1]) Man beachte, daß bei einer Potenzreihe als n-te Partialsumme die Summe der ersten $n + 1$ Glieder festgesetzt wird, wobei auch die Glieder mit $a_\mu = 0$ mitgezählt werden.

[2]) Es sei auf folgenden Zusammenhang zwischen der Konvergenz einer Folge $\{z_n\}$, $z_n \to z_*$ für $n \to \infty$, und dem Begriff des Häufungspunktes hingewiesen: Gibt es unter den z_n unendlich viele voneinander verschiedene, so besitzt die aus allen z_n bestehende Punktmenge als einzigen Häufungspunkt den Punkt z_*. Gibt es nur endlich viele voneinander verschiedene z_n, so muß $z_n = z_*$ für alle $n \geq N$, N hinreichend groß, sein.

[3]) Der aus der reellen Analysis bekannte Satz von BOLZANO-WEIERSTRASS besagt, daß jede beschränkte Menge, die unendlich viele verschiedene Punkte besitzt, wenigstens einen Häufungspunkt hat.

[4]) Die ganze komplexe Ebene ist sowohl abgeschlossen als auch offen.

[5]) Nach dem Satz von BOLZANO-WEIERSTRASS [vgl. die Fußnote [3])] ist eine abgeschlossene und beschränkte Menge kompakt.

z_1, z_2 auch die geradlinige Verbindung von z_1 und z_2 in G (Abb. 5b), so heißt G *konvexes Gebiet*. Gibt es schließlich einen Punkt $z_0 \in G$, so daß mit jedem $z \in G$

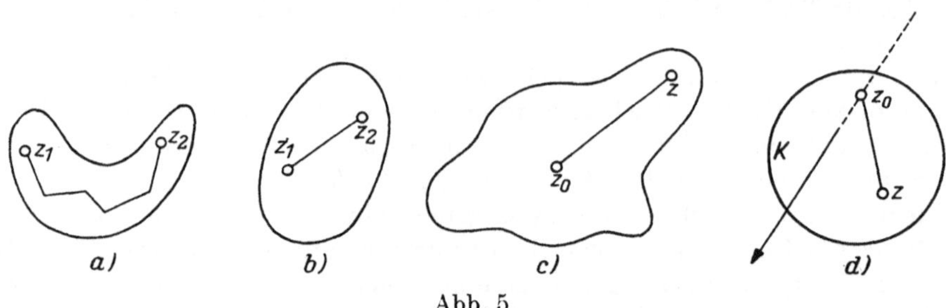

Abb. 5

auch die geradlinige Verbindung von z_0 mit z zu G gehört (Abb. 5c), so heißt G ein *Sterngebiet in bezug auf* z_0 (zwei beliebige Punkte z_1, z_2 von G lassen sich innerhalb G dann immer dadurch verbinden, daß man z_1 und z_2 jeweils mit z_0 verbindet). Ein konvexes Gebiet ist insbesondere auch Sterngebiet in bezug auf jeden seiner Punkte. Nimmt man aus einer offenen Kreisscheibe K einen in einem Punkt von K beginnenden Strahl s heraus, so entsteht ein Gebiet, das ein Sterngebiet in bezug auf jeden Punkt z_0 ist, der auf der rückwärtigen Verlängerung des Strahls s liegt (Abb. 5d).

Schließlich sollen noch einige Bezeichnungen eingeführt werden:

Sind M_1, M_2 zwei Punktmengen, so versteht man unter ihrer *Vereinigung*, symbolisch $M_1 \cup M_2$, die Punktmenge, die aus den Punkten von M_1 und denen von M_2 besteht. Ein Punkt gehört also genau dann zu $M_1 \cup M_2$, wenn er zu M_1 oder zu M_2 gehört.

Die Menge aller Punkte, die beiden Mengen M_1 und M_2 gleichzeitig angehören, wird als *Durchschnitt* beider Mengen bezeichnet, symbolisch $M_1 \cap M_2$. Zum Durchschnitt von M_1 und M_2 gehören also alle Punkte, die sowohl M_1 als auch M_2 angehören.

Ist M eine Punktmenge, so heißt die durch Hinzunahme aller Häufungspunkte von M entstehende Punktmenge die *abgeschlossene Hülle* von M, symbolisch $\overline{M}$. Ist M eine abgeschlossene Punktmenge, so ist also $\overline{M} = M$.

2. KOMPLEXWERTIGE FUNKTIONEN

2.1. Funktionsbegriff. Stetigkeit. Differenzierbarkeit

M sei eine Punktmenge der komplexen Ebene. Man sagt, auf M ist eine *komplexwertige Funktion* f definiert, wenn jedem $z \in M$ genau eine komplexe Zahl $w = f(z)$ zugeordnet wird. M heißt die *Definitionsmenge* von f. Die Menge aller w, die $w = f(z)$ in M annimmt, heißt der *Wertevorrat* von $w = f(z)$.

Es sei $z_0 \in M$ ein Häufungspunkt von M. Die Funktion f heißt *im Punkt* z_0 *stetig*, wenn für jede Folge $\{z_n\}$, $z_n \in M$, $z_n \neq z_0$, $z_n \to z_0$, auch die Folge $\{f(z_n)\}$ konvergent ist und den Limes

$$\lim_{n \to \infty} f(z_n) = f(z_0)$$

besitzt.[1]

Eine auf M definierte Funktion heißt *auf M stetig*, wenn f in jedem zu M gehörenden Häufungspunkt von M stetig ist.

Ebenso wie sich die Konvergenz einer komplexen Folge auf die Konvergenz der Folge der Realteile und der Folge der Imaginärteile zurückführen ließ (Satz 1 von **1.3.**), läßt sich die Stetigkeit einer komplexwertigen Funktion auf die Stetigkeit von Real- und Imaginärteil zurückführen. Denn es gilt der

Satz 1. *Ist $z = x + i \cdot y$ und setzt man $f(z) = u(x, y) + i \cdot v(x, y)$, so ist f in $z_0 = x_0 + i \cdot y_0$ genau dann stetig, wenn $u(x, y)$ und $v(x, y)$ in (x_0, y_0) stetig sind.*

Beweis. Ist $z_n = x_n + i \cdot y_n$, so gilt (nach Satz 1 von **1.3.**) $z_n \to z_0$ genau dann, wenn $x_n \to x_0$ und $y_n \to y_0$ ist. Entsprechend haben wir $f(z_n) \to f(z_0)$ genau dann, wenn die Limesbeziehungen $\mathrm{Re}\,[f(z_n)] = u(x_n, y_n) \to u(x_0, y_0)$ und $\mathrm{Im}\,[f(z_n)] = v(x_n, y_n) \to v(x_0, y_0)$ gelten. Letzteres ist aber damit gleichwertig, daß $u(x, y)$ bzw. $v(x, y)$ in (x_0, y_0) stetig ist. Q. e. d.

Aus Satz 1 lassen sich nun einige Folgerungen ziehen:

---

[1] Ist z_0 isolierter Punkt von M, so gibt es keine gegen z_0 konvergierende Folge $\{z_n\}$, $z_n \in M$, $z_n \neq z_0$. Also ist die Stetigkeitsforderung gegenstandslos.

1. Sind $f(z)$, $g(z)$ in z_0 stetig, so sind auch $f(z) \pm g(z)$, $f(z) \cdot g(z)$ und, falls $g(z_0) \neq 0$ ist[1]), $\dfrac{f(z)}{g(z)}$ in z_0 stetig. Dies folgt aus den entsprechenden Sätzen über reelle stetige Funktionen, wenn man die Real- und Imaginärteile von $f(z) \pm g(z)$, $f(z) \cdot g(z)$ bzw. $\dfrac{f(z)}{g(z)}$ durch die von $f(z)$ und $g(z)$ ausdrückt.

2. Auch im Komplexen wird die Stetigkeit einer Funktion durch das δ-ε-*Kriterium* erfaßt, d. h., die auf M definierte Funktion $f(z)$ ist in $z_0 \in M$ genau dann stetig, wenn zu jedem $\varepsilon > 0$ ein $\delta = \delta(\varepsilon)$ angegeben werden kann, so daß für alle zu M gehörenden z aus $U_\delta(z_0)$ gilt:

$$|f(z) - f(z_0)| < \varepsilon .^{2})$$

gilt. Diese Aussage über die komplexwertige Funktion $f(z) = u(x, y) + i \cdot v(x, y)$ läßt sich wegen

$$|f(z) - f(z_0)|^2 = \big(u(x, y) - u(x_0, y_0)\big)^2 + \big(v(x, y) - v(x_0, y_0)\big)^2$$

unmittelbar auf die entsprechende Aussage über reellwertige Funktionen zurückführen ($z = x + i \cdot y$, $z_0 = x_0 + i \cdot y_0$).

3. $f(z) = u(x, y) + i \cdot v(x, y)$ sei auf einer abgeschlossenen und beschränkten Menge M definiert und stetig. Nach Satz 1 sind dann die reellen Funktionen $u(x, y)$ und $v(x, y)$ auf M stetig. Also ist auch die reelle Funktion

$$|f(z)| = \sqrt[+]{\big(u(x, y)\big)^2 + \big(v(x, y)\big)^2}$$

auf M stetig. Mithin ist $|f|$ auf M beschränkt ($m \leqq |f| \leqq m'$) und nimmt Supremum und Infimum an. [3])

4. Wie in 3. sei $f(z)$ auf der beschränkten und abgeschlossenen Menge M definiert und stetig. Da M beschränkt und abgeschlossen ist, sind $u(x, y) = \mathrm{Re}\,[f(z)]$ und $v(x, y) = \mathrm{Im}\,[f(z)]$ auf M gleichmäßig stetig. Also gibt es zu vorgegebenem $\varepsilon > 0$ ein $\delta = \delta\!\left(\dfrac{\sqrt{2}\,\varepsilon}{2}\right)$, so daß für alle (x_1, y_1), (x_2, y_2) von M

---

[1]) Wegen der Stetigkeit von $g(z)$ in z_0 gibt es nämlich eine Umgebung $U_\delta(z_0)$, so daß $g(z) \neq 0$ ist für alle zu M gehörenden z von $U_\delta(z_0)$. Gäbe es nämlich in jedem $U_\delta(z_0)$ ein $z \in M$, in dem $g(z) = 0$ wäre, so hätte man insbesondere ein $\tilde{z}_n$ aus M und $U_\delta(z_0)$, $\delta = \dfrac{1}{n}$, mit $g(\tilde{z}_n) = 0$. Wegen $\tilde{z}_n \to z_0$ müßte $g(\tilde{z}_n) \to g(z_0)$ konvergieren, also müßte $g(z_0) = 0$ sein.

[2]) Man kann diese Aussage auch als Definition der Stetigkeit an den Anfang der Betrachtungen über komplexwertige Funktionen stellen.

[3]) Die Begriffsbildungen Snpremum und Infimum einer Menge von Zahlen haben für komplexe Zahlen keinen Sinn (weil sich im Falle der komplexen Zahlen nicht so wie im Falle der reellen Zahlen eine $>$- und $<$-Beziehung einführen läßt).

mit $\sqrt{(x_2 - x_1)^2 + (y_2 - y_1)^2} < \delta$ gilt:

$$|u(x_2, y_2) - u(x_1, y_1)| < \frac{\sqrt{2}}{2} \cdot \varepsilon,$$

$$|v(x_2, y_2) - v(x_1, y_1)| < \frac{\sqrt{2}}{2} \cdot \varepsilon.$$

Wegen $|z_2 - z_1|^2 = (x_2 - x_1)^2 + (y_2 - y_1)^2$ und

$$|f(z_2) - f(z_1)|^2 = \big(u(x_2, y_2) - u(x_1, y_1)\big)^2 + \big(v(x_2, y_2) - v(x_1, y_1)\big)^2$$

$(z_k = x_k + i \cdot y_k,\ k = 1, 2)$ ergibt sich hieraus:

Für alle $z_1, z_2 \in M$ mit $|z_2 - z_1| < \delta$ ist $|f(z_2) - f(z_1)| < \varepsilon$. Man sagt in diesem Fall, $f(z)$ sei auf M *gleichmäßig stetig*. Damit hat man das Ergebnis: Eine auf einer abgeschlossenen und beschränkten Menge stetige komplexwertige Funktion ist gleichmäßig stetig.

5. **Stetigkeit der zusammengesetzten Funktion.** $w = f(z)$ sei auf M definiert, $W = g(w)$ sei auf einer Menge M' von w-Werten definiert. Für jedes $z \in M$ soll $w = f(z)$ zu der Menge M' gehören (d. h., der Wertevorrat von $f(z)$ gehört zu M'). Also ist für jedes $z \in M$ die Funktion $W = g[f(z)]$ erklärt. Ist $f(z)$ in z_0 stetig und $g(w)$ in $w_0 = f(z_0)$ ebenfalls stetig, so ist die zusammengesetzte Funktion $W = g[f(z)]$ in z_0 stetig.

Beweis. Es sei $z = x + i \cdot y, z_0 = x_0 + i \cdot y_0, w = u + i \cdot v, w_0 = u_0 + i \cdot v_0$ und schließlich $W = U + i \cdot V$. Nach Voraussetzung sind $u(x, y)$ und $v(x, y)$ in (x_0, y_0) und $U(u, v)$ und $V(u, v)$ in (u_0, v_0) stetig. Also sind wegen der Stetigkeit zusammengesetzter reeller stetiger Funktionen die Funktionen $U(u(x, y), v(x, y)),\ V(u(x, y), v(x, y))$ in (x_0, y_0) stetig, d. h., $g[f(z)]$ ist in z_0 stetig. Q. e. d.

Die Funktion $f(z)$ sei wieder auf einer Menge M definiert. $z_0 \in M$ sei ein Häufungspunkt von M. $f(z)$ heißt in z_0 *differenzierbar*, wenn für jede Folge $\{z_n\}$ mit $z_n \in M, z_n \neq z_0, z_n \to z_0$[1]) die Folge

$$\left\{ \frac{f(z_n) - f(z_0)}{z_n - z_0} \right\},$$

das ist die zugehörige Folge von Differenzenquotienten, konvergent ist. Dann ist der Limes der Folge der Differenzenquotienten von der speziellen Wahl der Folge $\{z_n\}$ unabhängig. Denn sind $\{z_n\}$ und $\{z_n'\}$ zwei Folgen der oben beschriebenen Art, so ist es auch die Folge

$$z_1, z_1', z_2, z_2', \ldots$$

---

[1]) Daß es wenigstens eine derartige Folge gibt, folgt aus Satz 2 von **1.3.**

Auch die zu dieser Folge gehörende Folge von Differenzenquotienten muß — der Voraussetzung der Differenzierbarkeit entsprechend — konvergent sein. Diese Folge von Differenzenquotienten besitzt aber die zu $\{z_n\}$ bzw. $\{z_n'\}$ gehörenden Folgen von Differenzenquotienten als Teilfolgen, die demzufolge denselben Limes besitzen müssen. Diesen von der speziellen Wahl der Folge $\{z_n\}$ unabhängigen Limes der Folge der Differenzenquotienten bezeichnet man als die (komplexe) *Ableitung* oder den (komplexen) *Differentialquotienten* der Funktion $f(z)$ im Punkt z_0, symbolisch:

$$f'(z_0), \quad \frac{df(z_0)}{dz} \quad \text{oder} \quad \frac{df}{dz}\bigg|_{z_0}.$$

Ebenso wie man die Stetigkeit durch das δ-ε-Kriterium beschreiben kann, läßt sich auch die Differenzierbarkeit durch eine entsprechende Aussage erfassen. Setzt man

$$h(z) = \begin{cases} \dfrac{f(z) - f(z_0)}{z - z_0} & \text{für } z \neq z_0, \\[2mm] f'(z_0) & \text{für } z = z_0, \end{cases}$$

so bedeutet die Differenzierbarkeit von $f(z)$, daß

$$h(z_n) = \frac{f(z_n) - f(z_0)}{z_n - z_0} \to f'(z_0) = h(z_0)$$

für $z_n \to z_0$, $z_n \neq z_0$, konvergiert. Diese Konvergenzaussage gilt auch dann, wenn einige oder alle z_n gleich z_0 sind, da für $z_n = z_0$ dann $h(z_n) = h(z_0)$ ist, so daß an der Konvergenz der Folge $h(z_n) \to h(z_0)$ nichts geändert wird. Also ist $h(z)$ an der Stelle z_0 stetig. Umgekehrt: Ist $h(z)$ an der Stelle z_0 stetig, so ist $h(z_n) \to h(z_0)$ für $z_n \to z_0$. Sind insbesondere alle $z_n \neq z_0$, so ist

$$\frac{f(z_n) - f(z_0)}{z_n - z_0} \to h(z_0),$$

d. h., $f(z)$ ist in $z = z_0$ differenzierbar. Schreibt man für $h(z_0) = f'(z_0) = a$, so bedeutet dies insgesamt:

S a t z 2. *Die auf M definierte Funktion $f(z)$ ist an der Stelle $z = z_0$ genau dann differenzierbar, wenn es ein komplexes a gibt und wenn zu jedem $\varepsilon > 0$ ein $\delta = \delta(\varepsilon)$ angegeben werden kann, so daß für jedes zu M gehörende, von z_0 verschiedene z aus $|z - z_0| < \delta(\varepsilon)$*

$$\left| \frac{f(z) - f(z_0)}{z - z_0} - a \right| < \varepsilon$$

gilt.[1)]

[1)] Da der Limes einer konvergenten Folge eindeutig bestimmt ist, kommt nur ein einziges a in Frage.

Die Forderung der Differenzierbarkeit einer Funktion $f(z)$ in einem Punkt z_0 ist eine starke Verschärfung der Stetigkeitsforderung.[1]) Denn es gilt der

Satz 3. *Ist $f(z)$ in z_0 differenzierbar, so ist $f(z)$ in z_0 auch stetig.*

Beweis. Es sei $\{z_n\}$ eine Folge mit $z_n \in M$, $z_n \neq z_0$, $z_n \to z_0$. Unter Berücksichtigung der Folgerung 3 von Satz 1 aus **1.3.** ergibt sich aus $f(z_n) - f(z_0)$
$$= \frac{f(z_n) - f(z_0)}{z_n - z_0} \cdot (z_n - z_0)$$

$$\lim_{n \to \infty} \big(f(z_n) - f(z_0)\big) = f'(z_0) \cdot 0 = 0,$$

also

$$\lim_{n \to \infty} f(z_n) = f(z_0),$$

d. h., $f(z)$ ist im Punkt z_0 stetig. Q. e. d.

Für den Differentiationsprozeß sollen jetzt die wichtigsten *Rechenregeln* zusammengestellt werden:

a) Die Funktion $f(z)$ sei für alle z konstant, $f(z) = c$, wobei c eine komplexe Zahl sein soll. Dann ist für jedes $z \neq z_0$

$$\frac{f(z) - f(z_0)}{z - z_0} = \frac{c - c}{z - z_0} = 0,$$

also ist auch $f'(z_0) = 0$ für jedes z_0.

b) Die für alle z definierte Funktion $f(z) = z$ ist in jedem z_0 differenzierbar. Für jedes $z \neq z_0$ ist

$$\frac{f(z) - f(z_0)}{z - z_0} = \frac{z - z_0}{z - z_0} = 1,$$

woraus $f'(z_0) = 1$ folgt.

c) Ist $f(z)$ in z_0 differenzierbar und ist c eine Konstante, so ist auch $c \cdot f(z)$ in z_0 differenzierbar, und es ist

$$\frac{d(c \cdot f)}{dz}\bigg|_{z_0} = c \cdot \frac{df}{dz}\bigg|_{z_0}.$$

Dies folgt aus

$$\frac{c \cdot f(z) - c \cdot f(z_0)}{z - z_0} = c \cdot \frac{f(z) - f(z_0)}{z - z_0}.$$

d) $f(z)$ und $g(z)$ seien beide auf M definiert und in z_0 ($z_0 \in M$ und z_0 ist Häufungspunkt von M) differenzierbar. Dann sind auch $f(z) \pm g(z)$, $f(z) \cdot g(z)$ und

---

[1]) Eine abgeschwächte Verschärfung der Stetigkeitsforderung, die schwächer als die Differenzierbarkeit ist, ist folgende Bedingung: Es gibt reelle Konstanten C und λ, $0 < \lambda$, und zu jedem $\varepsilon > 0$ ein $\delta = \delta(\varepsilon)$, so daß $|f(z) - f(z_0)| < C \cdot |z - z_0|^{\lambda}$ für alle zu M gehörenden z aus $|z - z_0| < \delta(\varepsilon)$ ist (diese Bedingung heißt Hölder-Bedingung; C heißt Hölder-Konstante, und λ wird Hölder-Exponent genannt).

— falls $g(z_0) \neq 0$ ist[1]) — $\dfrac{f(z)}{g(z)}$ in z_0 differenzierbar. Dabei ist

$$\frac{d(f \pm g)}{dz}\bigg|_{z_0} = \frac{df}{dz}\bigg|_{z_0} \pm \frac{dg}{dz}\bigg|_{z_0},$$

$$\frac{d(f \cdot g)}{dz}\bigg|_{z_0} = f(z_0) \cdot \frac{dg}{dz}\bigg|_{z_0} + g(z_0) \cdot \frac{df}{dz}\bigg|_{z_0} \quad \text{(Produktregel)},$$

$$\frac{d\left(\dfrac{f}{g}\right)}{dz}\bigg|_{z_0} = \frac{g(z_0) \cdot \dfrac{df}{dz}\bigg|_{z_0} - f(z_0) \cdot \dfrac{dg}{dz}\bigg|_{z_0}}{(g(z_0))^2} \quad \text{(Quotientenregel)}.$$

Der Beweis dieser Regeln ergibt sich aus den Rechengesetzen für Zahlenfolgen. Für die Produktregel soll dies ausgeführt werden.

Für eine Folge $\{z_n\}$, $z_n \in M$, $z_n \neq z_0$, $z_n \to z_0$, betrachte man die zugehörigen Differenzenquotienten

$$\frac{f(z_n) \cdot g(z_n) - f(z_0) \cdot g(z_0)}{z_n - z_0} = f(z_n) \cdot \frac{g(z_n) - g(z_0)}{z_n - z_0} + g(z_0) \cdot \frac{f(z_n) - f(z_0)}{z_n - z_0}.$$

Die gesuchte Produktregel ergibt sich hieraus durch Grenzwertbildung.[2])

e) Aus der Produktregel [vgl. d)] und aus b) folgt insbesondere

$$\frac{d(z^2)}{dz} = \frac{d(z \cdot z)}{dz} = z \cdot 1 + 1 \cdot z = 2z$$

und durch Induktion (n positiv ganz)

$$\frac{d(z^n)}{dz} = n \cdot z^{n-1}.$$

Berücksichtigt man a), b) und c), so zeigt die letzte Formel:

Jedes Polynom

$$p(z) = a_0 z^n + a_1 z^{n-1} + \cdots + a_n$$

(a_μ komplexe Konstante) ist in jedem Punkt z differenzierbar und hat die Ableitung

$$p'(z) = n \cdot a_0 z^{n-1} + (n-1) \cdot a_1 z^{n-2} + \cdots + 1 \cdot a_{n-1}.$$

Insbesondere ist ein Polynom also in jedem Punkt z stetig.

Beispiel. Für $p(z) = 7z^3 - 8z + 11$ ist

$$p'(z) = 7 \cdot 3 \cdot z^2 - 8 \cdot 1 = 21z^2 - 8.$$

---

[1]) Ist $g(z)$ in z_0 differenzierbar, so ist $g(z)$ nach Satz 2 auch stetig. Ist $g(z_0) \neq 0$, so gibt es (vgl. die Fußnote [1]) auf S. 30) eine Umgebung von z_0, so daß für alle zu M gehörenden Punkte dieser Umgebung $g(z) \neq 0$ ist. Also ist $\dfrac{f(z)}{g(z)}$ insbesondere in allen zu dieser Umgebung gehörenden Punkten von M definiert.

[2]) Die Stetigkeit von $f(z)$ in z_0 und damit die Konvergenz $f(z_n) \to f(z_0)$ folgt nach Satz 3 aus der vorausgesetzten Differenzierbarkeit (vgl. auch die Fußnote [1]) auf S. 30).

f) **Kettenregel.** Die Funktion $w = f(z)$ sei auf M definiert, $W = g(w)$ sei auf einer Menge M' von w-Werten definiert. Für jedes $z \in M$ soll der Wert $w = f(z)$ zu M' gehören, so daß auf M die zusammengesetzte Funktion $g[f(z)]$ definiert ist. Ist dann $f(z)$ in z_0 differenzierbar und $g(w)$ in $w_0 = f(z_0)$ differenzierbar, so ist $g[f(z)]$ in z_0 differenzierbar, und es ist

$$\frac{dg[f(z_0)]}{dz} = \frac{dg(w_0)}{dw} \cdot \frac{df(z_0)}{dz}.$$

Beweis.

Vorbemerkung. Ist $\{z_n\}$ eine Folge mit $z_n \in M$, $z_n \neq z_0$, $z_n \to z_0$ und $w_n = f(z_n) \neq f(z_0)$, so ist

$$\frac{g[f(z_n)] - g[f(z_0)]}{z_n - z_0} = \frac{g(w_n) - g(w_0)}{w_n - w_0} \cdot \frac{f(z_n) - f(z_0)}{z_n - z_0}, \tag{1}$$

also erhält man, wie behauptet, als Limes $\dfrac{dg(w_0)}{dw} \cdot \dfrac{df(z_0)}{dz}$.

Es können nun folgende zwei Fälle eintreten:

a) Es gibt eine Umgebung $U_{\delta_0}(z_0)$, so daß für alle von z_0 verschiedenen $z \in M$ stets $f(z) \neq f(z_0)$ ist. Ist nun $\{z_n\}$ eine Folge mit $z_n \in M$, $z_n \neq z_0$ und $z_n \to z_0$, so ist $z_n \in U_{\delta_0}(z_0)$ für $n \geq N$, N hinreichend groß, also folgt die Behauptung nach der Vorbemerkung.[1])

b) Falls nicht a) eintritt, gibt es in jedem $U_\delta(z_0)$ ein $z \neq z_0$ von M, in dem $f(z) = f(z_0)$ ist. Insbesondere sei $\tilde{z}_n$ ein solches in $U_\delta(z_0)$, $\delta = \dfrac{1}{n}$, gelegenes z. Wegen

$$\frac{f(\tilde{z}_n) - f(z_0)}{\tilde{z}_n - z_0} = 0 \quad \text{und} \quad \tilde{z}_n \to z_0$$

ist $f'(z_0) = 0$. Die Kettenregel ist also auch in diesem Fall bewiesen, wenn man für eine beliebige Folge $\{z_n\}$ mit $z_n \in M$, $z_n \neq z_0$, $z_n \to z_0$ zeigen kann, daß die zugehörige Folge der Differenzenquotienten von $g[f(z)]$ den Limes Null besitzt. Zunächst werden nur die z_{n_i} mit $f(z_{n_i}) \neq f(z_0)$ betrachtet.[2]) Nach der Vorbemerkung konvergiert für diese die Folge der Differenzenquotienten von $g[f(z)]$ nach

$$\frac{dg(w_0)}{dw} \cdot \frac{df(z_0)}{dz} = \frac{dg(w_0)}{dw} \cdot 0 = 0.$$

Nimmt man die restlichen z_n, für die $f(z_n) = f(z_0)$ ist, wieder hinzu, so ändert sich nichts am Konvergenzverhalten, da für diese der Differenzenquotient (1) Null ist. Q. e. d.

---

[1]) An dem Konvergenzverhalten einer Folge ändert sich nichts, wenn man endlich viele Glieder wegnimmt oder hinzufügt.

[2]) Hat man nur endlich viele solche z_{n_i}, so kann man diese überhaupt weglassen [vgl. die Fußnote [1])].

3*

Beispiel. Ist $f(z) = (3z^2 - 4z + 5)^{11}$, so ist

$$f'(z) = 11 \cdot (3z^2 - 4z + 5)^{10} \cdot (3 \cdot 2z - 4 \cdot 1)$$
$$= 11 (3z^2 - 4z + 5)^{10} (6z - 4).$$

Nach diesen allgemeinen Rechenregeln über die Differentiation sollen nun von denjenigen komplexwertigen Funktionen, für die der Differentiationsprozeß eine Rolle spielt, folgende zwei *Hauptfälle* herausgegriffen werden:

I. Die komplexwertige Funktion $f = f(t)$ sei im Intervall $a \leqq t \leqq b$ der reellen t-Achse definiert. Setzt man $f(t) = u(t) + i \cdot v(t)$ und nimmt man an, daß $f(t)$ in einem Punkt t_0 von $a \leqq t \leqq b$ differenzierbar ist[1]), so ist für eine Folge $\{t_n\}$ mit $t_n \neq t_0$, $t_n \to t_0$, die Folge

$$\frac{f(t_n) - f(t_0)}{t_n - t_0} = \frac{u(t_n) - u(t_0)}{t_n - t_0} + i \cdot \frac{v(t_n) - v(t_0)}{t_n - t_0}$$

konvergent. Berücksichtigt man Satz 1 aus **1.3.**, so folgt hieraus, daß die reellwertigen Funktionen $u(t)$ und $v(t)$ in t_0 differenzierbar sind und daß

$$\frac{df(t_0)}{dt} = \frac{du(t_0)}{dt} + i \cdot \frac{dv(t_0)}{dt}$$

ist.

II. $f(z) = u(x, y) + i \cdot v(x, y)$ sei eine komplexwertige Funktion, die in einer offenen Menge definiert sei. $f(z)$ sei in $z_0 = x_0 + i \cdot y_0$ differenzierbar. Demzufolge muß die Folge der Differenzenquotienten für jede Folge $z_n \to z_0$, $z_n \neq z_0$, konvergent sein. Von den Folgen $z_n \to z_0$, $z_n \neq z_0$, sollen jetzt zwei spezielle Arten herausgegriffen werden:

a) Die z_n sollen auf einer Parallelen zur x-Achse durch z_0 liegen (Abb. 6a). Dann ist also $z_n = x_n + i \cdot y_0$, und es ist $z_n \to z_0$ genau dann, wenn $x_n \to x_0$

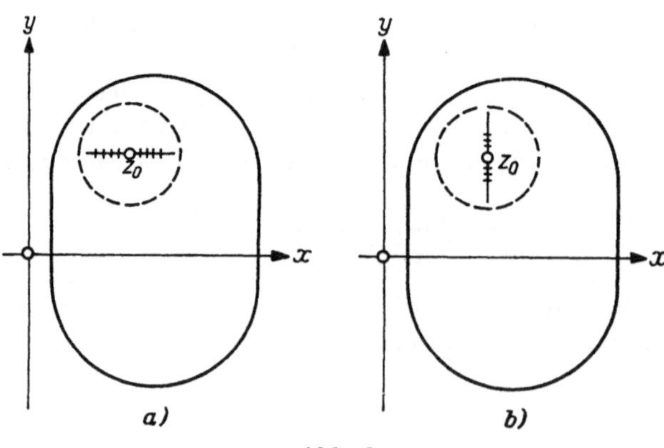

Abb. 6

---

[1]) Die bei der Definition der Differenzierbarkeit auf S. 31 auftretende Menge M ist hier also speziell das Intervall der reellen Achse $a \leqq t \leqq b$.

ist. Eine Umrechnung liefert

$$\frac{f(z_n) - f(z_0)}{z_n - z_0} = \frac{u(x_n, y_0) - u(x_0, y_0)}{x_n - x_0} + i \cdot \frac{v(x_n, y_0) - v(x_0, y_0)}{x_n - x_0}.$$

Nach Satz 1 von **1.3.** müssen also die partiellen Ableitungen

$$\frac{\partial u(x_0, y_0)}{\partial x} \quad \text{und} \quad \frac{\partial v(x_0, y_0)}{\partial x}$$

existieren, und man erhält

$$\frac{df(z_0)}{dz} = \frac{\partial u(x_0, y_0)}{\partial x} + i \cdot \frac{\partial v(x_0, y_0)}{\partial x}.$$

b) Jetzt sei $\{z_n\}$ eine Folge, die auf einer Parallelen zur y-Achse durch z_0 liegen soll (Abb. 6b). Dann hat z_n die Form $z_n = x_0 + i \cdot y_n$, und es ist $z_n \to z_0$ genau dann, wenn $y_n \to y_0$ ist. Durch Aufspaltung in Real- und Imaginärteil erhält man

$$\frac{f(z_n) - f(z_0)}{z_n - z_0} = \frac{v(x_0, y_n) - v(x_0, y_0)}{y_n - y_0} - i \cdot \frac{u(x_0, y_0) - u(x_0, y_0)}{y_n - y_0}.$$

Nach Satz 1 von **1.3.** folgt hieraus:
Die partiellen Ableitungen

$$\frac{\partial v(x_0, y_0)}{\partial y} \quad \text{und} \quad \frac{\partial u(x_0, y_0)}{\partial y}$$

müssen existieren, und es muß

$$\frac{df(z_0)}{dz} = \frac{\partial v(x_0, y_0)}{\partial y} - i \cdot \frac{\partial u(x_0, y_0)}{\partial y}$$

sein.

Damit hat man das Ergebnis:

Ist $f(z)$ in z_0 differenzierbar, so existieren in (x_0, y_0) die partiellen Ableitungen erster Ordnung von $u(x, y)$ und $v(x, y)$.

Da man zwei verschiedene Darstellungen von $f'(z_0)$ erhalten hat, sieht man, daß zwischen den partiellen Ableitungen erster Ordnung von $u(x, y)$ und $v(x, y)$ in (x_0, y_0) die folgenden Relationen bestehen müssen:

$$\frac{\partial u(x_0, y_0)}{\partial x} = \frac{\partial v(x_0, y_0)}{\partial y},$$

$$\frac{\partial u(x_0, y_0)}{\partial y} = - \frac{\partial v(x_0, y_0)}{\partial x}.$$

Beispiel. Ist $f(z) = z^2 + z$, so ist $f'(z) = 2z + 1$, also insbesondere $f'(0) = 1$. Setzt man wie üblich $f(z) = u(x, y) + iv(x, y)$, so ist wegen $f(z) = (x + iy)^2 + (x + iy)$ $= (x^2 - y^2 + x) + i(2xy + y)$

$$u(x, y) = x^2 - y^2 + x,$$

$$v(x, y) = 2xy + y,$$

also

$$\frac{\partial u}{\partial x} = 2x + 1, \qquad \frac{\partial u}{\partial y} = -2y,$$

$$\frac{\partial v}{\partial x} = 2y, \qquad \frac{\partial v}{\partial y} = 2x + 1,$$

also insbesondere

$$\frac{\partial u(0,\,0)}{\partial x} = 1, \qquad \frac{\partial u(0,\,0)}{\partial y} = 0,$$

$$\frac{\partial v(0,\,0)}{\partial x} = 0, \qquad \frac{\partial v(0,\,0)}{\partial y} = 1.$$

Auch hieraus folgt

$$f'(0) = \frac{\partial u(0,\,0)}{\partial x} - i\,\frac{\partial u(0,\,0)}{\partial y} = 1.$$

Im Mittelpunkt der komplexen Funktionentheorie stehen Funktionen, die in einer offenen Menge M definiert und in jedem Punkt von M differenzierbar sind. Eine solche Funktion heißt eine in M *reguläre, holomorphe, analytische* oder *regulär-analytische* Funktion.[1]) Realteil $u(x, y)$ und Imaginärteil $v(x, y)$ einer regulären Funktion $f(z)$ erfüllen daher in jedem Punkt (x, y) von M die Relationen

$$\frac{\partial u}{\partial x} = \frac{\partial v}{\partial y} \quad \text{und} \quad \frac{\partial u}{\partial y} = -\frac{\partial v}{\partial x}.$$

Diese Relationen stellen ein System partieller Differentialgleichungen dar. Es heißt das *Cauchy-Riemannsche partielle Differentialgleichungssystem.* Diese Cauchy-Riemannschen partiellen Differentialgleichungen bauen eine Brücke zwischen der komplexen Funktionentheorie und der Theorie partieller Differentialgleichungen.

2.2. Deutung komplexwertiger Funktionen als Abbildungen. Winkeltreue

Es sei $w = f(z)$ eine komplexwertige Funktion, die in einer Menge M der z-Ebene definiert ist. Eine *geometrische Deutung* der komplexwertigen Funktion erhält man dadurch, daß man die Werte $w = f(z)$ als Punkte einer zweiten Ebene, der w-Ebene, auffaßt. Damit wird jedem zu M gehörenden Punkt der z-Ebene ein Punkt w der w-Ebene zugeordnet. Die Funktion $w = f(z)$ ist daher eine (eindeutige) *Abbildung* von der Menge M der z-Ebene in die w-Ebene (Abb. 7). Die Gesamtheit aller w, die von $f(z)$ in M angenommen werden, heißt die *Bildmenge* (Wertevorrat) von M bei der Abbildung $w = f(z)$, Bezeichnung $\tilde{M}$.

---

[1]) Die Bezeichnung ,,analytisch" ist dadurch gerechtfertigt, daß — wie später gezeigt werden wird — diese Funktionen in einer kreisförmigen Umgebung eines Punktes $z_0 \in M$ in eine nach Potenzen von $z - z_0$ fortschreitende Potenzreihe entwickelt werden können.

Als Beispiel sollen Funktionen der Form $w = A \cdot z$ betrachtet werden, wobei A eine von Null verschiedene komplexe Zahl sein soll. Die fest gegebene komplexe Zahl A wird in trigonometrischer Form angesetzt:

$$A = \varrho \, (\cos \psi + i \cdot \sin \psi),$$

während der variable Punkt z in der trigonometrischen Form

$$z = r(\cos \varphi + i \cdot \sin \varphi)$$

geschrieben sei. Unter Berücksichtigung der Additionstheoreme der Sinus- und der Kosinusfunktion folgt dann (vgl. 1.2.)

$$w = A \cdot z = \varrho \cdot r \big(\cos (\varphi + \psi) + i \cdot \sin (\varphi + \psi)\big).$$

Man erhält also den Bildpunkt w eines beliebigen Punktes z dadurch, daß man den Polarwinkel φ von z um den festen Betrag ψ vergrößert und den Polarabstand r mit der Konstanten ϱ multipliziert, d. h., die Abbildung $w = A \cdot z$ stellt eine Drehstreckung dar. Eine geometrische Figur in der z-Ebene wird also in eine ähnliche Figur in der w-Ebene transformiert.

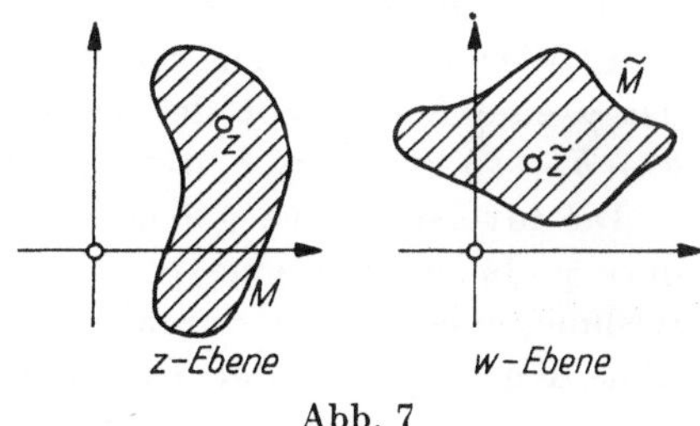

Abb. 7

Die durch eine beliebige komplexwertige Funktion geleistete Abbildung wird natürlich diese Eigenschaft nicht besitzen. Von grundlegender Bedeutung für die Anwendungen der komplexen Funktionentheorie ist jedoch die Tatsache, daß die durch reguläre Funktionen $w = f(z)$ vermittelten Abbildungen winkeltreu sind, d. h., zwei Kurven, die sich in einem Punkt z_0 schneiden und dort einen bestimmten Winkel bilden, werden durch die Abbildung $w = f(z)$ in Kurven übergeführt, die in $w_0 = f(z_0)$ denselben Winkel einschließen (dabei muß allerdings vorausgesetzt werden, daß $f'(z_0) \neq 0$ ist). Diese Eigenschaft der regulären Funktionen, die als Winkeltreue bezeichnet wird, soll im folgenden nachgewiesen werden. Zunächst werden alle für die komplexe Funktionentheorie erforderlichen Begriffe über Kurven zusammengestellt.

Ist auf dem Intervall $a \leq t \leq b$ der t-Achse eine stetige komplexwertige Funktion $z(t) = x(t) + i \cdot y(t)$ definiert, so heißt die Menge der Bildpunkte $z(t)$ in der komplexen z-Ebene eine *Kurve γ mit der Darstellung $z(t)$, $a \leq t \leq b$*. $z(a)$ und $z(b)$ heißen *Anfangs-* bzw. *Endpunkt* von γ. t heißt *Kurvenparameter*.

Beispiele für Kurven.

a) Die geradlinige Verbindung zweier voneinander verschiedener Punkte z_1, z_2 der komplexen Ebene, symbolisch $\gamma(z_1, z_2)$, ist eine Kurve, für die im folgenden stets die Normaldarstellung $z(t) = z_1 + t(z_2 - z_1)$, $0 \leq t \leq 1$, verwendet werden soll.

b) Für eine positiv durchlaufene Kreislinie, Mittelpunkt z_0, Radius R, wird die Normaldarstellung

$$z(t) = z_0 + R(\cos t + i \cdot \sin t), \ 0 \leqq t \leqq 2\pi,$$

verwendet.

Es sei darauf hingewiesen, daß die gleiche Punktmenge in der z-Ebene zu verschiedenen Kurven gehören kann. So stellen z. B. mehrfach positiv durchlaufene Kreislinien Kurven dar, die von der in b) angegebenen nur einmal positiv durchlaufenen Kreislinie zu unterscheiden sind.

Eine Kurve heißt *geschlossen*, wenn der Endpunkt mit dem Anfangspunkt zusammenfällt. Ist für zwei voneinander verschiedene t-Werte t_1, t_2 aus $a \leqq t \leqq b$ stets $z(t_1) \neq z(t_2)$, so heißt die Kurve eine *Jordan-Kurve*. Eine geschlossene Kurve heißt Jordan-Kurve, wenn zwar $z(b) = z(a)$ ist, sonst aber zu verschiedenen t-Werten stets auch verschiedene z-Werte gehören.

Ist γ eine Kurve mit der Darstellung $z(t)$, $a \leqq t \leqq b$, so heißt die durch $z(a + b - t')$, $a \leqq t' \leqq b$, dargestellte Kurve die zu γ *inverse Kurve*, symbolisch γ^{-1}. Die inverse Kurve γ^{-1} bedeutet die im umgekehrten Sinne durchlaufene Kurve γ. Ist z. B. γ eine positiv durchlaufene Kreislinie, so ist γ^{-1} dieselbe Kreislinie, aber negativ durchlaufen.

Eine Kurve γ mit der Darstellung $z(t)$, $a \leqq t \leqq b$, heißt *glatt*, wenn $z(t)$ differenzierbar ist und dabei $\dfrac{dz(t)}{dt} \neq 0$ und stetig ist. *Stückweise glatt* heißt eine Kurve, wenn sie durch Zusammenfügung endlich vieler stückweise glatter Kurven γ_i entsteht. Dabei muß der Anfangspunkt von γ_{i+1} mit dem Endpunkt von γ_i zusammenfallen. Ist γ eine glatte Kurve mit der Darstellung $z(t)$ und setzt man $z(t) = x(t) + i \cdot y(t)$, so besitzt γ in der x, y-Ebene die reelle Darstellung $(x(t), y(t))$. Wie aus der Differentialrechnung reeller Funktionen bekannt ist, besitzt die Kurve $(x(t), y(t))$ in dem zum Parameter t_0 gehörenden Punkt den Tangentenvektor

$$\left\{ \frac{dx(t_0)}{dt}, \ \frac{dy(t_0)}{dt} \right\}.$$

Nach dem Hauptfall I der Differentiation komplexwertiger Funktionen (vgl. **2.1.**) ist

$$\frac{dz(t_0)}{dt} = \frac{dx(t_0)}{dt} + i \cdot \frac{dy(t_0)}{dt}.$$

Verschiebt man den Tangentenvektor nun so, daß der Anfangspunkt in den Ursprung $(0, 0)$ fällt, so ist nach der Deutung einer komplexen Zahl als Vektor (vgl. **1.2.**) der Endpunkt die komplexe Zahl $\dfrac{dz(t_0)}{dt}$ (vgl. Abb. 8). Somit wird durch

$$\Phi \equiv \arg \frac{dz(t_0)}{dt} \ (\text{mod } 2\pi)$$

der Winkel des Tangentenvektors mit der reellen Achse gegeben.

Damit sind alle Hilfsmittel bereitgestellt, um zu zeigen, daß bei der Abbildung durch reguläre Funktionen $f(z)$ mit $f'(z) \neq 0$ die Winkel zwischen Kurven erhalten bleiben.

Es sei M eine offene Menge, $f(z)$ in M regulär. γ mit der Darstellung $z(t)$ sei eine in M gelegene glatte Kurve. Es sei $z(t_0) = z_0$. Auf γ sei $f'(z) \neq 0$. Durch $w = f(z)$ wird die Kurve γ zu einer Kurve $\tilde{\gamma}$ mit der Darstellung $w = f[z(t)]$ in der w-Ebene. Nach der Kettenregel ist

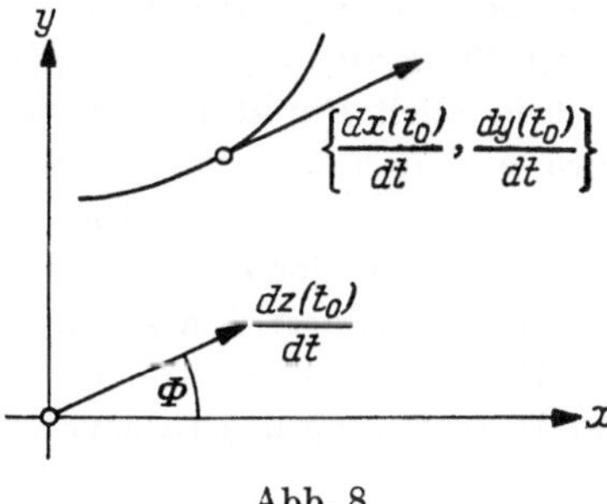

Abb. 8

$$\frac{df[z(t)]}{dt} = \frac{df(z)}{dz} \cdot \frac{dz(t)}{dt},$$

wobei $z = z(t)$ ist. Hieraus sieht man zunächst, daß $\dfrac{df[z(t)]}{dt} \neq 0$ ist, d. h., die Bildkurve $\tilde{\gamma}$ ist ebenfalls glatt. Weiter folgt

$$\arg \frac{df[z(t)]}{dt} \equiv \arg \frac{df(z)}{dz} + \arg \frac{dz(t)}{dt} \quad (\mathrm{mod}\ 2\pi).$$

Also gilt für den Winkel $\tilde{\Phi}$, den die Bildkurve $\tilde{\gamma}$ im Punkt $w = f(z_0) = f[z(t_0)]$ mit der positiven u-Achse der w-Ebene ($w = u + i \cdot v$) bildet,

$$\tilde{\Phi} \equiv \arg \frac{df(z)}{dz} + \Phi \quad (\mathrm{mod}\ 2\pi).$$

Bilden also die Tangentenvektoren zweier Kurven in z_0 mit der positiven x-Achse die Winkel Φ_1, Φ_2, so gilt für die Winkel $\tilde{\Phi}_1$, $\tilde{\Phi}_2$, die die Tangentenvektoren der Bildkurven in w_0 mit der positiven u-Achse bilden,

$$\tilde{\Phi}_2 - \tilde{\Phi}_1 \equiv \Phi_2 - \Phi_1 \quad (\mathrm{mod}\ 2\pi).$$

Das bedeutet aber, daß der Winkel zwischen zwei Kurven (d. h. der Winkel zwischen den Tangentenvektoren) bei der Abbildung $w = f(z)$ erhalten bleibt.[1]

Eine Abbildung, bei der die Winkel zwischen zwei Kurven erhalten bleiben, heißt *winkeltreu* oder *konform*. Daher kann man also sagen, daß die durch $w = f(z)$ vermittelte Abbildung konform ist, wenn $f(z)$ regulär und die Ableitung $f'(z) \neq 0$ ist.

Schließlich soll noch festgesetzt werden, daß unter „Kurve" im folgenden stets eine glatte bzw. stückweise glatte Kurve verstanden werden soll.

---

[1] Um nachzuweisen, daß $f(z)$ nur in einem Punkt z_0 winkeltreu abbildet, braucht lediglich vorausgesetzt zu werden, daß $f(z)$ in $z_0 = z(t_0)$ differenzierbar mit von Null verschiedener Ableitung ist. Entsprechend würde es genügen, daß die durch z_0 gehende Kurve in z_0 eine Tangente besitzt $\left(\text{d. h., man fordert } \dfrac{dz(t_0)}{dt} \neq 0\right)$.

2.3. Komplexe Kurvenintegrale

Es sei γ eine glatte (bzw. stückweise glatte) Kurve in der z-Ebene mit der Darstellung $z(t)$, $a \leqq t \leqq b$. $f(z)$ sei eine komplexwertige Funktion, die zumindest in allen Punkten $z \in \gamma$ definiert und stetig sei. Das Intervall $a \leqq t \leqq b$ wird nun in n Teilintervalle $t_{\mu-1} \leqq t \leqq t_\mu$ ($\mu = 1, 2, \ldots, n$) zerlegt. Dabei sei $t_0 = a, t_{\mu-1} < t_\mu, t_n = b$. Dieser Unterteilung des Intervalls $a \leqq t \leqq b$ entspricht eine Zerlegung der Kurve γ in n Teilstücke. Das μ-te Teilstück hat den Anfangspunkt $z(t_{\mu-1})$ und den Endpunkt $z(t_\mu)$. Liegt $t_{\mu*}$ in $t_{\mu-1} \leqq t \leqq t_\mu$, so ist $z(t_{\mu*})$ ein Punkt des μ-ten Teilstücks von γ. Der Funktion $f(z)$ wird nun bezüglich der Unterteilung des Intervalls $a \leqq t \leqq b$ die Summe

$$\sum_{\mu=1}^{n} f\big(z(t_{\mu*})\big) \cdot \big(z(t_\mu) - z(t_{\mu-1})\big) \tag{1}$$

zugeordnet. Setzt man wieder $f(z) = u(x, y) + i \cdot v(x, y)$, $z(t) = x(t) + i \cdot y(t)$, so ist der Ausdruck (1) gleich

$$\sum_{\mu=1}^{n} u\big(x(t_{\mu*}), y(t_{\mu*})\big) \cdot \big(x(t_\mu) - x(t_{\mu-1})\big)$$

$$- \sum_{\mu=1}^{n} v\big(x(t_{\mu*}), y(t_{\mu*})\big) \cdot \big(y(t_\mu) - y(t_{\mu-1})\big)$$

$$+ i \cdot \sum_{\mu=1}^{n} u\big(x(t_{\mu*}), y(t_{\mu*})\big) \cdot \big(y(t_\mu) - y(t_{\mu-1})\big)$$

$$+ i \cdot \sum_{\mu=1}^{n} v\big(x(t_{\mu*}), y(t_{\mu*})\big) \cdot \big(x(t_\mu) - x(t_{\mu-1})\big).$$

Der erste dieser vier Summanden konvergiert bei einer ausgezeichneten Unterteilungsfolge [1]) gegen das reelle Kurvenintegral[2])

$$\int_\gamma u(x, y)\, dx.$$

Die anderen Summanden konvergieren gegen entsprechende Kurvenintegrale, so daß man als Grenzwert von (1)

$$\int_\gamma [u(x, y)\, dx - v(x, y)\, dy] + i \cdot \int_\gamma [u(x, y)\, dy + v(x, y)\, dx] \tag{2}$$

---

[1]) Eine Unterteilungsfolge heißt *ausgezeichnet*, wenn die Maximallänge der Teilintervalle dabei gegen Null konvergiert. Der Limes ist von der speziellen Wahl der ausgezeichneten Unterteilungsfolge und von der Wahl der Zwischenpunkte $t_{\mu*}$ unabhängig.

[2]) Man vergleiche z. B. FICHTENHOLZ [17].

erhält. Dieser Grenzwert von (1) heißt das *komplexe Kurvenintegral* von $f(z)$ längs γ, symbolische Bezeichnung:

$$\int_\gamma f(z)\, dz.$$

Unmittelbar aus der Definition des komplexen Kurvenintegrals folgt

$$\int_\gamma \big(c_1 f_1(z) + c_2 f_2(z)\big)\, dz = c_1 \int_\gamma f_1(z)\, dz + c_2 \int_\gamma f_2(z)\, dz \qquad (c_1, c_2 \text{ konstant}),$$

$$\int_{\gamma_1 + \gamma_2} f(z)\, dz = \int_{\gamma_1} f(z)\, dz + \int_{\gamma_2} f(z)\, dz. \,{}^1)$$

Nun kann man das Integral $\int_\gamma u(x, y)\, dx$ durch

$$\int_\gamma u(x, y)\, dx = \int_{t=a}^{b} u\big(x(t), y(t)\big)\, \frac{dx(t)}{dt}\, dt$$

auf ein bestimmtes Integral über das Intervall $a \leqq t \leqq b$ zurückführen. Entsprechendes gilt für die übrigen in (2) stehenden reellen Kurvenintegrale. Demzufolge ergibt sich für das komplexe Kurvenintegral

$$\int_\gamma f(z)\, dz = \int_{t=a}^{b} \left[u\big(x(t), y(t)\big)\, \frac{dx(t)}{dt} - v\big(x(t), y(t)\big)\, \frac{dy(t)}{dt} \right] dt$$

$$+ i \cdot \int_{t=a}^{b} \left[u\big(x(t), y(t)\big)\, \frac{dy(t)}{dt} + v\big(x(t), y(t)\big)\, \frac{dx(t)}{dt} \right] dt. \qquad (3)$$

Setzt man $f(z) = u(x, y) + i \cdot v(x, y)$ und $z(t) = x(t) + i \cdot y(t)$, so gilt (Hauptfall I der Differentiation komplexwertiger Funktionen, vgl. 2.1.) die Beziehung $\frac{dz(t)}{dt} = \frac{dx(t)}{dt} + i \cdot \frac{dy(t)}{dt}$, also

$$f\big(z(t)\big)\, \frac{dz(t)}{dt} = \left[u\big(x(t), y(t)\big)\, \frac{dx(t)}{dt} - v\big(x(t), y(t)\big)\, \frac{dy(t)}{dt} \right]$$

$$+ i \cdot \left[u\big(x(t), y(t)\big)\, \frac{dy(t)}{dt} + v\big(x(t), y(t)\big)\, \frac{dx(t)}{dt} \right].$$

Daher kann man (3) in der Form

$$\int_\gamma f(z)\, dz = \int_{t=a}^{b} \mathrm{Re} \left[f\big(z(t)\big)\, \frac{dz(t)}{dt} \right] dt + i \cdot \int_{t=a}^{b} \mathrm{Im} \left[f\big(z(t)\big)\, \frac{dz(t)}{dt} \right] dt \qquad (4)$$

${}^1)$ Stimmt der Anfangspunkt von γ_2 mit dem Endpunkt von γ_1 überein, so bedeutet $\gamma_1 + \gamma_2$ die Zusammensetzung von γ_1 und γ_2. Das Integral über eine stückweise glatte Kurve erhält man diesem entsprechend, wenn man über die glatten Teilstücke integriert und die Integrale addiert.

schreiben. Ist γ speziell ein Intervall auf der reellen Achse, $z = t$ mit $a \leq t \leq b$, so erhält man durch das komplexe Kurvenintegral $\int_\gamma f(z)\,dz$ das Integral einer komplexwertigen Funktion über ein reelles Intervall:

$$\int_\gamma f(z)\,dz = \int_{t=a}^{b} f(t)\,dt\,.$$

Nach (4) ist

$$\int_{t=a}^{b} f(t)\,dt = \int_{t=a}^{b} \mathrm{Re}\,[f(t)]\,dt + i \cdot \int_{t=a}^{b} \mathrm{Im}\,[f(t)]\,dt\,. \tag{5}$$

γ sei nun wieder eine beliebige glatte Kurve mit der Darstellung $z(t)$, $a \leq t \leq b$. Dann ist $f(z(t))\,\dfrac{dz(t)}{dt}$ eine in dem reellen Intervall $a \leq t \leq b$ definierte stetige Funktion. Wendet man Formel (5) an, so sieht man, daß (4) in

$$\int_\gamma f(z)\,dz = \int_{t=a}^{b} f\big(z(t)\big)\,\frac{dz(t)}{dt} \cdot dt$$

übergeht. Diese Formel heißt die *Substitutionsformel* für komplexe Kurvenintegrale.

Ist γ der positiv durchlaufene Kreis um $z = z_0$, Radius R, so soll $\oint_\gamma \dfrac{1}{z - z_0}\,dz$ mit Hilfe der Substitutionsformel bestimmt werden.[1] Für die Kreislinie γ wird die Normaldarstellung $z(t) = z_0 + R\,(\cos t + i \cdot \sin t)$, $0 \leq t \leq 2\pi$, verwendet (vgl. 2.2.). Es ist dann $\dfrac{dz(t)}{dt} = R\,(-\sin t + i \cdot \cos t)$ und somit nach der Substitutionsformel

$$\oint_\gamma \frac{1}{z - z_0}\,dz = \int_{t=0}^{2\pi} \frac{R\,(-\sin t + i \cdot \cos t)}{R\,(\cos t + i \cdot \sin t)}\,dt = i \cdot \int_{t=0}^{2\pi} 1 \cdot dt = 2\pi i\,.$$

Als weiteres Beispiel soll $\int_\gamma f(z)\,dz$ nach der Substitutionsformel bestimmt werden, wenn $f(z) = z^2$ und γ die geradlinige Verbindung von $z = i$ und $z = 1$ ist [Normaldarstellung: $z(t) = i + t(1 - i)$, $0 \leq t \leq 1$]. Es ist

$$f(z(t)) = (i + t(1 - i))^2 = -1 + 2i(1 - i)\,t - 2it^2,$$

$$\frac{dz(t)}{dt} = 1 - i,$$

---

[1]) Bei Integration über eine geschlossene Kurve ist als Integralzeichen auch $\oint$ gebräuchlich.

also

$$\int\limits_{\gamma} z^2\,dz = \int\limits_{t=0}^{1} (-1 + 2i(1-i)\,t - 2it^2)\,(1-i)\,dt$$

$$= \left[\left(-t + i(1-i)\,t^2 - \frac{2}{3}\,it^3\right)(1-i)\right]_0^1 = \left(-1 + (1+i) - \frac{2}{3}\,i\right)(1-i)$$

$$= \frac{i}{3}\,(1-i) = \frac{1}{3}\,(1+i).$$

Schließlich soll noch das Integral über die zu einer Kurve γ inverse Kurve γ^{-1} auf das Integral über γ selbst zurückgeführt werden. Hat γ die Darstellung $z(t)$, $a \leq t \leq b$, so hat (vgl. 2.2.) γ^{-1} die Darstellung $z(a + b - t')$, $a \leq t' \leq b$. Also ergibt sich nach der Substitutionsformel

$$\int\limits_{\gamma^{-1}} f(z)\,dz = \int\limits_{t'=a}^{b} f\big(z(a+b-t')\big)\,\frac{dz(a+b-t')}{dt'}\,dt'$$

und damit, wenn $a + b - t' = t$ gesetzt wird,

$$\int\limits_{\gamma^{-1}} f(z)\,dz = \int\limits_{t=b}^{a} f\big(z(t)\big)\,\frac{dz(t)}{dt}\cdot\frac{dt}{dt'}\,dt' = -\int\limits_{t=a}^{b} f\big(z(t)\big)\,\frac{dz(t)}{dt}\,dt = -\int\limits_{\gamma} f(z)\,dz.$$

Den Betrag eines komplexen Kurvenintegrals kann man in der folgenden Weise abschätzen:

γ sei eine glatte Kurve mit der Darstellung $z(t)$, $a \leq t \leq b$. Ist $f(z)$ auf γ stetig, so ist $f\big(z(t)\big)$ eine auf dem Intervall $a \leq t \leq b$ stetige Funktion, also ist $|f(z(t))|$ beschränkt.[1] Somit ist

$$\sup_{a\leq t\leq b} |f\big(z(t)\big)| = \sup_{z\in\gamma} |f(z)|$$

eine endliche Zahl K. Unter Berücksichtigung der Dreiecksungleichung erhält man dann für die Summe (1) die Abschätzung

$$\left|\sum_{\mu=1}^{n} f\big(z(t_{\mu*})\big)\cdot\big(z(t_\mu) - z(t_{\mu-1})\big)\right| \leq K\cdot\sum_{\mu=1}^{n} |z(t_\mu) - z(t_{\mu-1})|.$$

Nun ist $|z(t_\mu) - z(t_{\mu-1})|$ die Länge der geradlinigen Verbindung von Anfangs- und Endpunkt des durch $t_{\mu-1} \leq t \leq t_\mu$ definierten μ-ten Teilstücks von γ, also ist $\sum\limits_{\mu=1}^{n} |z(t_\mu) - z(t_{\mu-1})|$ die Länge eines in die Kurve γ einbeschriebenen Polygonzuges. Die Länge einer Kurve, symbolisch $l(\gamma)$, wird aber definiert als die obere

---

[1] Denn $\mathrm{Re}\,[f(z(t))]$ und $\mathrm{Im}\,[f(z(t))]$ sind nach Satz 1 von **2.1.** stetig und demzufolge beschränkt.

Grenze der Längen aller in die Kurve einbeschriebenen Polygonzüge.[1]) Daher ist

$$\left| \sum_{\mu=1}^{n} f\big(z(t_{\mu*})\big) \cdot \big(z(t_{\mu}) - z(t_{\mu-1})\big) \right| \leqq K \cdot l(\gamma).$$

Diese Abschätzung bleibt auch in der Grenze erhalten, so daß man

$$\left| \int_{\gamma} f(z)\, dz \right| \leqq K \cdot l(\gamma) = \sup_{z \in \gamma} |f(z)| \cdot l(\gamma)$$

erhält. Wie aus der reellen Differential- und Integralrechnung bekannt ist, besitzt die durch $(x(t), y(t))$, $a \leqq t \leqq b$, gegebene Kurve $(x(t), y(t)$ stetig differenzierbar) die Länge

$$l(\gamma) = \int_{t=a}^{b} \sqrt{\left(\frac{dx(t)}{dt}\right)^2 + \left(\frac{dy(t)}{dt}\right)^2}\; dt.$$

Ist $z(t) = x(t) + i \cdot y(t)$ die Darstellung einer glatten Kurve γ, so ist

$$\left| \frac{dz(t)}{dt} \right| = \sqrt{\left(\frac{dx(t)}{dt}\right)^2 + \left(\frac{dy(t)}{dt}\right)^2},$$

und daher läßt sich die Länge $l(\gamma)$ in der Form

$$l(\gamma) = \int_{t=a}^{b} \left| \frac{dz(t)}{dt} \right|\, dt$$

darstellen.[2])

Beispiel. Die Kreislinie γ_0 mit dem Mittelpunkt z_0 ,Radius R, hat nach **2.2.** die Darstellung $z(t) = z_0 + R(\cos t + i \cdot \sin t)$, $0 \leqq t \leqq 2\pi$. Also ist

$$\frac{dz(t)}{dt} = R(-\sin t + i \cdot \cos t)$$

und somit

$$\left| \frac{dz(t)}{dt} \right| = R.$$

Daher ist

$$l(\gamma_0) = \int_{t=0}^{2\pi} R\, dt = 2\pi R.$$

---

[1]) Da die Kurve stückweise glatt ist, existiert $l(\gamma)$.

[2]) Hierbei (wie auch bei der Definition des komplexen Kurvenintegrals) könnte man auch mit schwächeren Voraussetzungen über γ auskommen. Dies wird im Rahmen dieses Buches aber nicht benötigt.

2.4. Stammfunktionen

Analog zur Differential- und Integralrechnung von Funktionen einer reellen Veränderlichen definiert man in der komplexen Funktionentheorie die Stammfunktion:

Die komplexwertige Funktion $f(z)$ sei in einem Gebiet G der komplexen Ebene definiert. Eine in G definierte (eindeutige) komplexwertige Funktion $F(z)$ heißt *Stammfunktion* von $f(z)$, falls $F(z)$ in G regulär ist und $F'(z) = f(z)$ in jedem Punkt von G gilt.

Es gilt dann der folgende Satz 1, der das komplexe Analogon zum Hauptsatz der Differential- und Integralrechnung von Funktionen einer reellen Veränderlichen ist:

Satz 1. *$f(z)$ sei im Gebiet G stetig und besitze eine Stammfunktion $F(z)$. Ist dann γ eine in G verlaufende (glatte oder stückweise glatte) Kurve mit der Darstellung $z(t)$, $a \leqq t \leqq b$, so ist*

$$\int\limits_{\gamma} f(z)\, dz = F\big(z(b)\big) - F\big(z(a)\big).$$

Beweis. Man betrachte die Funktion $F(z(t))$ auf dem Intervall $a \leqq t \leqq b$. Nach der Kettenregel ist

$$\frac{dF(z(t))}{dt} = \frac{dF(z)}{dz} \cdot \frac{dz(t)}{dt} = f\big(z(t)\big) \cdot \frac{dz(t)}{dt}.$$

Nach Formel (5) von **2.3.** ist somit

$$\int\limits_{t=a}^{b} f\big(z(t)\big) \frac{dz(t)}{dt}\, dt = \int\limits_{t=a}^{b} \frac{dF(z(t))}{dt}\, dt$$

$$= \int\limits_{t=a}^{b} \mathrm{Re}\left[\frac{dF(z(t))}{dt}\right] dt + i \cdot \int\limits_{t=a}^{b} \mathrm{Im}\left[\frac{dF(z(t))}{dt}\right] dt.$$

Nach dem Hauptfall I der Differentiation komplexwertiger Funktionen (vgl. **2.1.**) ist dies gleich

$$\int\limits_{t=a}^{b} \frac{d}{dt}\left(\mathrm{Re}\left[F(z(t))\right]\right) dt + i \cdot \int\limits_{t=a}^{b} \frac{d}{dt}\left(\mathrm{Im}\left[F(z(t))\right]\right) dt.$$

Berücksichtigt man nun noch den Hauptsatz der Differential- und Integralrechnung von Funktionen einer reellen Veränderlichen, so kann man für den letzten Ausdruck

$$\big(\mathrm{Re}\left[F(z(b))\right] - \mathrm{Re}\left[F(z(a))\right]\big) + i \cdot \big(\mathrm{Im}\left[F(z(b))\right] - \mathrm{Im}\left[F(z(a))\right]\big)$$

$$= F\big(z(b)\big) - F\big(z(a)\big)$$

schreiben. Insgesamt hat man damit[1])

$$\int\limits_{\gamma} f(z)\,dz = \int\limits_{t=a}^{b} f\big(z(t)\big)\,\frac{dz(t)}{dt}\,dt = F\big(z(b)\big) - F\big(z(a)\big).\qquad \text{Q. e. d.}$$

Da für eine geschlossene Kurve γ_0 Anfangs- und Endpunkt zusammenfallen, folgt aus Satz 1:

Korollar 1. *Ist $f(z)$ im Gebiet G stetig und besitzt $f(z)$ eine Stammfunktion $F(z)$, so gilt für jede in G gelegene geschlossene Kurve γ_0:*

$$\oint\limits_{\gamma_0} f(z)\,dz = 0.$$

Außerdem kann man Satz 1 noch durch folgende Aussage ergänzen:

Korollar 2. *Eine in einem Gebiet G definierte stetige Funktion $f(z)$ kann — abgesehen von einer willkürlichen additiven Konstanten — höchstens eine Stammfunktion besitzen.*

Denn sind z_1 und z_2 zwei beliebige Punkte von G, so kann man diese immer durch eine in G gelegene Kurve γ (z. B. durch einen in G gelegenen Streckenzug) verbinden. Ist nun sowohl $F_1(z)$ als auch $F_2(z)$ Stammfunktion von $f(z)$, so ist

$$\int\limits_{\gamma} f(z)\,dz = F_1(z_2) - F_1(z_1),$$

aber auch

$$\int\limits_{\gamma} f(z)\,dz = F_2(z_2) - F_2(z_1).$$

Durch Vergleich folgt $F_2(z_2) - F_1(z_2) = F_2(z_1) - F_1(z_1)$. Da z_1, z_2 in G beliebig gewählt werden können, bedeutet dies, daß

$$F_2(z) - F_1(z) \equiv \text{const}$$

ist.

Für Anwendungen von Satz 1 sollen jetzt einige Beispiele gegeben werden:

a) Zu $f(z) = \text{const} = c$ ist $F(z) = c \cdot z$ eine Stammfunktion, wie man durch Differentiation von $F(z)$ bestätigt (vgl. 2.1.). Das Gebiet G ist hier die ganze komplexe Ebene. Ist γ eine Kurve von z_1 nach z_2, so ist nach Satz 1

$$\int\limits_{\gamma} c \cdot dz = c(z_2 - z_1).$$

---

[1]) Bei einer stückweise glatten Kurve erhält man diese Formel dadurch, daß man sie zunächst auf die glatten Teilstücke anwendet und danach die Integrale über die Teilstücke addiert.

Das Integral ist also, wie es dem Satz 1 entspricht, nur vom Anfangs- und Endpunkt von γ abhängig, nicht vom speziellen Verlauf von γ.

b) Ist $f(z) = z^n$ ($n \geq 1$, ganz), so ist $F(z) = \dfrac{1}{n+1} \cdot z^{n+1}$ eine Stammfunktion, also gilt für das längs einer von z_1 nach z_2 verlaufenden Kurve γ berechnete Integral

$$\int\limits_{\gamma} z^n \, dz = \frac{1}{n+1} \left(z_2^{n+1} - z_1^{n+1} \right).$$

Ist $f(z) = z^2$, so ist $F(z) = \dfrac{z^3}{3}$ dazu eine Stammfunktion (in der ganzen komplexen Ebene). Ist γ die geradlinige Verbindung von $z = i$ und $z = 1$ (vgl. das Beispiel in **2.3.**, S. 44), so ist nach Satz 1

$$\int\limits_{\gamma} z^2 \, dz = \left[\frac{1}{3} z^3 \right]_i^1 = \frac{1}{3} (1 - i^3) = \frac{1}{3} (1 + i).$$

c) $f(z) = \dfrac{1}{z}$ ist in dem aus allen $z \neq 0$ bestehenden Gebiet G regulär und somit insbesondere stetig. $f(z)$ besitzt aber in G keine Stammfunktion. Denn besäße $f(z) = \dfrac{1}{z}$ eine (eindeutige) Stammfunktion, so müßte nach Korollar 1

$$\oint\limits_{\gamma_0} f(z) \, dz = 0$$

sein für jede in G verlaufende geschlossene Kurve. Ist γ_0 insbesondere der positiv durchlaufene Kreis $|z| = 1$, so ist nach **2.3.**

$$\oint\limits_{\gamma_0} \frac{1}{z} \, dz = 2\pi i.$$

Dieser Widerspruch zeigt, daß $f(z) = \dfrac{1}{z}$ in G keine Stammfunktion besitzen kann.

Im Hinblick auf Beispiel c) sollen jetzt Bedingungen über $f(z)$ und G gesucht werden, die die Existenz einer Stammfunktion sichern.[1]

---

[1] Für eine in einem Intervall $a \leq x \leq b$ der reellen x-Achse definierte reellwertige stetige Funktion existiert stets eine Stammfunktion, die durch $\int\limits_a^x f(\xi) \, d\xi$ gegeben wird. Will man in einem Gebiet der komplexen Ebene eine Stammfunktion dadurch definieren, daß man bei festem z_0 und variablen z längs einer von z_0 nach z verlaufenden Kurve integriert, so muß man wissen, daß das Integral vom speziellen Verlauf der Kurve unabhängig ist. Diese Frage ist aber mit dem Existenzproblem einer Stammfunktion gleichwertig. Die nicht eindeutige Wahl von γ entfällt, wenn das Gebiet ein Sterngebiet ist. In diesem Fall gehört die geradlinige Verbindung $\gamma(z_0, z)$ zum Gebiet. Wählt man als Integrationsweg $\gamma(z_0, z)$, so erhält man eine (eindeutige) Funktion, die das Analogon zum unbestimmten Integral darstellt. Diese Idee, Sterngebiete für den Aufbau der komplexen Funktionentheorie zu verwenden, stammt von A. DINGHAS.

Dazu wird zunächst gezeigt:

Hilfssatz 1. $f(z)$ *sei in der offenen Kreisscheibe* $|z - z_1| < R$ *definiert und stetig. Setzt man*

$$F(z) = \int\limits_{\gamma(z_1,z)} f(\zeta)\, d\zeta,$$

wobei $\gamma(z_1, z)$ *die geradlinige Verbindung von* z_1 *und* z *ist, so gilt:* $F(z)$ *ist in* z_1 *differenzierbar, und es ist* $F'(z_1) = f(z_1)$.

Beweis. Es sei $\tilde{f}(z) = f(z) - f(z_1)$. Da $f(z)$ insbesondere in z_1 stetig ist, ist auch $\tilde{f}(z)$ in z_1 stetig, und es gibt also zu jedem $\varepsilon > 0$ ein $\delta = \delta(\varepsilon)$, so daß für alle ζ aus $|\zeta - z_1| < \delta$ die Abschätzung $|\tilde{f}(\zeta)| < \varepsilon$ gilt. Nun ist

$$F(z) = \int\limits_{\gamma(z_1,z)} \left(f(z_1) + \tilde{f}(\zeta)\right) d\zeta = f(z_1) \cdot (z - z_1) + \int\limits_{\gamma(z_1,z)} \tilde{f}(\zeta)\, d\zeta.$$

Durch Umformung erhält man hieraus, wenn man noch $F(z_1) = 0$ beachtet,

$$\frac{F(z) - F(z_1)}{z - z_1} - f(z_1) = \frac{1}{z - z_1} \cdot \int\limits_{\gamma(z_1,z)} \tilde{f}(\zeta)\, d\zeta$$

für $z \neq z_1$. Nach den Abschätzungen des Betrages komplexer Kurvenintegrale (vgl. 2.3.) ist

$$\left| \int\limits_{\gamma(z_1,z)} \tilde{f}(\zeta)\, d\zeta \right| \leq \varepsilon \cdot l\left(\gamma(z_1, z)\right) = \varepsilon \cdot |z - z_1|,$$

wenn z und damit ganz $\gamma(z_1, z)$ in $|z - z_1| < \delta(\varepsilon)$ liegt. Damit gilt für alle von z_1 verschiedenen z aus $|z - z_1| < \delta(\varepsilon)$

$$\left| \frac{F(z) - F(z_1)}{z - z_1} - f(z_1) \right| \leq \frac{1}{|z - z_1|} \cdot \varepsilon \cdot |z - z_1| = \varepsilon. \quad \text{Q. e. d.}$$

Hilfssatz 2. $f(z)$ *sei in einem Gebiet* G *regulär. Ist* γ_0 *der Rand eines ganz in* G *gelegenen Dreiecks* D_0[1]*), so ist*

$$\oint\limits_{\gamma_0} f(\zeta)\, d\zeta = 0.$$

Beweis. Es wird $\oint\limits_{\gamma_0} f(\zeta)\, d\zeta = I$ gesetzt. Es ist also zu zeigen, daß $I = 0$ ist.

a) Das Dreieck D_0 wird durch Seitenhalbierung in vier gleichgroße Teildreiecke zerlegt. Für den Rand γ_1 wenigstens eines Teildreiecks D_1 muß $\left| \int\limits_{\gamma_1} f(\zeta)\, d\zeta \right| \geq \frac{|I|}{4}$ gelten. Andernfalls wäre der Betrag des Integrals über jeden der Ränder $\gamma_1, \gamma_1', \gamma_1'', \gamma_1'''$ der vier Teildreiecke kleiner als $\frac{|I|}{4}$. Orientiert man

---

[1]) Das heißt, auch der Rand γ_0 soll in G liegen.

$\gamma_1, \gamma_1', \gamma_1'', \gamma_1'''$ positiv [1]) (Abb. 9), so ist

$$\oint_{\gamma_0} f(\zeta)\,d\zeta = \oint_{\gamma_1} f(\zeta)\,d\zeta + \oint_{\gamma_1'} f(\zeta)\,d\zeta + \oint_{\gamma_1''} f(\zeta)\,d\zeta + \oint_{\gamma_1'''} f(\zeta)\,d\zeta,$$

da über die innerhalb von D_0 gelegenen Strecken zweimal, und zwar im entgegengesetzten Sinne, integriert wird. Nach der letzten Formel hätte man dann aber $|I| < 4 \cdot \dfrac{|I|}{4} = |I|$, was unmöglich ist.

Durch Fortsetzung dieses Unterteilungsverfahrens sieht man: Es gibt ein Vierteldreieck D_n [2]) von D_{n-1}, so daß für den Rand γ_n von D_n

$$\left| \oint_{\gamma_n} f(\zeta)\,d\zeta \right| \geqq \frac{1}{4} \cdot \left| \oint_{\gamma_{n-1}} f(\zeta)\,d\zeta \right|$$

gilt, wobei γ_{n-1} der Rand von D_{n-1} ist. Insgesamt hat man damit

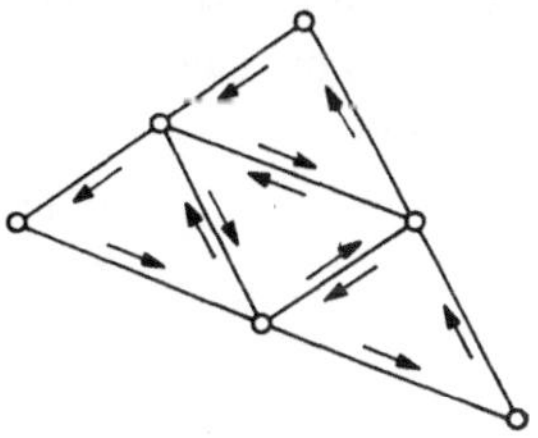

Abb. 9

$$\left| \oint_{\gamma_n} f(\zeta)\,d\zeta \right| \geqq \frac{|I|}{4^n}.$$

b) $l(\gamma_n)$ sei der Umfang von D_n. Wegen $l(\gamma_n) = \dfrac{1}{2} \cdot l(\gamma_{n-1})$ ist $l(\gamma_n) = \dfrac{1}{2^n} \cdot l(\gamma_0)$.

Für den Durchmesser $\varnothing\,(D_n)$ von D_n [3]) gilt: $\varnothing\,(D_n) < \dfrac{1}{2} \cdot l(\gamma_n) = \dfrac{1}{2} \cdot \dfrac{1}{2^n} \cdot l(\gamma_0)$. Aus jedem D_n wird jetzt ein Punkt $\tilde{z}_n$ ausgewählt. Da D_{n+1} ein Teil von D_n ist, sind alle $\tilde{z}_n, \tilde{z}_{n+1}, \dots$ in D_n enthalten. Nun ist $\varnothing\,(D_n) \to 0$ für $n \to \infty$, d. h., die Folge $\{\tilde{z}_n\}$ erfüllt das Cauchysche Konvergenzkriterium. $\{\tilde{z}_n\}$ ist also konvergent, z_* sei der Limes. Wegen $\varnothing\,(D_n) \to 0$ gibt es zu jedem $\delta > 0$ ein $N = N(\delta)$, so daß D_n für $n \geqq N(\delta)$ in $U_\delta(z_*)$ liegt.

c) $f(z)$ ist insbesondere in z_* differenzierbar. Nach Satz 2 von **2.1.** ist die durch

$$\hat{f}(z) = \begin{cases} \dfrac{f(z) - f(z_*)}{z - z_*} - f'(z_*) & \text{für} \quad z \neq z_*, \\[2ex] 0 & \text{für} \quad z = z_* \end{cases}$$

definierte Funktion in z_* stetig. Für alle von z_* verschiedenen Punkte von G ergibt sich die Stetigkeit von $\hat{f}(z)$ aus Folgerung 1 zu Satz 1 von **2.1.** Die Stetig-

---

[1]) Beim Durchlaufen des Randes bleibt die Dreiecksfläche zur Linken.

[2]) D_n wird als abgeschlossen betrachtet.

[3]) Der Durchmesser $\varnothing\,(D_n)$ des abgeschlossenen Dreiecks D_n ist der größtmögliche Abstand zweier Punkte von D_n. Allgemein ist der Durchmesser $\varnothing\,(M)$ einer (beschränkten) Menge M das Supremum der Abstände je zweier Punkte von M:

$$\varnothing\,(M) = \sup_{z_1, z_2 \in M} |z_2 - z_1|.$$

keit von $\hat{f}(z)$ in z_* bedeutet, daß es zu jedem $\varepsilon > 0$ ein $\delta = \delta(\varepsilon)$ gibt, so daß $|\hat{f}(z)| < \varepsilon$ für alle z aus $|z - z_*| < \delta(\varepsilon)$ ist.

d) Nach Definition von $\hat{f}(z)$ ist

$$f(z) = f(z_*) - z_* \cdot f'(z_*) + z \cdot f'(z_*) + (z - z_*) \cdot \hat{f}(z).$$

Da γ_n eine geschlossene Kurve ist, hat man, entsprechend den Beispielen a) und b) zur Berechnung komplexer Kurvenintegrale mit Hilfe einer Stammfunktion:

$$\oint_{\gamma_n} f(\zeta)\, d\zeta = 0 + 0 + \oint_{\gamma_n} (\zeta - z_*) \cdot \hat{f}(\zeta)\, d\zeta.$$

Insbesondere ist für $\zeta \in \gamma_n$

$$|\zeta - z_*| \leqq \varnothing\,(D_n) < \frac{1}{2} \cdot \frac{1}{2^n} \cdot l(\gamma_0).\,\text{[1]}$$

Wählt man noch $n \geqq N\,(\delta(\varepsilon))$, so liegt D_n nach b) in $U_{\delta(\varepsilon)}(z_*)$, und nach c) ist dann $|\hat{f}(z)| < \varepsilon$ in ganz D_n. Damit ist insbesondere für jedes $\zeta \in \gamma_n$

$$|(\zeta - z_*) \cdot \hat{f}(\zeta)| \leqq \frac{1}{2} \cdot \frac{1}{2^n} \cdot l(\gamma_0) \cdot \varepsilon$$

und wegen $l(\gamma_n) = \frac{1}{2^n} \cdot l(\gamma_0)$ nach der Abschätzung des Betrages eines komplexen Kurvenintegrals

$$\left| \oint_{\gamma_n} f(\zeta)\, d\zeta \right| = \left| \oint_{\gamma_n} (\zeta - z_*) \cdot f(\zeta)\, d\zeta \right| < \frac{1}{2} \cdot \frac{1}{4^n} \cdot (l(\gamma_0))^2 \cdot \varepsilon.$$

Andererseits hat man nach a)

$$\frac{|I|}{4^n} \leqq \left| \oint_{\gamma_n} f(\zeta)\, d\zeta \right|,$$

so daß insgesamt die Abschätzung $|I| < \frac{1}{2} \cdot (l(\gamma_0))^2 \cdot \varepsilon$ gilt. Da $\varepsilon > 0$ beliebig gewählt werden kann, muß $I = 0$ sein. Q. e. d.

Aus den Hilfssätzen 1 und 2 folgt

Satz 2. *G sei ein Sterngebiet in bezug auf z_0, $f(z)$ sei in G regulär. Dann ist* $F(z) = \int\limits_{\gamma(z_0, z)} f(\zeta)\, d\zeta$ *Stammfunktion von $f(z)$.*

---

[1] Da die D_n als abgeschlossen betrachtet werden (vgl. die Fußnote [2] auf S. 27), liegt wegen $z_n, z_{n+1}, \ldots \in D_n$ auch z_* in jedem D_n.

Beweis. z_1 sei ein beliebig, aber fest gewählter Punkt von G, z sei aus einer δ-Umgebung von z_1 (Abb. 10). Nach Hilfssatz 2 ist

$$F(z) = \int\limits_{\gamma(z_0,z)} f(\zeta)\,d\zeta = \int\limits_{\gamma(z_0,z_1)} f(\zeta)\,d\zeta + \int\limits_{\gamma(z_1,z)} f(\zeta)\,d\zeta$$

$$= F(z_1) + \int\limits_{\gamma(z_1,z)} f(\zeta)\,d\zeta\,.$$

Nach Hilfssatz 1 ist $\int\limits_{\gamma(z_1,z)} f(\zeta)\,d\zeta$ in z_1 differenzierbar mit der Ableitung $f(z_1)$. $F(z_1)$ hat als Konstante die Ableitung Null. Insgesamt folgt, daß $F(z)$ in dem beliebig gewählten Punkt z_1 differenzierbar ist und die Ableitung $f(z_1)$ hat. Q. e. d.

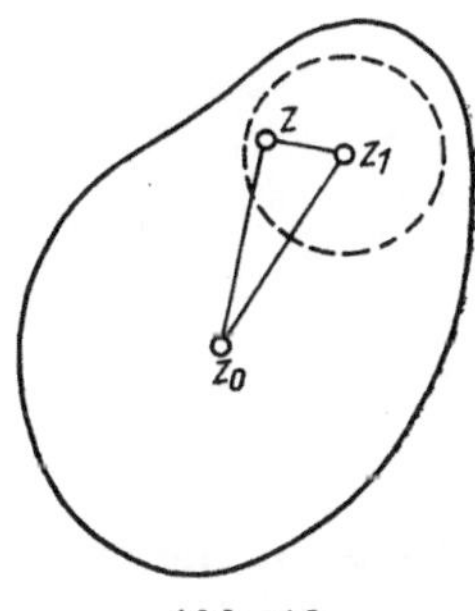

Abb. 10

Beachtet man noch Korollar 1 zu Satz 1, so erhält man das

Korollar. *Ist $f(z)$ eine in einem Sterngebiet definierte reguläre Funktion und γ_0 eine geschlossene Kurve in diesem Sterngebiet, so ist*

$$\oint\limits_{\gamma_0} f(\zeta)\,d\zeta = 0 \qquad (Cauchyscher\ Integralsatz)\,.$$

3. TAYLOR-ENTWICKLUNG

3.1. Cauchysche Integralformel

Es sei K die offene Kreisschreibe $|z - z_0| < r_0$, z_1 sei ein fest vorgegebener Punkt von K. In $K - \{z_1\}$ sei eine reguläre Funktion $g(z)$ gegeben.

Es sei γ eine positiv durchlaufene Kreislinie um z_0 mit dem Radius $r < r_0$, γ' sei eine positiv durchlaufene Kreislinie um z_1 mit dem Radius r'. Dabei sollen r und r' so gewählt werden, daß außer z_1 auch ganz γ' in $|z - z_0| < r$ liegt (vgl. Abb. 11).

Hilfssatz 1. *Es ist*

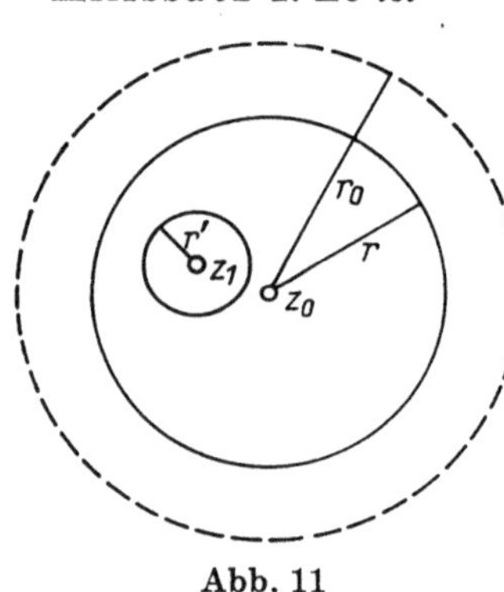

$$\oint_{\gamma'} g(\zeta)\, d\zeta = \oint_{\gamma} g(\zeta)\, d\zeta.$$

Abb. 11

Beweis. Mit Hilfe einer zur x-Achse parallelen Geraden durch z_1 werden (vgl. Abb. 12a) aus γ und γ' zwei neue geschlossene Kurven $\tilde{\gamma}_1$ und $\tilde{\gamma}_2$ gebildet. s_1 und s_2 seien zwei in z_1 beginnende Strahlen, die zur y-Achse gleich- bzw. entgegengesetzt gerichtet sind (Abb. 12b und c). $K - \{s_1\}$ und $K - \{s_2\}$ sind (vgl. **1.3.**) Sterngebiete in bezug auf einen Punkt auf der rückwärtigen Verlängerung von s_1 bzw. von s_2 (vgl. **1.3.**). Also gilt nach dem Cauchyschen Integral-

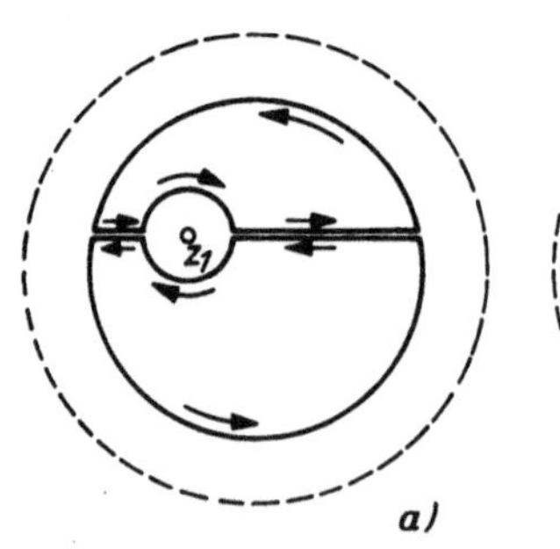

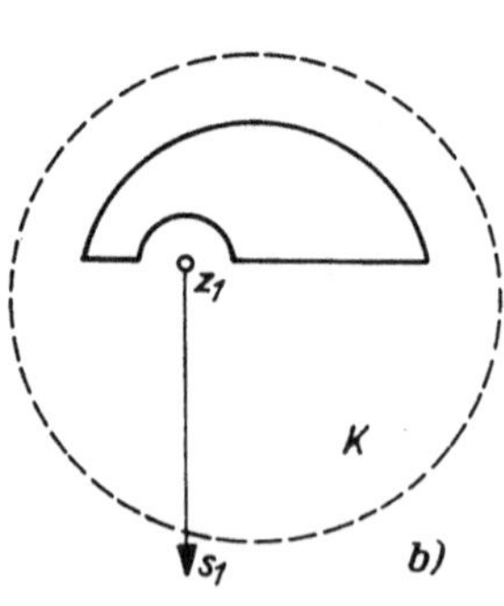

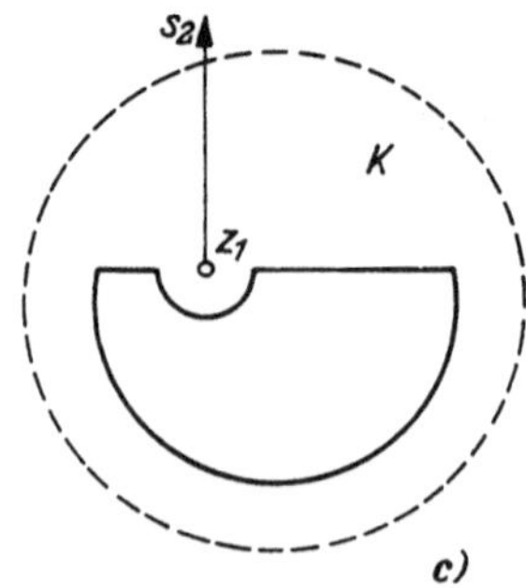

Abb. 12

satz (Korollar zu Satz 2 aus **2.4.**)

$$\oint_{\tilde{\gamma_1}} g(\zeta)\,d\zeta = 0 \quad \text{und} \quad \oint_{\tilde{\gamma_2}} g(\zeta)\,d\zeta = 0.$$

Addiert man diese beiden Integrale und beachtet, daß sich Bestandteile über zweimal entgegengesetzt durchlaufene Strecken aufheben (vgl. **1.3.**, Integration über die inverse Kurve), so folgt

$$\oint_{\gamma} g(\zeta)\,d\zeta - \oint_{\gamma'} g(\zeta)\,d\zeta = 0. \quad \text{Q. e. d.}$$

Speziell sei $f(z)$ eine in ganz K reguläre Funktion. Für ein festgewähltes z_1 ist dann $g(z) = \dfrac{f(z)}{z - z_1}$ eine in $K - \{z_1\}$ reguläre Funktion. Nach Hilfssatz 1 gilt somit

$$\oint_{\gamma'} \frac{f(\zeta)}{\zeta - z_1}\,d\zeta = \oint_{\gamma} \frac{f(\zeta)}{\zeta - z_1}\,d\zeta. \tag{1}$$

Hilfssatz 2. *Es ist*

$$\oint_{\gamma'} \frac{f(\zeta)}{\zeta - z_1}\,d\zeta = 2\pi i \cdot f(z_1).$$

Beweis. (1) gilt für jeden Radius r' von γ'. Also ist $\oint_{\gamma'} \dfrac{f(\zeta)}{\zeta - z_1}\,d\zeta$ von r' unabhängig, es gilt somit

$$\oint_{\gamma'} \frac{f(\zeta)}{\zeta - z_1}\,d\zeta = \lim_{r' \to 0} \oint_{\gamma'} \frac{f(\zeta)}{\zeta - z_1}\,d\zeta. \tag{2}$$

Andererseits ist $f(z)$ insbesondere in z_1 differenzierbar und damit auch stetig. Setzt man $\tilde{f}(\zeta) = f(\zeta) - f(z_1)$, so gibt es mithin zu jedem $\varepsilon > 0$ ein $\delta = \delta(\varepsilon)$, so daß $|\tilde{f}(\zeta)| < \varepsilon$ ist für alle ζ aus $|\zeta - z_1| < \delta(\varepsilon)$. Nach Definition von $\tilde{f}(\zeta)$ ist unter Berücksichtigung von **2.3.**

$$\oint_{\gamma'} \frac{f(\zeta)}{\zeta - z_1}\,d\zeta = \oint_{\gamma'} \frac{f(z_1)}{\zeta - z_1}\,d\zeta + \oint_{\gamma'} \frac{\tilde{f}(\zeta)}{\zeta - z_1}\,d\zeta = 2\pi i \cdot f(z_1) + \oint_{\gamma'} \frac{\tilde{f}(\zeta)}{\zeta - z_1}\,d\zeta.$$

Hieraus erhält man folgende Abschätzung:

$$\left| \oint_{\gamma'} \frac{f(\zeta)}{\zeta - z_1}\,d\zeta - 2\pi i \cdot f(z_1) \right| = \left| \oint_{\gamma'} \frac{\tilde{f}(\zeta)}{\zeta - z_1}\,d\zeta \right| \leq \frac{\varepsilon}{r'} \cdot 2\pi r' = 2\pi\varepsilon,$$

da die Länge des Integrationsweges $l(\gamma') = 2\pi r'$ ist. Hieraus folgt

$$\lim_{r' \to 0} \oint_{\gamma'} \frac{f(\zeta)}{\zeta - z_1}\,d\zeta = 2\pi i \cdot f(z_1)$$

und durch Vergleich mit (2) damit die Behauptung.

Schreibt man z an Stelle von z_1, so folgt unter Verwendung des Hilfssatzes 2 aus der Formel (1):

Satz. *Ist $f(z)$ in $|z - z_0| < r_0$ regulär und ist $r < r_0$, so ist für ein z aus $|z - z_0| < r$*

$$f(z) = \frac{1}{2\pi i} \oint\limits_{|\zeta - z_0| = r} \frac{f(\zeta)}{\zeta - z}\, d\zeta.^{1)}$$

Diese Darstellung des Funktionswertes einer regulären Funktion durch ein komplexes Kurvenintegral heißt die *Cauchysche Integralformel.*

3.2. Potenzreihenentwicklung einer regulären Funktion

Es sei $\chi(\zeta)$ auf $|\zeta - z_0| = r$ definiert und stetig. Für alle z, die nicht auf $|z - z_0| = r$ liegen, wird dann durch

$$h(z) = \oint\limits_{|\zeta - z_0| = r} \frac{\chi(\zeta)}{\zeta - z}\, d\zeta$$

eine komplexwertige Funktion definiert. Setzt man

$$a_\mu = \oint\limits_{|\zeta - z_0| = r} \frac{\chi(\zeta)}{(\zeta - z_0)^{\mu+1}}\, d\zeta \quad \text{für} \quad \mu = 0, 1, 2, \ldots$$

und

$$a_\mu = -\oint\limits_{|\zeta - z_0| = r} \frac{\chi(\zeta)}{(\zeta - z_0)^{\mu+1}}\, d\zeta \quad \text{für} \quad \mu = -1, -2, \ldots,$$

so gilt:

Satz.

I. *Für z aus $|z - z_0| < r$ ist*

$$h(z) = \lim_{n \to \infty} \sum_{\mu=0}^{n} a_\mu (z - z_0)^\mu.$$

Die Konvergenz ist in $|z - z_0| \leqq r_1$, $r_1 < r$, gleichmäßig.

II. *Für z aus $|z - z_0| > r$ ist*

$$h(z) = \lim_{n \to \infty} \sum_{\mu=-n}^{-1} a_\mu (z - z_0)^\mu.$$

Die Konvergenz ist in $|z - z_0| \geqq r_2$, $r_2 > r$, gleichmäßig.

$^{1)}$ Das Symbol $\displaystyle\oint\limits_{|\zeta - z_0| = r}$ bedeutet, daß über den positiv orientierten Kreis $|\zeta - z_0| = r$ integriert wird. Analog bedeutet $\displaystyle\oint$ Integration über eine negativ orientierte Kurve.

Bemerkung 1. Wie im Reellen definiert man dabei: *Die Folge $\{f_n(z)\}$ konvergiert auf einer Menge M gleichmäßig gegen eine Funktion $f(z)$,* wenn zu jedem $\varepsilon > 0$ ein von $z \in M$ unabhängiges $N = N(\varepsilon)$ existiert, so daß $|f_n(z) - f(z)| < \varepsilon$ für $n \geqq N(\varepsilon)$ und alle $z \in M$ ist.

Bemerkung 2. Für $\lim\limits_{n \to \infty} \sum\limits_{\mu=0}^{n} a_\mu (z - z_0)^\mu$ sind auch die folgenden Schreibweisen üblich (vgl. S. 25):

$$\sum_{\mu=0}^{\infty} a_\mu (z - z_0)^\mu \quad \text{bzw.} \quad a_0 + a_1 (z - z_0) + a_2 (z - z_0)^2 + \cdots.$$

Entsprechend schreibt man für $\lim\limits_{n \to \infty} \sum\limits_{\mu=-n}^{-1} a_\mu (z - z_0)^\mu$ auch

$$\sum_{\mu=-\infty}^{-1} a_\mu (z - z_0)^\mu \quad \text{oder} \quad \cdots + a_{-n} \frac{1}{(z - z_0)^n} + \cdots + a_{-1} \frac{1}{z - z_0}.$$

Beweis des Satzes. Es sei $r_1 < r$ und z aus $|z - z_0| \leqq r_1$. Dann ist für ζ auf $|\zeta - z_0| = r$

$$\left| \frac{z - z_0}{\zeta - z_0} \right| \leqq \frac{r_1}{r} < 1,$$

also ist nach der Summenformel der geometrischen Reihe (vgl. **1.3.**, S. 25)

$$\frac{1}{\zeta - z} = \frac{1}{(\zeta - z_0) - (z - z_0)} = \frac{1}{\zeta - z_0} \cdot \frac{1}{1 - \dfrac{z - z_0}{\zeta - z_0}} = \frac{1}{\zeta - z_0} \sum_{\mu=0}^{\infty} \left(\frac{z - z_0}{\zeta - z_0} \right)^\mu.$$

Bringt man die ersten $n + 1$ Glieder auf die linke Seite, so folgt unter nochmaliger Verwendung der Summenformel der geometrischen Reihe

$$\frac{1}{\zeta - z} - \sum_{\mu=0}^{n} \frac{(z - z_0)^\mu}{(\zeta - z_0)^{\mu+1}} = \frac{(z - z_0)^{n+1}}{(\zeta - z_0)^{n+2}} \sum_{\mu=0}^{\infty} \left(\frac{z - z_0}{\zeta - z_0} \right)^\mu = \frac{1}{\zeta - z} \left(\frac{z - z_0}{\zeta - z_0} \right)^{n+1}.$$

Multipliziert man diese Gleichung mit $\chi(\zeta)$ und integriert über die positiv orientierte Kreislinie $|\zeta - z_0| = r$, so folgt nach Definition von $h(z)$ und der a_μ

$$h(z) - \sum_{\mu=0}^{n} a_\mu (z - z_0)^\mu = \oint_{|\zeta - z_0| = r} \frac{\chi(\zeta)}{\zeta - z} \left(\frac{z - z_0}{\zeta - z_0} \right)^{n+1} d\zeta.$$

Liegt ζ auf $|\zeta - z_0| = r$ und z in $|z - z_0| \leqq r_1$, so ist stets $|\zeta - z| \geqq r - r_1$ und daher $\dfrac{1}{|\zeta - z|} \leqq \dfrac{1}{r - r_1}$. Somit erhält man[1]

$$\left| h(z) - \sum_{\mu=0}^{n} a_\mu (z - z_0)^\mu \right| \leqq \sup_{|\zeta - z_0| = r} |\chi(\zeta)| \cdot \frac{1}{r - r_1} \left(\frac{r_1}{r} \right)^{n+1} \cdot 2\pi r$$

---

[1] Da $\chi(\zeta)$ und also auch $|\chi(\zeta)|$ auf $|\zeta - z_0| = r$ stetig sind, nimmt $|\chi(\zeta)|$ das Supremum in wenigstens einem Punkt an. Man könnte daher statt sup auch max schreiben.

für alle z aus $|z - z_0| \leqq r_1$. Wegen $\dfrac{r_1}{r} < 1$ kann die auf der rechten Seite dieser Ungleichung stehende Schranke beliebig klein gemacht werden, wenn nur n hinreichend groß genommen wird.

II. Ist $r_2 > r$ und z aus $|z - z_0| \geqq r_2$, so ist für ζ von $|\zeta - z_0| = r$

$$\left| \frac{\zeta - z_0}{z - z_0} \right| \leqq \frac{r}{r_2} < 1.$$

Nach der Summenformel der geometrischen Reihe ist

$$\frac{1}{\zeta - z} = \frac{1}{-(z - z_0) + (\zeta - z_0)} = \frac{-1}{z - z_0} \cdot \frac{1}{1 - \dfrac{\zeta - z_0}{z - z_0}} = \frac{-1}{z - z_0} \sum_{\mu=0}^{\infty} \left(\frac{\zeta - z_0}{z - z_0} \right)^{\mu}.$$

Bringt man die ersten n Glieder auf die linke Seite, so folgt

$$\frac{1}{\zeta - z} + \sum_{\mu=-n}^{-1} \frac{(z - z_0)^{\mu}}{(\zeta - z_0)^{\mu+1}} = -\frac{(\zeta - z_0)^n}{(z - z_0)^{n+1}} \sum_{\mu=0}^{\infty} \left(\frac{\zeta - z_0}{z - z_0} \right)^{\mu} = \frac{1}{\zeta - z} \left(\frac{\zeta - z_0}{z - z_0} \right)^n.$$

Diese Gleichung wird mit $\chi(\zeta)$ multipliziert. Danach wird über die positiv orientierte Kreislinie $|\zeta - z_0| = r$ integriert. Nach Definition von $h(z)$ und der a_μ (μ negativ ganz) ist

$$h(z) - \sum_{\mu=-n}^{-1} a_\mu (z - z_0)^{\mu} = \oint_{|\zeta - z_0| = r} \frac{\chi(\zeta)}{\zeta - z} \left(\frac{\zeta - z_0}{z - z_0} \right)^n d\zeta.$$

Bedenkt man, daß $|\zeta - z| \geqq r_2 - r$ und damit $\dfrac{1}{|\zeta - z|} \leqq \dfrac{1}{r_2 - r}$ für ζ auf $|\zeta - z_0| = r$ und z aus $|z - z_0| \geqq r_2$ ist, so erhält man die Abschätzung

$$\left| h(z) - \sum_{\mu=-n}^{-1} a_\mu (z - z_0)^{\mu} \right| \leqq \sup_{|\zeta - z_0| = r} |\chi(\zeta)| \cdot \frac{1}{r_2 - r} \left(\frac{r}{r_2} \right)^n \cdot 2\pi r$$

für alle z aus $|z - z_0| \geqq r_2$. Für hinreichend großes n kann die rechts stehende Schranke beliebig klein gemacht werden, da $\dfrac{r}{r_2} < 1$ ist. Q. e. d.

Korollar. *Eine in einer offenen Kreisscheibe* $|z - z_0| < r_0$ *reguläre Funktion* $f(z)$ *ist in eine in ganz* $|z - z_0| < r_0$ *konvergente Potenzreihe* $f(z) = \sum\limits_{\mu=0}^{\infty} a_\mu (z - z_0)^{\mu}$ *entwickelbar. Dabei ist*

$$a_\mu = \frac{1}{2\pi i} \oint_{|\zeta - z_0| = r} \frac{f(\zeta)}{(\zeta - z_0)^{\mu+1}} d\zeta.$$

Die Zahl r *kann in* $0 < r < r_0$ *beliebig gewählt werden. Die Konvergenz der Potenzreihe ist in* $|z - z_0| \leqq r_1$, $0 < r_1 < r$, *gleichmäßig.*

Beweis. Vorgegeben sei ein $r_1 < r_0$, und dazu werde ein r aus $r_1 < r < r_0$ gewählt. Nach der Cauchyschen Integralformel gilt für jedes z aus $|z - z_0| < r$

$$f(z) = \frac{1}{2\pi i} \oint_{|\zeta - z_0| = r} \frac{f(\zeta)}{\zeta - z}\, d\zeta.$$

Die behauptete Potenzreihenentwicklung erhält man aus dieser Formel, wenn man auf sie den Teil I des Satzes mit $\chi(\zeta) = \frac{1}{2\pi i} f(\zeta)$ anwendet. Auch die Gleichmäßigkeit der Konvergenz in $|z - z_0| \leq r_1$ folgt unmittelbar aus dem Satz, Teil I. Die Unabhängigkeit der a_μ von der Wahl von r folgt aus Hilfssatz 1 von 3.1., da die im Integranden stehende Funktion $\dfrac{f(z)}{(z - z_0)^{\mu+1}}$ in $0 < |z - z_0| < r_0$ regulär ist. Also konvergiert die Potenzreihe für alle z aus $|z - z_0| < r_0$ (denn die Potenzreihe hat für jedes $r < r_0$ dieselben Koeffizienten). Q. e. d.

3.3. Ganze Funktionen

Eine in der ganzen komplexen Ebene definierte und reguläre Funktion heißt *ganze* Funktion. Nach dem Korollar des Satzes von 3.2. besitzt eine solche Funktion eine in der ganzen komplexen Ebene konvergente Potenzreihenentwicklung $\sum\limits_{\mu=0}^{\infty} a_\mu z^\mu$, wenn man z. B. $z_0 = 0$ setzt. Die Koeffizienten werden wieder durch die von r unabhängigen Integrale

$$a_\mu = \frac{1}{2\pi i} \oint_{|\zeta| = r} \frac{f(\zeta)}{\zeta^{\mu+1}}\, d\zeta$$

gegeben. Hieraus ergibt sich, wenn man $\sup\limits_{|\zeta| = r} |f(\zeta)| = M(r)$ setzt, für die a_μ die *Cauchysche Abschätzung*

$$|a_\mu| \leq \frac{1}{2\pi} \cdot \frac{M(r)}{r^{\mu+1}} \cdot 2\pi r = \frac{M(r)}{r^\mu}.$$

Sind in der Potenzreihenentwicklung einer ganzen Funktion nur endlich viele Koeffizienten von Null verschieden, so ist die ganze Funktion ein Polynom in z mit komplexen Koeffizienten. Andernfalls heißt sie *ganz transzendent*.

Hilfssatz 1. *Ist $M(r) \leq C \cdot r^n$ für alle $|z| = r > r_0$, wobei C eine von r unabhängige Konstante ist, $n \geq 0$ und ganz, so ist $f(z)$ ein Polynom höchstens n-ten Grades.*

Beweis. Wegen $M(r) \leq C \cdot r^n$ folgt aus der Cauchyschen Abschätzung für alle $r \geq r_0$ die Ungleichung $|a_\mu| \leq \dfrac{C \cdot r^n}{r^\mu} = \dfrac{C}{r^{\mu-n}}$. Für $\mu \geq n + 1$ ist daher $a_\mu = 0$, weil dann $\dfrac{C}{r^{\mu-n}} \to 0$ für $r \to \infty$ gilt. Q. e. d.

Im Spezialfall $n = 0$ besagt Hilfssatz 1:

Korollar. *Ist die ganze Funktion betraglich beschränkt, $|f(z)| \leq C$, so ist $f(z)$ konstant (Satz von* LIOUVILLE*). Die Potenzreihenentwicklung von $f(z)$ reduziert sich auf das erste Glied: $f(z) = a_0$.*

Hilfssatz 2. *Ist $p(z)$ ein Polynom n-ten Grades, d. h. $a_n \neq 0$, $n \geq 1$, so gibt es ein C' und ein r_0, so daß für alle z mit $|z| = r \geq r_0$ gilt:*

$$|p(z)| \geq C' \cdot r^n.$$

Beweis. Ist $p(z) = a_0 + a_1 z + \cdots + a_n z^n$, so ist zunächst für $z \neq 0$

$$p(z) = z^n \left(a_n + \left(\frac{a_{n-1}}{z} + \cdots + \frac{a_0}{z^n} \right) \right),$$

nach der Dreiecksungleichung ist dann also (r hinreichend groß)

$$|p(z)| \geq r^n \left| |a_n| - \left(\frac{|a_{n-1}|}{r} + \cdots + \frac{|a_0|}{r^n} \right) \right|.$$

Nun ist $\dfrac{|a_{n-1}|}{r} + \cdots + \dfrac{|a_0|}{r^n}$ eine monoton fallende Funktion von r, die für $r \to \infty$ gegen Null konvergiert. Daher gibt es ein r_0, so daß für $r \geq r_0$

$$\frac{|a_{n-1}|}{r} + \cdots + \frac{|a_0|}{r^n} < \frac{1}{2} |a_n|$$

ist. Daher ist für $r \geq r_0$, wie behauptet, $|p(z)| \geq \dfrac{1}{2} |a_n| r^n$, es kann also $C' = \dfrac{1}{2} |a_n|$ genommen werden. Q. e. d.

Hilfssatz 2 zeigt insbesondere, daß mit größer werdendem $|z| = r$ auch $|p(z)|$ größer werden muß. Also gilt:

Korollar. *Ein Polynom vom Grade $n \geq 1$ kann nicht für alle z den gleichen Wert haben.*

Satz. *Ein Polynom vom Grade $n \geq 1$ besitzt wenigstens eine Nullstelle (Fundamentalsatz der Algebra).*

Beweis. Hat $p(z)$ keine Nullstelle, so ist $\dfrac{1}{p(z)}$ eine ganze Funktion. Nach Hilfssatz 2 ist $|p(z)| \geq C' \cdot r^n$ für $|z| = r \geq r_0$, also ist für $r \geq r_0$

$$\left| \frac{1}{p(z)} \right| = \frac{1}{|p(z)|} \leq \frac{1}{C'} \cdot \frac{1}{r^n} \leq \frac{1}{C'} \cdot \frac{1}{r_0^n}.$$

Das bedeutet, daß $\dfrac{1}{p(z)}$ in $|z| \geqq r_0$ beschränkt ist. Andererseits ist $\left|\dfrac{1}{p(z)}\right|$ nach der Folgerung 3 von Satz 1 aus 2.1. in der abgeschlossenen und beschränkten Menge $|z| \leqq r_0$ ebenfalls beschränkt. Nach dem Korollar zu Hilfssatz 1 muß also $\dfrac{1}{p(z)} \equiv \text{const}$ sein. Nach dem Korollar zu Hilfssatz 2 kann aber ein Polynom vom Grade $n \geqq 1$ nicht für alle z den gleichen Wert $p(z) \equiv \text{const}$ haben. Dieser Widerspruch zeigt, daß $p(z)$ mindestens eine Nullstelle besitzt. Q. e. d.

4. POTENZREIHEN

In **3.2.** wurde gezeigt, daß eine in einem Kreis $|z - z_0| < r_0$ reguläre Funktion in eine Potenzreihe entwickelbar ist. Jetzt soll die Fragestellung umgekehrt werden: $a_\mu (\mu = 0, 1, \ldots)$ und z_0 seien vorgegebene komplexe Zahlen. Es sollen dann alle z bestimmt werden, für die $\lim\limits_{n \to \infty} \sum\limits_{\mu=0}^{n} a_\mu (z - z_0)^\mu$ existiert, d. h. diejenigen z, für die die Reihe $\sum\limits_{\mu=0}^{\infty} a_\mu (z - z_0)^\mu$ konvergiert.[1]) Weiter soll die im Fall der Konvergenz durch die Potenzreihe definierte Funktion auf Stetigkeits- und Differenzierbarkeitseigenschaften untersucht werden.

4.1. Konvergenzgebiet einer Potenzreihe

Nach **1.3.** heißt $s_n(z) = \sum\limits_{\mu=0}^{n} a_\mu (z - z_0)^\mu$ die n-te *Partialsumme* der Potenzreihe $\sum\limits_{\mu=0}^{\infty} a_\mu (z - z_0)^\mu$. Konvergiert die Potenzreihe in einem Punkt z, so wird mit $s(z)$ der Wert der Potenzreihe an dieser Stelle, d. h. der Limes der Folge der Partialsummen, bezeichnet. Wendet man das Cauchysche Konvergenzkriterium auf die Folge der Partialsummen an, so folgt:

Eine Potenzreihe konvergiert in einem Punkt z_1 dann und nur dann, wenn zu jedem $\delta > 0$ ein $N = N(\delta)$ existiert, so daß für alle $n, m \geqq N(\delta)$

$$|s_m(z_1) - s_n(z_1)| = \left| \sum_{\mu=n+1}^{m} a_\mu (z_1 - z_0)^\mu \right| < \delta$$

ist (dabei sei $m > n$).

Setzt man speziell $m = n + 1$, so folgt hieraus:

Vorbemerkung 1. *Ist die Potenzreihe $\sum\limits_{\mu=0}^{\infty} a_\mu (z - z_0)^\mu$ im Punkt z_1 konvergent, so ist notwendig*

$$\lim_{n \to \infty} a_n (z_1 - z_0)^n = 0.$$

---

[1]) Vergleiche Bemerkung 2 zum Satz aus **3.2.** oder auch **1.3.**, S. 25.

Nach **1.3.** gilt

Vorbemerkung 2. *Konvergiert eine Potenzreihe in einem Punkt z_1 absolut, so konvergiert sie in z_1 auch im gewöhnlichen Sinne.*

Ist $\sum\limits_{\mu=0}^{\infty} a_\mu (z - z_0)^\mu$ eine vorgegebene Potenzreihe (unendlich viele a_μ seien von Null verschieden), so betrachte man ($\mu \geq 1$) die Folge

$$\left\{ \frac{1}{\sqrt[\mu]{|a_\mu|}} \right\}, \tag{1}$$

wobei alle μ mit $a_\mu = 0$ weggelassen werden.[1]) Von dieser Folge betrachte man alle konvergenten Teilfolgen. Eine konvergente Folge besitzt einen eindeutig bestimmten Limes (vgl. **1.3.**). Es sei Z die Menge der Limites der konvergenten Teilfolgen von (1). Dann gilt:

Satz.

I. *Ist R die untere Grenze von Z, so konvergiert die Potenzreihe in allen Punkten z mit $|z - z_0| < R$ absolut, während die Potenzreihe in Punkten z mit $|z - z_0| > R$ nicht konvergiert.*

II. *Enthält Z kein einziges Element (d. h., besitzt die Folge (1) überhaupt keine konvergenten Teilfolgen), so konvergiert die Potenzreihe für jedes z absolut.*

Bemerkung. Im Fall I heißt die reelle Zahl $R \geq 0$ [2]) der *Konvergenzradius* der Potenzreihe. Ist $R > 0$, so heißt die offene Kreisscheibe $|z - z_0| < R$ der *Konvergenzkreis*. Im Fall II setzt man $R = \infty$.

Beweis des Satzes. a) Es sei z_1 eine komplexe Zahl mit $|z_1 - z_0| < R$ im Fall I bzw. eine beliebige komplexe Zahl im Fall II. Die Zahl r_1 werde so gewählt, daß $|z_1 - z_0| < r_1 < R$ im Fall I bzw. nur $|z_1 - z_0| < r_1 \ (< +\infty)$ im Fall II gilt. Von den Größen $\dfrac{1}{\sqrt[\mu]{|a_\mu|}}$ können nur endlich viele unterhalb r_1 liegen, da es sonst eine konvergente Teilfolge von (1) mit einem Limes $\leq r_1$ gäbe. Es gibt also ein N, so daß $\dfrac{1}{\sqrt[\mu]{|a_\mu|}} \geq r_1$ für alle $\mu \geq N$ (mit $a_\mu \neq 0$) gilt.

Durch Potenzieren mit dem Exponenten μ erhält man hieraus $|a_\mu| \leq \dfrac{1}{r_1^\mu}$, also $|a_\mu|\,|z_1 - z_0|^\mu \leq q^\mu$, wenn $q = \dfrac{|z_1 - z_0|}{r_1}$ gesetzt wird. Wegen $q < 1$ konvergiert

---

[1]) Sind nur endlich viele $a_\mu \neq 0$, so ist die Konvergenzaussage zwar gegenstandslos, sie ist jedoch auch im Fall II des Satzes enthalten. Unter $\sqrt[\mu]{|a_\mu|}$ versteht man dabei die eindeutig bestimmte positiv reelle μ-te Wurzel von $|a_\mu|$, $a_\mu \neq 0$.

[2]) Ist $R = 0$, so konvergiert die Potenzreihe nur in $z = z_0$.

die Reihe $\sum\limits_{\mu=N}^{\infty} q^{\mu}$. Nach einem Vergleichskriterium konvergiert daher auch $\sum\limits_{\mu=N}^{\infty} |a_\mu| \, |z_1 - z_0|^\mu$, d. h. auch $\sum\limits_{\mu=0}^{\infty} |a_\mu| \, |z_1 - z_0|^\mu$.

b) Ist (im Fall I) z_2 ein Punkt mit $R < |z_2 - z_0|$, so muß für unendlich viele μ

$$\frac{1}{\sqrt[\mu]{|a_\mu|}} < |z_2 - z_0|$$

sein, da es sonst keine konvergente Teilfolge von (1) mit einem Limes $< |z_2 - z_0|$ geben könnte. Für diese μ ist

$$1 < |a_\mu| \, |z_2 - z_0|^\mu.$$

Da dies der in der Vorbemerkung 1 formulierten notwendigen Konvergenzbedingung widerspricht, kann die Potenzreihe nicht in z_2 konvergent sein. Q. e. d.

Beispiele.

a) Ist $a_\mu = \dfrac{1}{2^\mu}$, so ist $\dfrac{1}{\sqrt[\mu]{|a_\mu|}} = 2$ für jedes μ. Die Folge (1) $\left\{\dfrac{1}{\sqrt[\mu]{|a_\mu|}}\right\}$ ist also selbst konvergent und hat den Limes 2. Die Menge Z besteht also nur aus diesem einen Element, es ist also $R = 2$.

Die Potenzreihe $\sum\limits_{\mu=0}^{\infty} \dfrac{1}{2^\mu}(z - z_0)^\mu$ konvergiert daher in $|z - z_0| < 2$, während sie in $|z - z_0| > 2$ nicht konvergiert.

b) Ist

$$a_\mu = \begin{cases} 1 & \text{für gerades } \mu, \\ \dfrac{1}{2^\mu} & \text{für ungerades } \mu, \end{cases}$$

so ist

$$\frac{1}{\sqrt[\mu]{|a_\mu|}} = \begin{cases} 1 & \text{für gerades } \mu, \\ 2 & \text{für ungerades } \mu. \end{cases}$$

Die Folge (1) hat in diesem Fall also die Form $\{1, 2, 1, 2, \ldots\}$. Konvergente Teilfolgen dieser Folge haben entweder den Limes 1 oder den Limes 2. Die Menge Z besteht also aus den beiden Elementen 1 und 2. Es ist daher $R = 1$.

Ergebnis: Die Potenzreihe

$$1 + \frac{1}{2^1}(z - z_0) + 1 \cdot (z - z_0)^2 + \frac{1}{2^3}(z - z_0)^3 + 1 \cdot (z - z_0)^4 + \cdots$$

besitzt $|z - z_0| < 1$ als Konvergenzkreis.

c) Die Reihe $\sum\limits_{\mu=0}^{\infty} 2^{2\mu}(z - z_0)^\mu$ ist nur in $z = z_0$ konvergent. Denn es ist $\dfrac{1}{\sqrt[\mu]{|a_\mu|}} = \dfrac{1}{2^\mu}$, und die Folge (1) wird demzufolge durch $\left\{1, \dfrac{1}{2}, \dfrac{1}{4}, \dfrac{1}{8}, \ldots\right\}$ gegeben. Diese Folge ist konvergent mit dem Limes 0. Also besteht Z nur aus der einzigen Zahl 0, es ist daher $R = 0$.

d) Ist $a_\mu = \dfrac{1}{\mu^\mu}$, so ist $\dfrac{1}{\sqrt[\mu]{|a_\mu|}} = \mu$, also wird die Folge (1) durch $\{1, 2, 3, \ldots\}$ gegeben.
Keine Teilfolge dieser Folge konvergiert. Es ist demnach Z die leere Menge, d. h.,
$\sum\limits_{\mu=0}^\infty \dfrac{1}{\mu^\mu} (z - z_0)^\mu$ konvergiert für jedes z.

Ist r_* eine positive reelle Zahl mit $r_* < R$, so liegt der Punkt $z_0 + r_*$ im Konvergenzkreis. Die Potenzreihe konvergiert nach dem Satz also insbesondere in $z_0 + r_*$ absolut. Bildet man die Differenz von m-ter und n-ter Partialsumme der Reihe der Absolutbeträge ($m > n$), so gibt es wegen $|(z_0 + r_*) - z_0| = r_*$ also zu jedem $\delta > 0$ ein $N = N(\delta)$, daß $\sum\limits_{\mu=n+1}^m |a_\mu| \cdot r_*^\mu < \delta$ ist für alle $n, m \geqq N(\delta)$.

Ist z ein Punkt der (abgeschlossenen) Kreisscheibe $|z - z_0| \leqq r_*$, so gilt demzufolge für die Partialsummen $s_n(z)$ der Potenzreihe $\sum\limits_{\mu=0}^\infty a_\mu (z - z_0)^\mu$

$$|s_m(z) - s_n(z)| = \left| \sum_{\mu=n+1}^m a_\mu(z - z_0)^\mu \right| \leqq \sum_{\mu=n+1}^m |a_\mu| \cdot |z - z_0|^\mu$$

$$\leqq \sum_{\mu=n+1}^m |a_\mu| \cdot r_*^\mu < \delta,$$

wenn $n, m \geqq N(\delta)$ sind. Läßt man hierin $n \to \infty$ gehen, so folgt

$$|s_m(z) - s(z)| \leqq \delta \quad \text{für} \quad m \geqq N(\delta).$$

Dies bedeutet aber:

Korollar 1. *Ist R der Konvergenzradius der Potenzreihe $\sum\limits_{\mu=0}^\infty a_\mu(z - z_0)^\mu$, so konvergiert die Reihe in $|z - z_0| \leqq r_*$, $r_* < R$, gleichmäßig.*

Sind a_μ vorgegebene komplexe Zahlen, so soll neben der Potenzreihe $\sum\limits_{\mu=0}^\infty a_\mu(z - z_0)^\mu$ jetzt auch die Potenzreihe $\sum\limits_{\mu=1}^\infty \mu \cdot a_\mu(z - z_0)^\mu$ betrachtet werden. Die dieser Potenzreihe zugeordnete Menge Z besteht aus allen $\dfrac{1}{\sqrt[\mu]{\mu \cdot |a_\mu|}}$ ($\mu \geqq 1$, $a_\mu \neq 0$). Wegen $\dfrac{1}{\sqrt[\mu]{\mu}} = \exp\left(-\dfrac{1}{\mu} \cdot \log \mu\right) \to 1$ für $\mu \to \infty$ haben die zu $\sum\limits_{\mu=0}^\infty a_\mu(z - z_0)^\mu$ bzw. $\sum\limits_{\mu=1}^\infty \mu \cdot a_\mu(z - z_0)^\mu$ gehörenden Mengen Z dieselben Elemente. Also haben $\sum\limits_{\mu=0}^\infty a_\mu(z - z_0)^\mu$ und $\sum\limits_{\mu=1}^\infty \mu \cdot a_\mu(z - z_0)^\mu$ denselben Konvergenzradius. Weiterhin haben auch $\sum\limits_{\mu=1}^\infty \mu \cdot a_\mu(z - z_0)^\mu$ und $\sum\limits_{\mu=1}^\infty \mu \cdot a_\mu(z - z_0)^{\mu-1}$

denselben Konvergenzradius. Denn sind $s_n^*(z)$ bzw. $s_n^{**}(z)$ die Partialsummen dieser Reihen, so ist $\dfrac{s_n^*(z)}{z - z_0} = s_n^{**}(z)$ für $z \neq z_0$.[1]) Also gilt insgesamt

Korollar 2. Die Potenzreihen $\sum\limits_{\mu=0}^{\infty} a_\mu(z - z_0)^\mu$ und $\sum\limits_{\mu=1}^{\infty} \mu \cdot a_\mu(z - z_0)^{\mu-1}$ haben den gleichen Konvergenzradius.

In welcher inhaltlichen Beziehung die beiden Potenzreihen $\sum\limits_{\mu=0}^{\infty} a_\mu(z - z_0)^\mu$ und $\sum\limits_{\mu=1}^{\infty} \mu \cdot a_\mu(z - z_0)^{\mu-1}$ zueinander stehen, wird im nächsten Abschnitt geklärt werden.

Abschließend soll noch darauf hingewiesen werden, daß sich über die Konvergenz einer Potenzreihe in Randpunkten des Konvergenzkreises keine einheitlichen Aussagen machen lassen.

Es ist möglich, daß

a) die Potenzreihe in keinem Randpunkt des Konvergenzkreises konvergiert,

b) die Potenzreihe in gewissen Randpunkten konvergiert, in den restlichen Randpunkten nicht konvergiert oder daß

c) die Potenzreihe in allen Randpunkten des Konvergenzkreises konvergiert. (Beispiele finden sich u. a. bei K. KNOPP [39].)

4.2. Regularität einer Potenzreihe

Die Potenzreihe $\sum\limits_{\mu=0}^{\infty} a_\mu(z - z_0)^\mu$ sei in $|z - z_0| < R$ konvergent. Es soll gezeigt werden, daß die durch die Potenzreihe in $|z - z_0| < R$ definierte Funktion $s(z)$ regulär ist.

Hilfssatz 1. *Die $f_n(z)$ seien auf M definiert, stetig und gleichmäßig gegen $f(z)$ konvergent. Dann ist auch $f(z)$ auf M stetig.*

Beweis. $\varepsilon > 0$ sei beliebig vorgegeben. Wegen der gleichmäßigen Konvergenz der $f_n(z)$ gibt es ein $N = N\left(\dfrac{\varepsilon}{3}\right)$, so daß $|f_n(z) - f(z)| < \dfrac{\varepsilon}{3}$ für alle $n \geq N\left(\dfrac{\varepsilon}{3}\right)$ und für alle $z \in M$ ist.

Nun sei z_1 ein beliebiger, aber fest gewählter Punkt von M. Es ist

$$f(z) - f(z_1) = \big(f(z) - f_N(z)\big) + \big(f_N(z) - f_N(z_1)\big) + \big(f_N(z_1) - f(z_1)\big),$$

also nach der Dreiecksungleichung

$$|f(z) - f(z_1)| \leq |f(z) - f_N(z)| + |f_N(z) - f_N(z_1)| + |f_N(z_1) - f(z_1)|.$$

---

[1]) Für $z = z_0$ konvergieren beide Potenzreihen trivialerweise.

Der erste und der dritte Summand auf der rechten Seite dieser Ungleichung sind wegen der vorausgesetzten gleichmäßigen Konvergenz kleiner als $\frac{\varepsilon}{3}$. Da insbesondere $f_N(z)$ in z_1 stetig ist, gibt es ein $\delta = \delta\left(\frac{\varepsilon}{3}\right)$, so daß $|f_N(z) - f_N(z_1)| < \frac{\varepsilon}{3}$ für alle zu M gehörenden Punkte z von $|z - z_1| < \delta\left(\frac{\varepsilon}{3}\right)$ ist. Damit wird auch der zweite Summand kleiner als $\frac{\varepsilon}{3}$, also ist $|f(z) - f(z_1)| < \varepsilon$, falls $z \in M$ und $|z - z_1| < \delta(\varepsilon)$ ist. Q. e. d.

Hilfssatz 2. *Die $f_n(z)$ seien auf M stetig und gleichmäßig gegen $f(z)$ konvergent. γ sei eine in M gelegene Kurve. Dann kann man Integration längs γ und Grenzübergang $n \to \infty$ vertauschen.*

Beweis. Nach Hilfssatz 1 ist $f(z)$ stetig, so daß $\int\limits_{\gamma} f(z)\, dz$ existiert.

$$\left| \int\limits_{\gamma} f_n(z)\, dz - \int\limits_{\gamma} f(z)\, dz \right| = \left| \int\limits_{\gamma} \left(f_n(z) - f(z)\right) dz \right| \leqq \sup_{z \in \gamma} |f_n(z) - f(z)| \cdot l(\gamma).$$

Wegen der vorausgesetzten gleichmäßigen Konvergenz existiert zu $\varepsilon > 0$ ein $N = N(\varepsilon)$, so daß für $n \geqq N(\varepsilon)$ und für alle $z \in M$

$$|f_n(z) - f(z)| < \varepsilon$$

gilt. Also ist

$$\left| \int\limits_{\gamma} f_n(z)\, dz - \int\limits_{\gamma} f(z)\, dz \right| < \varepsilon \cdot l(\gamma). \qquad \text{Q. e. d.}$$

Satz. *Konvergiert $\sum\limits_{\mu=0}^{\infty} a_\mu(z - z_0)^\mu = s(z)$ in $|z - z_0| < R$, so ist $s(z)$ in $|z - z_0| < R$ eine reguläre Funktion. Die Ableitung erhält man durch gliedweises Differenzieren: $s'(z) = \sum\limits_{\mu=1}^{\infty} \mu \cdot a_\mu(z - z_0)^{\mu-1}$.*

Beweis. Nach Korollar 2 des Satzes aus **4.1.** haben $\sum\limits_{\mu=0}^{\infty} a_\mu(z - z_0)^\mu$ und $\sum\limits_{\mu=1}^{\infty} \mu \cdot a_\mu(z - z_0)^{\mu-1}$ den gleichen Konvergenzradius. Bezeichnet man wieder mit $s_n(z)$ die Partialsummen von $\sum\limits_{\mu=0}^{\infty} a_\mu(z - z_0)^\mu$, so sind $s'_n(z)$ die Partialsummen von $\sum\limits_{\mu=1}^{\infty} \mu \cdot a_\mu(z - z_0)^{\mu-1}$. Ist $r_* < R$, so konvergieren nach Korollar 1 zum Satz aus **4.1.** insbesondere die $s'_n(z)$ in $|z - z_0| \leqq r_*$ gleichmäßig. Daher ist die Grenzfunktion $g(z)$ der $s'_n(z)$, $g(z) = \sum\limits_{\mu=1}^{\infty} \mu \cdot a_\mu(z - z_0)^{\mu-1}$, zunächst in $|z - z_0| \leqq r_*$ stetig, wie man durch Anwendung von Hilfssatz 1 sieht. Da hier-

5*

bei r^* $(< R)$ beliebig gewählt werden kann, ist $g(z)$ in ganz $|z - z_0| < R$ stetig.[1]

Es sei z_1 ein beliebiger, aber fest gewählter Punkt von $|z - z_0| < R$. Ist $\gamma(z_1, z)$ die geradlinige Verbindung von z_1 mit z (Abb. 13), so sei $G(z) = \int\limits_{\gamma(z_1,z)} g(\zeta)\,d\zeta$. Nach dem Hilfssatz 1 aus **2.4.** ist $G(z)$ in z_1 differenzierbar, und es ist $G'(z_1) = g(z_1)$.[2] Da die $s_n'(z)$ in $|z - z_0| \leqq r_*$ $(< R)$ gleichmäßig gegen $g(z)$ konvergieren[3], ist nach Hilfssatz 2

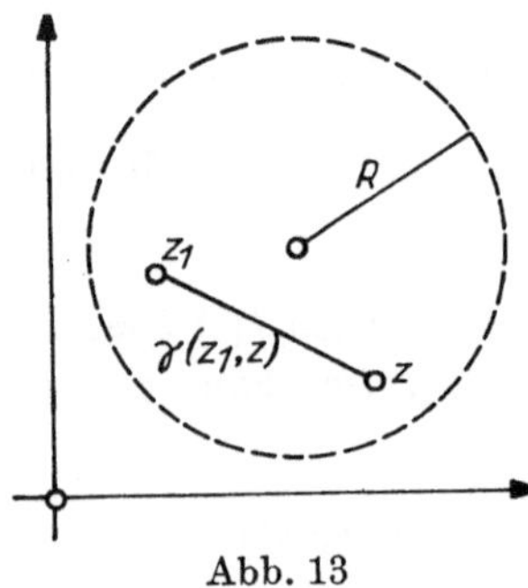

Abb. 13

$$G(z) = \lim_{n \to \infty} \int\limits_{\gamma(z_1,z)} s_n'(\zeta)\,d\zeta.$$

Nun ist $s_n(z)$ Stammfunktion von $s_n'(z)$, d. h., es ist

$$G(z) = \lim_{n \to \infty} \big(s_n(z) - s_n(z_1)\big) = s(z) - s(z_1).$$

Also ist $s(z) = G(z) + s(z_1)$. Das bedeutet, daß $s(z)$ in $z = z_1$ differenzierbar ist mit der Ableitung

$$s'(z_1) = G'(z_1) + 0 = g(z_1) + 0 = \sum_{\mu=1}^{\infty} \mu \cdot a_\mu (z_1 - z_0)^{\mu-1}.$$

Da z_1 beliebig gewählt werden kann, folgt die Behauptung.[4] Q. e. d.

Aus diesem Satz sollen nun einige **Folgerungen** gezogen werden:

1. $f(z)$ sei in $|z - z_0| < r_0$ definiert und regulär. Nach **3.2.** ist $f(z)$ in eine konvergente Potenzreihe $\sum\limits_{\mu=0}^{\infty} a_\mu (z - z_0)^\mu$ entwickelbar. Nach obigem Satz erhält man die Ableitung durch gliedweises Differenzieren: $f'(z) = \sum\limits_{\mu=1}^{\infty} \mu \cdot a_\mu (z - z_0)^{\mu-1}$. Insbesondere ist nach dem Satz dieses Abschnittes auch diese Potenzreihe eine reguläre Funktion. Es existiert also $(f'(z))' = f''(z)$, und es ist $f''(z) = \sum\limits_{\mu=2}^{\infty} \mu(\mu - 1)\, a_\mu (z - z_0)^{\mu-2}$. Wegen der Existenz von $f''(z)$ ist $f'(z)$ insbesondere stetig.

---

[1]) Will man die Stetigkeit von $g(z)$ in einem vorgegebenen Punkt von $|z - z_0| < R$ zeigen, so wählt man nämlich r_* so groß, daß dieser Punkt und eine δ-Umgebung dieses Punktes in $|z - z_0| \leqq r_*$ enthalten sind.

[2]) Um den Hilfssatz 1 aus **2.4.** anzuwenden, genügt es, $G(z)$ in einer ganz in $|z - z_0| < R$ gelegenen δ-Umgebung von z_1 zu betrachten.

[3]) r_* wähle man so groß, daß z_1 und eine δ-Umgebung von z_1 in $|z - z_0| \leqq r_*$ enthalten ist (vgl. auch die Fußnote [2])).

[4]) Es sei bemerkt, daß der Beweis des Satzes auch unverändert übernommen werden kann, wenn folgendes nachgewiesen werden soll: M sei eine offene Menge, $f_n(z)$ seien in M definiert und regulär. In M sollen die $f_n(z)$ gegen $f(z)$ und die $f_n'(z)$ gleichmäßig gegen $g(z)$ konvergieren. Dann ist $f(z)$ in M regulär, und es ist $f'(z) = g(z)$.

Durch Induktion folgt: *Die Ableitungen beliebig hoher Ordnung von $f(z)$ existieren und sind stetig.* Dabei ist[1])

$$f^{(p)}(z) = \sum_{\mu=p}^{\infty} \mu(\mu - 1) \cdots (\mu - p + 1)\, a_\mu (z - z_0)^{\mu - p}.$$

Setzt man $z = z_0$, so folgt $f^{(p)}(z_0) = p!\, a_p$. Das bedeutet: Ist $f(z)$ in $|z - z_0| < r_0$ regulär, so werden die Koeffizienten a_p (Taylor-Koeffizienten) der Potenzreihenentwicklung $\sum_{\mu=0}^{\infty} a_\mu (z - z_0)^\mu$ durch

$$a_p = \frac{1}{p!} \cdot f^{(p)}(z_0) \tag{1}$$

gegeben.

2. Sind $\sum_{\mu=0}^{\infty} a_\mu (z - z_0)^\mu$ und $\sum_{\mu=0}^{\infty} b_\mu (z - z_0)^\mu$ zwei Potenzreihen, die in $|z - z_0| < r_0$ dieselbe Funktion $f(z)$ darstellen, so sind beide Potenzreihen identisch, d. h., es ist $a_\mu = b_\mu$ für alle $\mu = 0, 1, \ldots$; denn nach 1. ist sowohl $a_\mu = \frac{1}{\mu!} \cdot f^{(\mu)}(z_0)$ als auch $b_\mu = \frac{1}{\mu!} \cdot f^{(\mu)}(z_0)$.

3. Für die Koeffizienten der Potenzreihenentwicklung von $f(z)$, $f(z)$ in $|z - z_0| < r_0$ regulär, wurde in **3.2.** eine Integraldarstellung angegeben. Vergleicht man mit (1), so ergibt sich ($r < r_0$)

$$f^{(p)}(z_0) = \frac{p!}{2\pi i} \oint_{|\zeta - z_0| = r} \frac{f(\zeta)}{(\zeta - z_0)^{p+1}}\, d\zeta. \tag{2}$$

Es sei jetzt z_1 ein beliebig gewählter Punkt von $|z - z_0| < r_0$. Ist $|z - z_1| = r'$ eine ganz in $|z - z_0| < r_0$ gelegene Kreislinie mit dem Mittelpunkt z_1, so ist nach (2)

$$f^{(p)}(z_1) = \frac{p!}{2\pi i} \oint_{|\zeta - z_1| = r'} \frac{f(\zeta)}{(\zeta - z_1)^{p+1}}\, d\zeta. \tag{3}$$

Bezeichnet man die offene Kreisscheibe $|z - z_0| < r_0$ mit K, so ist $\dfrac{f(z)}{(z - z_1)^{p+1}}$ in $K - \{z_1\}$ regulär. Wählt man noch $r < r_0$ so groß, daß $|z - z_1| = r'$ ganz in $|z - z_0| < r$ enthalten ist (Abb. 11), so folgt aus Hilfssatz 1 von **3.1.**, angewandt auf (3),

$$f^{(p)}(z_1) = \frac{p!}{2\pi i} \oint_{|\zeta - z_0| = r} \frac{f(\zeta)}{(\zeta - z_1)^{p+1}}\, d\zeta.$$

---

[1]) Ist M eine beliebige offene Menge und $f(z)$ in M regulär, so gilt diese Aussage über die Existenz und Stetigkeit der Ableitungen beliebig hoher Ordnung auch, denn mit jedem $z_0 \in M$ gibt es eine in M enthaltene Kreisscheibe $|z - z_0| < r_0$.

Schreibt man z an Stelle von z_1, so hat man damit das Ergebnis: Ist $f(z)$ in $|z - z_0| < r_0$ regulär und ist $r < r_0$, so gilt für alle z aus $|z - z_0| < r$

$$f^{(p)}(z) = \frac{p!}{2\pi i} \oint_{|\zeta - z_0| = r} \frac{f(\zeta)}{(\zeta - z)^{p+1}} \, d\zeta$$

(*Cauchysche Integralformel für die Ableitungen*).

4. $f(z) = u(x, y) + i \cdot v(x, y)$ sei in G regulär. Nach 2.1. besitzen $u(x, y)$ und $v(x, y)$ partielle Ableitungen erster Ordnung, und es ist

$$f'(z) = \frac{\partial u}{\partial x} + i \cdot \frac{\partial v}{\partial x} = \frac{\partial v}{\partial y} - i \cdot \frac{\partial u}{\partial y} \tag{4}$$

oder anders geschrieben:

$$f'(z) = \frac{\partial}{\partial x}(\mathrm{Re}\,[f]) + i \cdot \frac{\partial}{\partial x}(\mathrm{Im}\,[f]) = \frac{\partial}{\partial y}(\mathrm{Im}\,[f]) - i \cdot \frac{\partial}{\partial y}(\mathrm{Re}\,[f]). \tag{5}$$

Nach 1. ist $f'(z)$ selbst eine reguläre Funktion. Also besitzen $\frac{\partial u}{\partial x}$, $\frac{\partial v}{\partial x}$, $\frac{\partial u}{\partial y}$ und $\frac{\partial v}{\partial y}$ partielle Ableitungen erster Ordnung. Das bedeutet: $u(x, y)$ und $v(x, y)$ besitzen partielle Ableitungen zweiter Ordnung. Schreibt man (5) für $f''(z)$ auf und berücksichtigt dabei die beiden Darstellungen (4) von $f'(z)$, so erhält man die folgenden vier Darstellungen von $f''(z)$:

$$\frac{\partial}{\partial x}\left(\frac{\partial u}{\partial x}\right) + i \cdot \frac{\partial}{\partial x}\left(\frac{\partial v}{\partial x}\right) = \frac{\partial}{\partial y}\left(\frac{\partial v}{\partial x}\right) - i \cdot \frac{\partial}{\partial y}\left(\frac{\partial u}{\partial x}\right) = \frac{\partial}{\partial x}\left(\frac{\partial v}{\partial y}\right) + i \cdot \frac{\partial}{\partial x}\left(-\frac{\partial u}{\partial y}\right)$$

$$= \frac{\partial}{\partial y}\left(-\frac{\partial u}{\partial y}\right) - i \cdot \frac{\partial}{\partial y}\left(\frac{\partial v}{\partial y}\right).$$

Durch Vergleich der Real- und der Imaginärteile des ersten und vierten Ausdrucks erhält man

$$\frac{\partial^2 u}{\partial x^2} + \frac{\partial^2 u}{\partial y^2} = 0 \quad \text{und} \quad \frac{\partial^2 v}{\partial x^2} + \frac{\partial^2 v}{\partial y^2} = 0.$$

Setzt man zur Abkürzung

$$\frac{\partial^2}{\partial x^2} + \frac{\partial^2}{\partial y^2} \equiv \Delta,$$

so sind also sowohl u als auch v Lösungen der Differentialgleichung $\Delta u = 0$ bzw. $\Delta v = 0$. Diese Differentialgleichung heißt *Laplacesche Differentialgleichung*. Ihre Lösungen nennt man *harmonische Funktionen*. Die Laplacesche Differentialgleichung stellt einen Zusammenhang zwischen komplexer Funktionentheorie und Potentialtheorie[1]) her. Schließlich sei noch bemerkt, daß die par-

---

[1]) Die Potentialtheorie ist die Theorie der Lösungen der partiellen Differentialgleichung $\Delta u = \frac{\partial^2 u}{\partial x_1^2} + \frac{\partial^2 u}{\partial x_2^2} + \cdots + \frac{\partial^2 u}{\partial x_n^2} = 0$. Die klassische (eindimensionale) Funktionentheorie ist mit dem Fall $n = 2$ dieser Gleichung verbunden.

tiellen Ableitungen zweiter Ordnung von $u(x, y)$ und $v(x, y)$ stetig sind, da insbesondere $f''(z)$ stetig ist.

Beispiel. Ist $f(z) = z^2 - 1$ und setzt man $f(z) = u(y, x) + i \cdot v(x, y)$, so ist $u(x, y) = x^2 - y^2 - 1$, $v(x, y) = 2xy$. Insbesondere ist

$$\frac{\partial^2 u}{\partial x^2} = 2, \quad \frac{\partial^2 u}{\partial y^2} = -2,$$

also ist

$$\Delta u = 0.$$

5. $f(z)$ sei in G stetig, G sei ein Gebiet. Zu jedem $z_0 \in G$ soll es eine Umgebung $U_\delta(z_0)$ geben, so daß $\oint_{\gamma_0} f(\zeta)\, d\zeta = 0$ ist, wenn γ_0 der Rand eines beliebigen in $U_\delta(z_0)$ gelegenen Dreiecks ist. Dann ist $f(z)$ in G regulär.

Beweis[1]). In $U_\delta(z_0)$ wird die Funktion $F(z) = \int_{\gamma(z_0, z)} f(\zeta)\, d\zeta$ betrachtet. Nach Voraussetzung verschwindet das Kurvenintegral über den Rand eines in $U_\delta(z_0)$ gelegenen Dreiecks. Also ist, wenn z_1 aus $U_\delta(z_0)$ beliebig, aber fest gewählt wird,

$$\int_{\gamma(z_0, z)} f(\zeta)\, d\zeta = \int_{\gamma(z_0, z_1)} f(\zeta)\, d\zeta + \int_{\gamma(z_1, z)} f(\zeta)\, d\zeta,$$

also

$$F(z) = F(z_1) + \int_{\gamma(z_1, z)} f(\zeta)\, d\zeta. \tag{6}$$

Nach Hilfssatz 1 aus 2.4. ist der zweite Summand auf der rechten Seite der Formel (6) eine in $z = z_1$ differenzierbare Funktion, deren Ableitung in z_1 gleich $f(z_1)$ ist. Da $F(z_1)$ eine Konstante ist, ist $F(z)$ nach (6) in $z = z_1$ differenzierbar und hat die Ableitung $F'(z_1) = f(z_1)$. Da z_1 beliebig gewählt werden kann, folgt hieraus: $F(z)$ ist in $U_\delta(z_0)$ Stammfunktion von $f(z)$, $F'(z) = f(z)$. Als reguläre Funktion besitzt $F(z)$ nach 1. insbesondere in jedem Punkt von $U_\delta(z_0)$ eine zweite Ableitung. Wegen $F''(z) = f'(z)$ existiert also $f'(z)$ in ganz $U_\delta(z_0)$. Da auch z_0 beliebig gewählt werden kann, ist also $f(z)$ in ganz G regulär.

6. G sei ein Gebiet, die $f_n(z)$ seien in G regulär und gleichmäßig gegen die Funktion $f(z)$ konvergent für $n \to \infty$. Dann gilt (*Weierstraßscher Konvergenzsatz*):

a) Die Grenzfunktion $f(z)$ ist in G regulär.

b) Liegt $|z - z_0| < r_0$ in G und ist $r_* < r_0$, so konvergieren die p-ten Ableitungen $f_n^{(p)}(z)$ in $|z - z_0| \leq r_*$ gleichmäßig gegen $f^{(p)}(z)$.

Beweis. a) z_0 sei ein beliebiger Punkt von G. r_0 werde so gewählt, daß $|z - z_0| < r_0$ in G enthalten ist. Ist $r < r_0$ und z aus $|z - z_0| < r$, so ist nach **3.1.**

$$f_n(z) = \frac{1}{2\pi i} \oint_{|\zeta - z_0| = r} \frac{f_n(\zeta)}{\zeta - z}\, d\zeta. \tag{7}$$

---

[1]) Der Beweis verläuft analog zum Beweis von Satz 2 aus **2.4.**

Die Grenzfunktion $f(z)$ der $f_n(z)$ ist nach Hilfssatz 1 stetig. Nach Hilfssatz 2 kann man Integration und Grenzübergang $n \to \infty$ vertauschen, also ergibt sich aus (7)

$$f(z) = \lim_{n \to \infty} f_n(z) = \lim_{n \to \infty} \frac{1}{2\pi i} \oint\limits_{|\zeta - z_0| = r} \frac{f_n(\zeta)}{\zeta - z}\, d\zeta = \frac{1}{2\pi i} \oint\limits_{|\zeta - z_0| = r} \frac{f(\zeta)}{\zeta - z}\, d\zeta.$$

Also ist $f(z)$ in $|z - z_0| < r$ in Integralform darstellbar. Nach 3.2. ist das Integral in eine nach Potenzen von $z - z_0$ fortschreitende Potenzreihe entwickelbar. Nach obigem Satz ist eine konvergente Potenzreihe eine reguläre Funktion. Also ist $f(z)$ in $|z - z_0| < r$ regulär. Da z_0 beliebig gewählt werden kann, ist $f(z)$ in ganz G regulär.

b) Zu z_0 sei r_0 so gewählt, daß die Kreisscheibe $|z - z_0| < r_0$ ganz in G enthalten ist. Ist $r_* < r_0$ und r in $r_* < r < r_0$ gewählt, so gilt nach 3. für z aus $|z - z_0| \leqq r_*$

$$f_n^{(p)}(z) = \frac{p!}{2\pi i} \oint\limits_{|\zeta - z_0| = r} \frac{f_n(\zeta)}{(\zeta - z)^{p+1}}\, d\zeta \qquad (8)$$

und

$$f^{(p)}(z) = \frac{p!}{2\pi i} \oint\limits_{|\zeta - z_0| = r} \frac{f(\zeta)}{(\zeta - z)^{p+1}}\, d\zeta. \qquad (9)$$

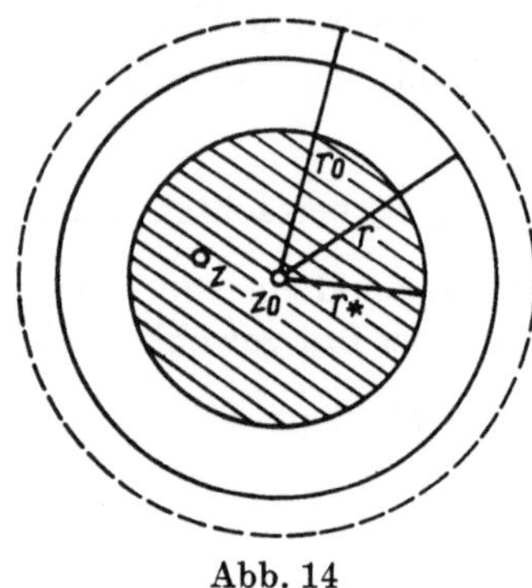

Abb. 14

Nun ist für ζ von $|\zeta - z_0| = r$ und z aus $|z - z_0| \leqq r_*$ stets $|\zeta - z| \geqq r - r_*$ (Abb. 14), also $\dfrac{1}{|\zeta - z|} \leqq \dfrac{1}{r - r_*}$. Berücksichtigt man dies, so folgt durch Abschätzung der Differenz von (8) und (9)

$$\left| f_n^{(p)}(z) - f^{(p)}(z) \right| \leqq \left| \frac{p!}{2\pi i} \oint\limits_{|\zeta - z_0| = r} \frac{f_n(\zeta) - f(\zeta)}{(\zeta - z)^{p+1}}\, d\zeta \right| \leqq \frac{p!}{2\pi} \cdot \frac{\sup\limits_{|\zeta - z_0| = r} |f_n(\zeta) - f(\zeta)|}{(r - r_*)^{p+1}} \cdot 2\pi r.$$

Wählt man n hinreichend groß, $n \geqq N(\varepsilon)$, so wird wegen der gleichmäßigen Konvergenz $|f_n(z) - f(z)| < \varepsilon$ für alle z aus G, also insbesondere für alle ζ von $|\zeta - z_0| = r$. Es ist also für alle z aus $|z - z_0| \leqq r_*$

$$\left| f_n^{(p)}(z) - f^{(p)}(z) \right| \leqq p! \, \frac{r}{(r - r_*)^{p+1}} \cdot \varepsilon. \qquad \text{Q. e. d.}$$

4.3. Rechnen mit Potenzreihen

1. **Algebraische Operationen.** $f(z)$ und $g(z)$ seien beide in $|z - z_0| < r_0$ regulär, $f(z) = \sum\limits_{\mu=0}^{\infty} a_\mu (z - z_0)^\mu$ und $g(z) = \sum\limits_{\mu=0}^{\infty} b_\mu (z - z_0)^\mu$. Dann ist

$$f(z) \pm g(z) = \sum_{\mu=0}^{\infty} (a_\mu \pm b_\mu)\, (z - z_0)^\mu.$$

Dies folgt unmittelbar aus Formel (1) von **4.2.**; denn setzt man $f(z) \pm g(z)$

$= h(z) = \sum\limits_{\mu=0}^{\infty} c_\mu (z - z_0)^\mu$, so ist

$$c_\mu = \frac{1}{\mu!} \cdot h^{(\mu)}(z_0) = \frac{1}{\mu!} \left(f^{(\mu)}(z_0) \pm g^{(\mu)}(z_0) \right) = a_\mu \pm b_\mu.$$

Setzt man, um das Produkt zweier Potenzreihen zu bestimmen, $f(z) \cdot g(z)$

$= \sum\limits_{\mu=0}^{\infty} c_\mu (z - z_0)^\mu$, so ist wegen der Leibnizschen Produktregel

$$\left(f(z) \cdot g(z) \right)^{(\mu)} = \sum\limits_{\lambda=0}^{\mu} \binom{\mu}{\lambda} f^{(\lambda)}(z) \cdot g^{(\mu-\lambda)}(z)$$

der Koeffizient c_μ gleich

$$c_\mu = \sum\limits_{\lambda=0}^{\mu} \frac{1}{\lambda!} \cdot f^{(\lambda)}(z_0) \cdot \frac{1}{(\mu-\lambda)!} \cdot g^{(\mu-\lambda)}(z_0) = \sum\limits_{\lambda=0}^{\mu} a_\lambda \cdot b_{\mu-\lambda}.$$

Damit ist die folgende Rechenregel bewiesen: Man erhält die Potenzreihe für $f(z) \cdot g(z)$, indem man die Potenzreihen für $f(z)$ und $g(z)$ formal ausmultipliziert:

$$[a_0 + a_1(z - z_0) + a_2(z - z_0)^2 + \cdots] \cdot [b_0 + b_1(z - z_0) + b_2(z - z_0)^2 + \cdots]$$

$$= a_0 b_0 + (a_0 b_1 + a_1 b_0)(z - z_0) + \cdots + (a_0 b_\mu + a_1 b_{\mu-1} + \cdots + a_\mu b_0)(z - z_0)^\mu + \cdots$$

Die Berechnung der Potenzreihe von $\frac{1}{f(z)}$ kann in der folgenden Weise auf das Produkt zweier Potenzreihen zurückgeführt werden: $f(z)$ sei wieder $\sum\limits_{\mu=0}^{\infty} a_\mu (z - z_0)^\mu$. Damit überhaupt $\frac{1}{f(z)}$ gebildet werden kann, muß zunächst $f(z_0) = a_0 \neq 0$ vorausgesetzt werden. Aus Stetigkeitsgründen gibt es dann eine δ-Umgebung $U_\delta(z_0)$, so daß $f(z) \neq 0$ in ganz $U_\delta(z_0)$ ist. Also ist $\frac{1}{f(z)}$ in $U_\delta(z_0)$ eine reguläre Funktion, d. h., $\frac{1}{f(z)}$ besitzt in $U_\delta(z_0)$ eine Potenzreihenentwicklung $\sum\limits_{\mu=0}^{\infty} d_\mu (z - z_0)^\mu$. Durch Ausmultiplikation der Potenzreihen für $f(z)$ und $\frac{1}{f(z)}$ ergibt sich

$$f(z) \cdot \frac{1}{f(z)} = a_0 d_0 + (a_0 d_1 + a_1 d_0)(z - z_0) + (a_0 d_2 + a_1 d_1 + a_2 d_0)(z - z_0)^2 + \cdots.$$

Andererseits ist

$$f(z) \cdot \frac{1}{f(z)} \equiv 1 = 1 + 0 \cdot (z - z_0) + 0 \cdot (z - z_0)^2 + \cdots.$$

Wegen der Unität der Potenzreihenentwicklung (vgl. **4.2.**, Folgerung 2) ergibt sich durch Koeffizientenvergleich:

$$a_0 d_0 = 1,$$

$$a_0 d_1 + a_1 d_0 = 0,$$

$$a_0 d_2 + a_1 d_1 + a_2 d_0 = 0,$$

$$\dots\dots\dots\dots\dots\dots\dots\dots$$

Hieraus kann man sukzessive alle Koeffizienten d_μ bestimmen:

$$d_0 = \frac{1}{a_0}, \; d_1 = - \frac{a_1}{a_0^2}, \; d_2 = \frac{a_1^2}{a_0^3} - \frac{a_2}{a_0^2}, \dots$$

Beispiel. Ist $a_\mu = \dfrac{1}{\mu^\mu}$, so ist also $f(z) = 1 + \dfrac{1}{1} z + \dfrac{1}{2^2} z^2 + \cdots$, und es folgt für die Koeffizienten d_μ der Potenzreihenentwicklung von $\dfrac{1}{f(z)} = d_0 + d_1 z + d_2 z^2 + \cdots$

$$1 \cdot d_0 = 1,$$

$$1 \cdot d_1 + \frac{1}{1} \cdot d_0 = 0,$$

$$1 \cdot d_2 + \frac{1}{1} \cdot d_1 + \frac{1}{2^2} \cdot d_0 = 0,$$

$$\dots$$

Also ist $d_0 = 1$, $d_1 = -1$, $d_2 = +1 - \dfrac{1}{4} \cdot 1 = \dfrac{3}{4}, \dots$ Damit hat man in einer Umgebung von $z = 0$

$$\frac{1}{f(z)} = 1 - z + \frac{3}{4} z^2 + \cdots.$$

2. Ausklammern[1]**).** Die ersten k Koeffizienten einer in $|z - z_0| < R$ konvergenten Potenzreihe sollen verschwinden, es soll also eine Potenzreihe der Form $\sum\limits_{\mu=k}^{\infty} a_\mu (z - z_0)^\mu = f(z)$, $a_k \neq 0$, betrachtet werden. Dann besitzt $f(z)$ die Darstellung

$$f(z) = (z - z_0)^k g(z),$$

wobei $g(z)$ in $|z - z_0| < R$ regulär ist und durch $g(z) = \sum\limits_{\mu=k}^{\infty} a_\mu (z - z_0)^{\mu-k}$ gegeben wird. Diese Aussage folgt unmittelbar daraus, daß $\dfrac{s_n(z)}{(z - z_0)^k}$ die Partialsummen der $g(z)$ darstellenden Potenzreihe sind, wenn die Partialsummen der $f(z)$ definierenden Potenzreihe mit $s_n(z)$ bezeichnet werden (vgl. die Fußnote auf S. 66). Als Folgerung ergibt sich:

---

[1]) Es sei bemerkt, daß bereits Korollar 2 in **4.1.** durch derartiges Ausklammern bewiesen worden ist.

Satz. *G sei ein Gebiet, $f(z)$ in G regulär. Setzt man $(z_0 \in G)$*

$$h(z) = \begin{cases} \dfrac{f(z) - f(z_0)}{z - z_0} & \text{für } z \neq z_0, \\[2mm] f'(z_0) & \text{für } z = z_0, \end{cases}$$

so ist $h(z)$ ebenfalls in G regulär. [1])

Beweis. Für ein $z \neq z_0$ folgt die Differenzierbarkeit von $h(z)$ aus **2.1.**, Rechenregel d) für die Differentiation komplexwertiger Funktionen. Um die Differenzierbarkeit auch in $z = z_0$ zu zeigen, bedenke man, daß $f(z)$ in $U_\delta(z_0)$ durch die Potenzreihe $f(z) = f(z_0) + f'(z_0)(z - z_0) + \frac{1}{2} f''(z_0)(z - z_0)^2 + \cdots$ dargestellt wird. Hieraus folgt durch Ausklammern

$$f(z) - f(z_0) = (z - z_0)\left[f'(z_0) + \frac{1}{2} f''(z_0)(z - z_0) + \cdots \right],$$

also für $z \neq z_0$

$$h(z) = \frac{f(z) - f(z_0)}{z - z_0} = f'(z_0) + \frac{1}{2} f''(z_0)(z - z_0) + \cdots .$$

Nun ist aber $f'(z_0) + \frac{1}{2} f''(z_0)(z - z_0) + \cdots = g(z)$ in ganz $U_\delta(z_0)$ regulär, $g(z_0) = f'(z_0)$. Setzt man also $h(z_0) = f'(z_0)$, so ist $h(z)$ auch in $z = z_0$ differenzierbar. Q. e. d.

3. **Umordnen.** Die Potenzreihe

$$\sum_{\mu=0}^{\infty} a_\mu (z - z_0)^\mu = f(z) \tag{1}$$

sei in $|z - z_0| < R$ konvergent. z_1 sei ein beliebiger, aber fest gewählter Punkt von $|z - z_0| < R$. Dann ist $|z - z_1| < R - |z_1 - z_0|$ die größte offene Kreisscheibe mit dem Mittelpunkt z_1, die noch ganz in $|z - z_0| < R$ gelegen ist (Abb. 15). $f(z)$ ist insbesondere in $|z - z_1| < R - |z_1 - z_0|$ regulär und demzufolge dort in die nach Potenzen von $z - z_1$ fortschreitende Potenzreihe

$$\sum_{\lambda=0}^{\infty} \frac{1}{\lambda!} \cdot f^{(\lambda)}(z_1)(z - z_1)^\lambda \tag{2}$$

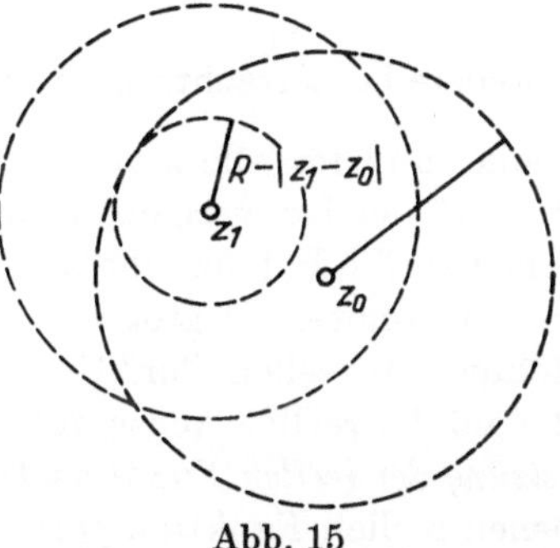

Abb. 15

---

[1]) Man vergleiche dazu **5.2.** Im Sinne der Bezeichnungen dieses Abschnitts ist die Stelle z_0 eine hebbar singuläre Stelle der Funktion $\dfrac{f(z) - f(z_0)}{z - z_0}$.

entwickelbar. $f^{(\lambda)}(z_1)$ kann man dabei mit Hilfe von (1) berechnen. Durch gliedweises Differenzieren erhält man nämlich

$$f^{(\lambda)}(z_1) = \sum_{\mu=\lambda}^{\infty} \mu(\mu-1)\cdots(\mu-\lambda+1)\, a_\mu(z_1-z_0)^{\mu-\lambda}.$$

Man erhält die Reihe (2) aber auch dadurch, daß man in (1) für

$$(z-z_0)^\mu = [(z-z_1)+(z_1-z_0)]^\mu = \sum_{\lambda=0}^{\mu}\binom{\mu}{\lambda}(z-z_1)^\lambda (z_1-z_0)^{\mu-\lambda}$$

einsetzt und alle Glieder mit der gleichen Potenz $(z-z_1)^\lambda$ zusammenfaßt ($=$ Umordnen nach Potenzen von $z-z_1$). Als Faktor von $(z-z_1)^\lambda$, λ fest, ergibt sich nämlich $\sum\limits_{\mu=\lambda}^{\infty} a_\mu\binom{\mu}{\lambda}(z_1-z_0)^{\mu-\lambda}$. Wegen $\binom{\mu}{\lambda} = \dfrac{\mu(\mu-1)\cdots(\mu-\lambda+1)}{\lambda!}$ ist dies tatsächlich $\dfrac{1}{\lambda!}\, f^{(\lambda)}(z_1)$.

Bemerkung. Es ist möglich, daß die umgeordnete Reihe (2) in einer offenen Kreisscheibe um z_1 konvergiert, deren Radius größer als $R - |z_1 - z_0|$ ist. Dann wird $f(z)$ durch (2) auch für außerhalb des ursprünglichen Definitionsgebietes $|z - z_0| < R$ gelegene Punkte definiert (Abb. 15). Man sagt in diesem Fall, man habe durch Umordnen von (1) eine „analytische Fortsetzung" von $f(z)$ vorgenommen.

4.4. Fortsetzung reeller Funktionen ins Komplexe

Die reelle Funktion $f(x)$ soll im Intervall $|x - x_0| < R'$ der reellen Achse die Potenzreihenentwicklung $f(x) = \sum\limits_{\mu=0}^{\infty} a_\mu(x - x_0)^\mu$ besitzen (a_μ reell). Diese Potenzreihe betrachte man jetzt in der ganzen z-Ebene: $\sum\limits_{\mu=0}^{\infty} a_\mu(z - x_0)^\mu$. Diese Reihe muß für alle z aus $|z - x_0| < R'$ konvergieren. Denn andernfalls wäre $R < R'$ der Konvergenzradius (vgl. 4.1.). Das ist aber nicht möglich, da in diesem Fall die Potenzreihe auch für reelle x mit $R < |x - x_0| < R'$ nicht konvergieren könnte. Es gibt also zu der in $|x - x_0| < R'$ durch eine Potenzreihe definierten reellen Funktion $f(x)$ eine in $|z - z_0| < R'$ reguläre Funktion $f(z)$, die auf der reellen Achse mit $f(x)$ übereinstimmt. Diese Funktion heißt die *Fortsetzung der reellen Funktion $f(x)$ ins Komplexe.* Zu einer in $|x - x_0| < R'$ gegebenen reellen Funktion $f(x)$ kann es keine zwei verschiedene in $|z - x_0| < R'$ reguläre Funktionen geben, die auf der reellen Achse mit $f(x)$ übereinstimmen. Denn es gilt:

Satz. *Ist $f(z)$ in $|z - x_0| < R'$ regulär und ist $f(z)$ auf der reellen Achse identisch Null, so ist $f(z) \equiv 0$ in ganz $|z - x_0| < R'$.*

Beweis. Setzt man $f(z) = u(x, y) + i \cdot v(x, y)$, so ist nach Voraussetzung $u(x, 0) \equiv 0$ und $v(x, 0) \equiv 0$. Also ist auch $\dfrac{\partial u(x, 0)}{\partial x} \equiv 0$ und $\dfrac{\partial v(x, 0)}{\partial x} \equiv 0$. Nun ist $f'(z) = \dfrac{\partial u}{\partial x} + i \cdot \dfrac{\partial v}{\partial x}$. Also ist auf der reellen Achse auch $f'(z) \equiv 0$. Indem man dieses Verfahren fortsetzt, sieht man, daß alle Ableitungen von $f(z)$ auf der reellen Achse identisch Null sind. Insbesondere sind also alle $f^{(\mu)}(x_0) = 0$. Daher ist $f(z) = \displaystyle\sum_{\mu=0}^{\infty} \dfrac{1}{\mu!} \cdot f^{(\mu)}(x_0)\, (z - x_0)^\mu \equiv 0.$ [1]

Als Beispiele werden die reellen Potenzreihen

$$\sum_{\mu=0}^{\infty} \frac{1}{\mu!} \cdot x^\mu = \exp x, \qquad \sum_{\mu=0}^{\infty} (-1)^\mu \cdot \frac{1}{(2\mu + 1)!} \cdot x^{2\mu+1} = \sin x \quad \text{und}$$

$$\sum_{\mu=0}^{\infty} (-1)^\mu \cdot \frac{1}{(2\mu)!}\, x^{2\mu} = \cos x$$

betrachtet, die für alle x konvergieren. Diese drei Reihen sind daher stets konvergent, wenn man an Stelle von x ein beliebiges komplexes z einsetzt. Definiert man

$$\sum_{\mu=0}^{\infty} \frac{1}{\mu!} \cdot z^\mu = \exp z, \qquad \sum_{\mu=0}^{\infty} (-1)^\mu \cdot \frac{1}{(2\mu + 1)!} \cdot z^{2\mu+1} = \sin z \quad \text{und}$$

$$\sum_{\mu=0}^{\infty} (-1)^\mu \cdot \frac{1}{(2\mu)!} \cdot z^{2\mu} = \cos z,$$

so sind also $\exp z$, $\sin z$ und $\cos z$ die Fortsetzung der reellen Funktionen $\exp x$ (Exponentialfunktion), $\sin x$ (Sinusfunktion) bzw. $\cos x$ (Kosinusfunktion) ins Komplexe. $\exp z$, $\sin z$ und $\cos z$ sind (vgl. **3.3.**) ganze transzendente Funktionen. Unmittelbar aus der definierenden Gleichung folgt

$$\sin(-z) = -\sin z \quad \text{und} \quad \cos(-z) = \cos z.$$

Durch gliedweises Differenzieren erhält man

$$\frac{d\exp z}{dz} = \sum_{\mu=1}^{\infty} \mu \cdot \frac{1}{\mu!} \cdot z^{\mu-1} = \sum_{\mu'=0}^{\infty} \frac{1}{\mu'!} \cdot z^{\mu'} = \exp z \qquad (\mu - 1 = \mu'),$$

$$\frac{d\sin z}{dz} = \sum_{\mu=0}^{\infty} (-1)^\mu \cdot \frac{2\mu + 1}{(2\mu + 1)!} \cdot z^{2\mu} = \sum_{\mu=0}^{\infty} (-1)^\mu \cdot \frac{1}{(2\mu)!} \cdot z^{2\mu} = \cos z,$$

$$\frac{d\cos z}{dz} = \sum_{\mu=1}^{\infty} (-1)^\mu \cdot \frac{2\mu}{(2\mu)!} \cdot z^{2\mu-1} = -\sum_{\mu'=0}^{\infty} (-1)^{\mu'} \cdot \frac{1}{(2\mu' + 1)!} \cdot z^{2\mu'+1} = -\sin z.$$

$$(2\mu - 1 = 2\mu' + 1, \text{ also } \mu = \mu' + 1).$$

---

[1] Diese Aussage ist ein Spezialfall des allgemeinen Identitätssatzes für Potenzreihen (vgl. Folgerung 3 des Satzes aus **4.5.**).

Ist x eine reelle Zahl, so ist insbesondere

$$\exp(ix) = 1 + i \cdot \frac{x}{1!} - \frac{x^2}{2!} - i \cdot \frac{x^3}{3!} + \frac{x^4}{4!} + - \cdots,$$

also

$$\mathrm{Re}\,[\exp(ix)] = 1 - \frac{x^2}{2!} + \frac{x^4}{4!} - + \cdots = \cos x$$

und

$$\mathrm{Im}\,[\exp(ix)] = \frac{x}{1!} - \frac{x^3}{3!} + - \cdots = \sin x.$$

Das bedeutet: Die Funktion $f(z) = \exp(iz) - (\cos z + i \cdot \sin z)$ verschwindet für $z = x = $ reell identisch. Nach dem Satz ist dann auch $f(z) \equiv 0$ für alle z. Daher gilt

$$\exp(iz) = \cos z + i \cdot \sin z \qquad (\textit{Eulersche Formel}).$$

Ersetzt man z durch $-z$, so folgt hieraus

$$\exp(-iz) = \cos z - i \cdot \sin z.$$

Aus beiden Formeln erhält man durch Addition bzw. Subtraktion

$$\cos z = \frac{1}{2}\big(\exp(iz) + \exp(-iz)\big),$$

$$\sin z = \frac{1}{2i}\big(\exp(iz) - \exp(-iz)\big).$$

Für reelle x_1, x_2 gilt bekanntlich $\exp(x_1 + x_2) = \exp(x_1) \cdot \exp(x_2)$ (*Funktionalgleichung der Exponentialfunktion*). Betrachtet man für festes reelles x_1 und variables komplexes z_2 die Funktion $f(z_2) = \exp(x_1 + z_2) - \exp(x_1) \cdot \exp(z_2)$, so ist also diese Funktion für $z_2 = x_2 = $ reell identisch Null. Nach dem Satz dieses Abschnittes ist $f(z_2) = \exp(x_1 + z_2) - \exp(x_1) \cdot \exp(z_2) \equiv 0$ für alle z_2. Betrachtet man nun für festes komplexes z_2 und variables komplexes z_1 die Funktion $g(z_1) = \exp(z_1 + z_2) - \exp(z_1) \cdot \exp(z_2)$, so ist diese für $z_1 = x_1$ $=$ reell identisch Null. Nach dem Satz ist also $g(z_1) \equiv 0$ für alle z_1, d. h., es gilt für beliebige komplexe z_1, z_2

$$\exp(z_1 + z_2) = \exp(z_1) \cdot \exp(z_2).^1)$$

Aus dieser Funktionalgleichung der Exponentialfunktion folgt, daß für alle z die Werte von $\exp z$ von Null verschieden sind; denn gäbe es ein z_0 mit $\exp(z_0) = 0$, so wäre für jedes z

$$\exp z = \exp\big((z - z_0) + z_0\big) = \exp(z - z_0) \cdot \exp(z_0) = 0.$$

Das kann aber nicht sein, da z. B. $\exp(0) = 1$ ist.

$^1)$ Aus diesem Grunde wird $\exp z$ auch mit e^z bezeichnet.

Da nach der Eulerschen Formel $\exp(2\pi i) = \cos 2\pi + i \cdot \sin 2\pi = 1$ ist, ergibt sich als weitere Folgerung aus der Funktionalgleichung

$$\exp(z + 2\pi i) = \exp z \cdot \exp(2\pi i) = \exp z.$$

Für jedes ganze k und für jedes z ist daher $\exp(z + k \cdot 2\pi i) = \exp z$.[1] Deswegen werden bei der durch $Z = \exp z$ vermittelten Abbildung der z-Ebene in die Z-Ebene alle Punkte der Form $z + k \cdot 2\pi i$, k ganz, in den gleichen Bildpunkt übergeführt. Um Genaueres über die Abbildung $Z = \exp z$ zu erfahren, wird $z = x + i \cdot y$ gesetzt und $\exp z$ mit Hilfe von Funktionalgleichung und Eulerscher Formel zu

$$Z = \exp z = \exp(x + i \cdot y) = \exp x \cdot \exp(iy) = \exp x \cdot (\cos y + i \cdot \sin y)$$

umgeformt. Also ist $|Z| = \exp x$ und $\arg Z \equiv y \pmod{2\pi}$. Hieran erkennt man (vgl. Abb. 16), daß die Gerade $x = \text{const}$ der z-Ebene auf den Kreis $|Z| = \exp x = \text{const}$ der Z-Ebene abgebildet wird. Die Gerade $y = \text{const}$ geht

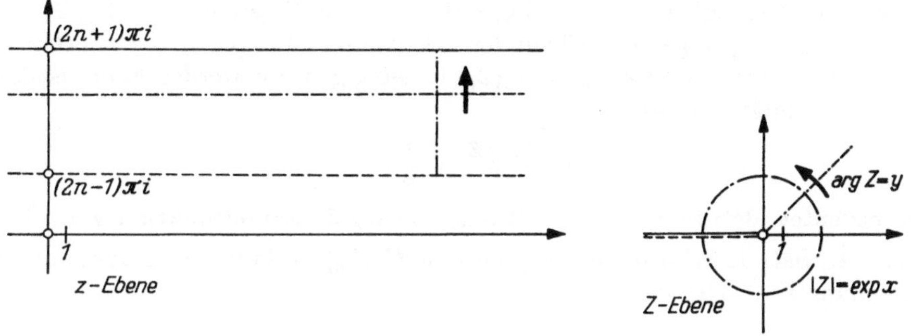

Abb. 16

in den Strahl $\arg Z = \text{const} = y$ $(Z \neq 0)$ über. Durchläuft λ das Intervall $(2k-1)\pi < \lambda \leq (2k+1)\pi$, k ganz, so überstreichen die Geraden $y = \text{const} = \lambda$ genau einmal den Streifen $(2k-1)\pi < \operatorname{Im}[z] \leq (2k+1)\pi$, und der Bildstrahl $\arg Z = \lambda$ $(Z \neq 0)$ überstreicht genau einmal die Z-Ebene $(Z \neq 0)$.

Ist $Z \neq 0$ beliebig, aber fest vorgegeben, so werden alle z, für die $\exp z = Z$ ist mit $z = \log Z$ (*komplexer Logarithmus*) bezeichnet. Aus $|Z| = \exp x$ folgt[2] $x = \ln |Z|$, aus $\arg Z \equiv y \pmod{2\pi}$ erhält man $y = \arg Z + k \cdot 2\pi i$, k ganz. Damit haben alle z, für die $\exp z = Z$ ist, d. h. alle möglichen Werte von $\log Z$, die Form

$$\log Z = \ln |Z| + i \cdot (\arg Z + k \cdot 2\pi i), \quad k \text{ ganz,}$$

---

[1] Man sagt hierfür auch, daß $\exp z$ die Periode $2\pi i$ besitzt.
[2] Hierbei bezeichnet ln den reellen (natürlichen) Logarithmus.

womit der komplexe Logarithmus auf den reellen (natürlichen) Logarithmus ln zurückgeführt ist. Man sieht hieraus, daß zu jedem $Z \neq 0$ unendlich viele mögliche Werte $z = \log Z$ gehören, die sich untereinander um ganzzahlige Vielfache von $2\pi i$ unterscheiden.

Nun kann man zu jedem $Z_0 \neq 0$ eine Umgebung $U_\delta(Z_0)$ angeben, in der $\arg Z$ eindeutig und stetig definiert werden kann.[1]). Durch eine solche Wahl von $\arg Z$ erhält man in $U_\delta(Z_0)$ eine (eindeutige) Funktion $\log Z = \ln|Z| + i \cdot \arg Z$, die ein *Zweig* des komplexen Logarithmus heißt und also auch mit $\log Z$ bezeichnet wird.[2]) Da ein Zweig $z = \log Z$ die (eindeutige) Funktion $Z = \exp z$ umkehrt, ist ein Zweig in $U_\delta(Z_0)$ eine eineindeutige Funktion.[3]). Da auch $\ln|Z|$ eine stetige Funktion von Z ist ($Z \neq 0$), ist jeder Zweig $z = \log Z$ eine stetige Funktion. Ein Zweig ist aber auch eine reguläre Funktion; denn ist Z_* aus $U_\delta(Z_0)$ und $Z_n \to Z_*$, $Z_n \in U_\delta(Z_0)$, $Z_n \neq Z_*$, so ist

$$\frac{\log Z_n - \log Z_*}{Z_n - Z_*} = \frac{z_n - z_*}{\exp(z_n) - \exp(z_*)} = \frac{1}{\dfrac{\exp(z_n) - \exp(z_*)}{z_n - z_*}} \to \frac{1}{\exp(z_*)} = \frac{1}{Z_*},$$

da wegen der Stetigkeit von $z = \log Z$ die $z_n = \log Z_n$ gegen $z_* = \log Z_*$ konvergieren, $z_n \neq z_*$ wegen der Eineindeutigkeit, und da $\exp z$ differenzierbar mit der Ableitung $\exp z$ ist. Da Z_* in $U_\delta(Z_0)$ beliebig gewählt werden kann, ist $\log Z$ in $U_\delta(Z_0)$ regulär, und es ist

$$\frac{d \log Z}{dZ} = \frac{1}{Z}.$$

Dies bedeutet, daß in $U_\delta(Z_0)$ ein Zweig von $\log Z$ Stammfunktion von $\dfrac{1}{Z}$ ist. Nach 2.4., Satz 1, ist also, wenn γ eine in $U_\delta(Z_0)$ verlaufende Kurve mit der Darstellung $Z = Z(t)$, $a \leqq t \leqq b$, ist,

$$\int_\gamma \frac{1}{Z}\, dZ = \log Z(b) - \log Z(a).$$

---

[1]) Als $U_\delta(Z_0)$ kann z. B. die größte offene Kreisscheibe mit dem Mittelpunkt Z_0 genommen werden, die $Z = 0$ nicht enthält.

[2]) Das Argument eines beliebigen Punktes $Z \neq 0$ ist eindeutig festgelegt, wenn man etwa $-\pi < \arg Z \leqq +\pi$ fordert. Durch diese Festsetzung wird auch $\log Z = \ln|Z| + i \arg Z$ eindeutig. Diese Funktion, die in den Punkten der negativen reellen Achse aber nicht mehr stetig ist (beim Überschreiten der negativen reellen Achse treten Sprünge $\pm 2\pi i$ auf), heißt der *Hauptzweig* des komplexen Logarithmus.

[3]) Die Funktion $w = f(z)$ sei auf M definiert. Nimmt die Funktion in zwei voneinander verschiedenen Punkten von M stets voneinander verschiedene Werte an, d. h., ist $f(z_2) \neq f(z_1)$ für $z_2 \neq z_1$, so heißt $w = f(z)$ *eineindeutig* oder auch *schlicht*. Ist $w = f(z)$ eineindeutig und bezeichnet man mit $\tilde{M}$ die Menge aller w, die $w = f(z)$ auf M annimmt, so gehört zu jedem $w_* \in \tilde{M}$ genau ein $z_* \in M$, so daß $f(z_*) = w_*$ ist. Also existiert auf $\tilde{M}$ die Umkehrfunktion (auch inverse Funktion genannt) von $w = f(z)$, die jedem w aus $\tilde{M}$ dasjenige z in M zuordnet, das durch $w = f(z)$ in w abgebildet wird. Bezeichnung der Umkehrfunktion: $z = f^{-1}(w)$.

In dem durch $Z \neq 0$ definierten Gebiet hat die Funktion $\frac{1}{Z}$ keine Stammfunktion, wie schon in 2.4. als Beispiel c) zu den Anwendungen von dem dort formulierten Satz 1 gezeigt wurde. Es ist also für eine in $Z \neq 0$ verlaufende geschlossene Kurve γ_0 im allgemeinen $\int_{\gamma_0} \frac{1}{Z} \, dZ$ nicht Null. Der Wert dieses Integrals läßt nun aber eine einfache geometrische Deutung zu. Um die Betrachtungen hinsichtlich späterer Anwendungen nicht unnötig einzuschränken, wird statt $\frac{1}{Z}$ in $Z \neq 0$ die Funktion $\frac{1}{Z - Z_0}$ in $Z \neq Z_0$ betrachtet (Z_0 fest gewählt). Dabei sei γ_0 eine geschlossene Kurve, die nicht durch Z_0 hindurchgehen soll, d. h., Z_0 soll nicht auf γ_0 liegen. γ_0 soll durch Polarkoordinaten $r(t)$, $\varphi(t)$ mit dem Zentrum Z_0 dargestellt werden: $Z(t) = Z_0 + r(t)\,(\cos\varphi(t) + i \cdot \sin\varphi(t))$ $= Z_0 + r(t) \cdot \exp(i\varphi(t))$, $a \leq t \leq b$. Der Polarwinkel ist zwar nur mod 2π

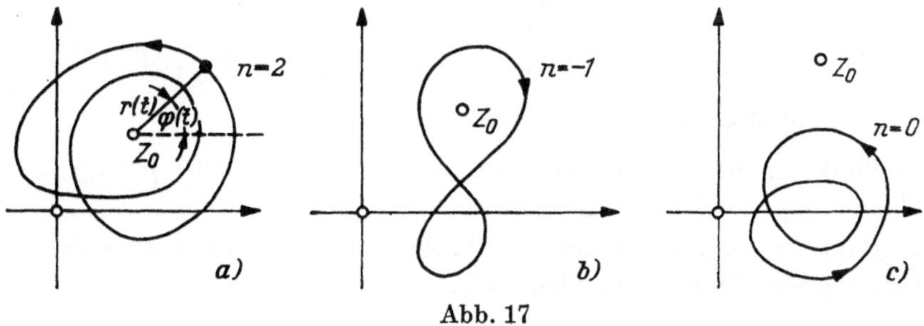

Abb. 17

eindeutig festgelegt, er kann aber so gewählt werden, daß $\varphi(t)$ längs γ_0 stetig ist.[1] Für eine geschlossene Kurve γ_0 ist

$$r(b) = r(a), \quad \varphi(b) = \varphi(a) + n \cdot 2\pi, \quad n \text{ ganz}.$$

$n \cdot 2\pi$ ist der Argumentzuwachs längs γ_0 (vgl. Abb. 17). Wegen

$$\frac{dZ(t)}{dt} = r'(t) \cdot \exp\big(i\varphi(t)\big) + r(t) \cdot \exp\big(i\varphi(t)\big) \cdot i\varphi'(t)$$

erhält man nach der Substitutionsformel für bestimmte Integrale

$$\oint_{\gamma_0} \frac{1}{Z - Z_0} \, dt = \int_{t=a}^{b} \frac{1}{Z(t) - Z_0} \cdot \frac{dZ(t)}{dt} \, dt = \int_{t=a}^{b} \frac{r'(t)}{r(t)} \, dt + i \int_{t=a}^{b} \varphi'(t) \, dt$$

$$= [\ln r(t)]_a^b + i \cdot [\varphi(t)]_a^b = n \cdot 2\pi i.$$

---

[1] Da γ_0 als stückweise glatt vorausgesetzt wird (vgl. die Vereinbarung auf S. 41), ist $\varphi(t)$ sogar stückweise stetig differenzierbar.

Die ganze Zahl n, die den Argumentzuwachs längs γ_0 angibt, wird auch die *Windungszahl* von γ_0 in bezug auf Z_0 genannt. Schreibt man statt n deutlicher $n(\gamma_0, Z_0)$, so gilt also

$$n(\gamma_0, Z_0) = \frac{1}{2\pi i} \oint\limits_{\gamma_0} \frac{1}{Z - Z_0}\, dZ.$$

4.5. Lokale Wertannahme regulärer Funktionen

Es sei G ein Gebiet, $f(z)$ in G regulär, w_0 sei eine komplexe Zahl. Jedes z aus G, in dem $f(z) = w_0$ ist, heißt eine w_0-*Stelle*. Ist insbesondere $f(z) = 0$, so heißt z *Nullstelle*. z_0 sei eine w_0-Stelle. r_0 wird so gewählt, daß die offene Kreisscheibe $|z - z_0| < r_0$ ganz in G enthalten ist. $f(z)$ ist dann insbesondere in $|z - z_0| < r_0$ regulär. Also besitzt $f(z)$ in $|z - z_0| < r_0$ die Potenzreihenentwicklung

$$f(z) = w_0 + a_1(z - z_0) + a_2(z - z_0)^2 + \cdots, \qquad a_\mu = \frac{1}{\mu!} \cdot f^{(\mu)}(z_0).$$

Es gibt nun zwei Möglichkeiten:

a) Im Punkt z_0 sind alle Ableitungen von $f(z)$ gleich Null: $f^{(\mu)}(z_0) = 0$ für $\mu = 1, 2, \ldots$ Dann ist $f(z) \equiv w_0$ in ganz $|z - z_0| < r_0$.

b) Im Punkt z_0 sind die ersten $k - 1$ Ableitungen gleich Null, während die k-te Ableitung von Null verschieden ist[1]:

$$f'(z_0) = 0, \ldots, \quad f^{(k-1)}(z_0) = 0, \quad f^{(k)}(z_0) \neq 0.$$

z_0 heißt dann eine w_0-*Stelle der Ordnung* k. Durch Ausklammern (4.3., 2.) erhält man dann $f(z) = w_0 + (z - z_0)^k \cdot g(z)$, wenn $a_k + a_{k+1}(z - z_0) + \cdots = g(z)$ gesetzt wird. $g(z)$ ist regulär, also insbesondere stetig. Wegen $g(z_0) = a_k = \frac{1}{k!} \cdot f^{(k)}(z_0) \neq 0$ gibt es daher ein $\delta \ (< r_0)$ so, daß $g(z) \neq 0$ für alle z aus $U_\delta(z_0)$ ist. Daher ist $f(z) - w_0 = (z - z_0)^k g(z) \neq 0$ für alle von z_0 verschiedenen z aus $U_\delta(z_0)$.

Zusammenfassend gilt folglich:

Satz. z_0 *sei eine w_0-Stelle der in G regulären Funktion $f(z)$. Dann gibt es ein $U_\delta(z_0)$, so daß entweder*

a) $f(z) \equiv w_0$ *in* $U_\delta(z_0)$ *ist oder*

b) *es ist* $f(z) = w_0 + (z - z_0)^k \cdot g(z)$ *in* $U_\delta(z_0)$, *wobei $g(z)$ regulär und von Null verschieden und $k \geq 1$ ist. In diesem Fall ist z_0 die einzige w_0-Stelle von $f(z)$ in* $U_\delta(z_0)$.

---

[1] Im Fall $k = 1$ bedeutet dies, daß $f'(z_0) \neq 0$ ist.

Folgerungen.

1. $f(z)$ sei in G regulär. *Falls es eine in G gelegene Kreisscheibe $|z - z_1| < r_1$ gibt, in der $f(z)$ konstant ist, $f(z) \equiv c$, so ist $f(z)$ in ganz G konstant.*

Beweis. Andernfalls gäbe es wenigstens ein $z_2 \in G$ mit $f(z_2) \neq c$. Da G ein Gebiet ist, lassen sich z_1 und z_2 durch eine in G verlaufende Kurve verbinden. $z = z(t)$, $a \leq t \leq b$, sei die Darstellung dieser Kurve. Es ist also insbesondere $z(a) = z_1$ und $z(b) = z_2$. Nun betrachte man alle t' aus $a \leq t \leq b$, für die $f(z(t')) \neq c$ ist. Die Menge dieser l' ist nicht leer, da nach Voraussetzung $f(z(b)) \neq c$ ist. Setzt man $t_* = \inf\limits_{\substack{a \leq t' \leq b \\ f(z(t')) \neq c}} t'$ und $z_* = z(t_*)$, so ist

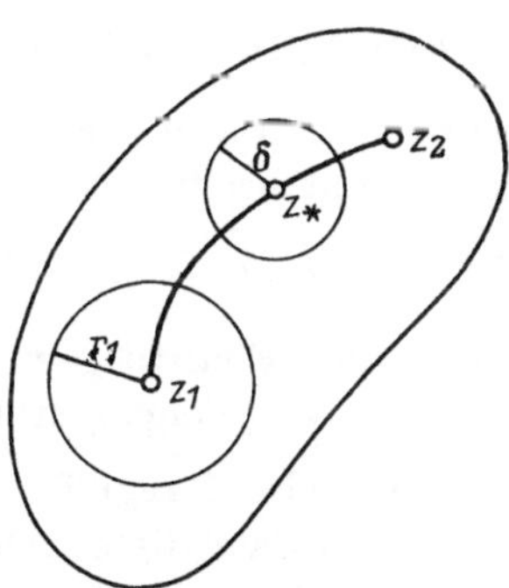

Abb. 18

$f(z_*) = c$. Denn betrachten wir eine Folge $\{t_n\}$ mit $t_n < t_*$, $t_n \to t_*$ für $n \to \infty$, so ist wegen der Stetigkeit $f(z(t_n)) \to f(z(t_*)) = f(z_*)$ und wegen $f(z(t_n)) = c$ also auch $f(z_*) = c$. Nach dem Satz gibt es mithin ein $U_\delta(z_*)$ (Abb. 18), so daß entweder

   a) $f(z) \equiv c$ in $U_\delta(z_*)$ oder

   b) $f(z) \neq c$ für alle von z_* verschiedenen z von $U_\delta(z_*)$ ist.

Der Fall a) kann nicht eintreten, da nach Definition von t_* zu jedem $\varepsilon > 0$ ein t' aus $t_* \leq t < t_* + \varepsilon$ existiert, für das $f(z(t')) \neq c$ ist. Aber auch b) ist unmöglich, denn es ist $a < t_*$ [1]) und $f(z(t)) \equiv c$ für alle t aus $a \leq t < t_*$. Dieser Widerspruch zum Satz zeigt, daß es kein z_2 mit $f(z_2) \neq c$ geben kann. Also ist $f(z) \equiv c$ in ganz G. Q. e. d.

2. G sei ein Gebiet, $f(z)$ in G regulär. *Besitzen zu einem fest gewählten w_0 die w_0-Stellen von $f(z)$ in G einen zu G gehörenden Häufungspunkt, so muß $f(z)$ konstant sein.* [2])

Beweis. Es sei der zu G gehörende Punkt z_0 Häufungspunkt von w_0-Stellen. Also gibt es (nach Satz 2 aus **1.3.**) in G eine Folge $z_n \to z_0$, $z_n \neq z_0$ und $f(z_n) = w_0$. Da $f(z)$ insbesondere auch stetig ist, gilt $f(z_0) = w_0$. Für $n \geq N = N(\delta')$ liegen alle z_n in $U_{\delta'}(z_0)$. Also kann nur Fall a) des Satzes eintreten. Es ist also $f(z) \equiv w_0$ in einer Umgebung $U_\delta(z_0)$. Nach Folgerung 1 muß dann aber auch $f(z)$ in ganz G konstant sein. Q. e. d.

---

[1]) Weil $f(z) \equiv c$ in $|z - z_1| < r_1$ ist.

[2]) Man sagt dafür auch: Die w_0-Stellen einer nicht konstanten regulären Funktion liegen isoliert. Natürlich können die w_0-Stellen auch einer nicht konstanten regulären Funktion Häufungspunkte besitzen, die dann aber Randpunkte von G sein müssen. Ein Randpunkt eines Gebietes ist dabei ein nicht zum Gebiet gehörender Häufungspunkt. — Zum Beispiel hat die in $|z| < 1$ reguläre Funktion $\sin \dfrac{1}{1-z}$ Nullstellen in allen $z_k = 1 - \dfrac{1}{k\pi}$, $k \geq 1$, ganz. Die z_k besitzen den nicht zu $|z| < 1$ gehörenden Punkt $z = 1$ als Häufungspunkt.

6*

3. *Identitätssatz für Potenzreihen.* $\sum\limits_{\mu=0}^{\infty} a_\mu(z-z_0)^\mu = f(z)$ und $\sum\limits_{\mu=0}^{\infty} b_\mu(z-z_0)^\mu$
$= g(z)$ seien beide in $|z-z_0| < R$ konvergent. Wenn es unendlich viele Punkte z_n in $|z-z_0| < R$ gibt, in denen $f(z_n) = g(z_n)$ ist, und wenn die z_n in $|z-z_0| < R$ einen Häufungspunkt besitzen, so sind beide Potenzreihen identisch, d. h., es ist $a_\mu = b_\mu$ für jedes ganze $\mu \geqq 0$.

Beweis. Die Funktion $f(z) - g(z) = \sum\limits_{\mu=0}^{\infty} (a_\mu - b_\mu)\,(z-z_0)^\mu$ ist in $|z-z_0| < R$
regulär und hat in allen z_n eine Nullstelle. Da die z_n in $|z-z_0| < R$ einen Häufungspunkt besitzen sollten, ist $f(z) - g(z) \equiv 0$ in ganz $|z-z_0| < R$. Also ist
$\sum\limits_{\mu=0}^{\infty} (a_\mu - b_\mu)\,(z-z_0)^\mu$ die Potenzreihenentwicklung der Funktion $h(z) \equiv 0$.
Wegen der Eindeutigkeit der Potenzreihenentwicklung (Folgerung 2 aus dem Satz von 4.2.) folgt hieraus $a_\mu - b_\mu = 0$ für alle ganzen $\mu \geqq 0$. Q. e. d.

4. $f(z)$ sei in G regulär und nicht konstant. z_0 sei eine w_0-Stelle der Ordnung k. Nach dem Satz dieses Abschnitts gibt es dann eine Umgebung $U_\delta(z_0)$, so daß $f(z) = w_0 + (z - z_0)^k g(z)$ in $U_\delta(z)$ ist, $g(z) \neq 0$ in $U_\delta(z_0)$. γ_0 mit der Darstellung $z(t)$, $a \leqq t \leqq b$, sei eine in $U_\delta(z_0)$ gelegene positiv orientierte Kreislinie mit dem Mittelpunkt z_0 (Abb. 19). $w = f(z)$ entwirft in der w-Ebene von γ_0 eine Bild-

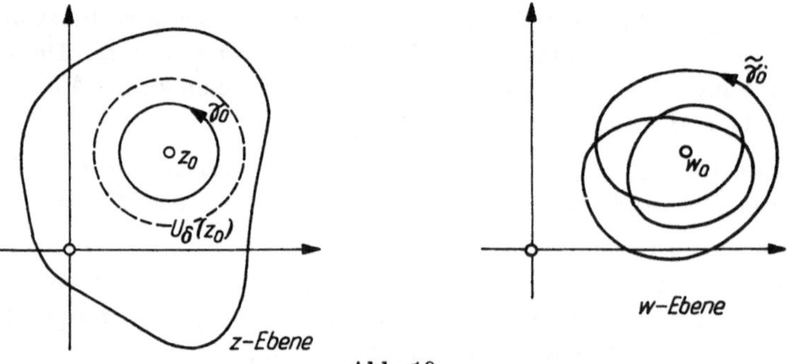

Abb. 19

kurve $\tilde{\gamma}_0$ mit der Darstellung $f(z(t))$, $a \leqq t \leqq b$. Da in $U_\delta(z_0)$ für $z \neq z_0$ stets $f(z) \neq w_0$ ist, geht die Bildkurve $\tilde{\gamma}_0$ nicht durch $w_0 = f(z_0)$ hindurch. Nach 4.4. ist daher die Windungszahl $n(\tilde{\gamma}_0, w_0)$ definiert. Nach der Kettenregel ist
$\dfrac{df(z(t))}{dt} = \dfrac{df(z(t))}{dz} \cdot \dfrac{dz(t)}{dt}$ und demzufolge nach der Substitutionsformel für bestimmte Integrale

$$n(\tilde{\gamma}_0, w_0) = \frac{1}{2\pi i} \oint\limits_{\tilde{\gamma}_0} \frac{1}{w - w_0}\,dw = \frac{1}{2\pi i} \int\limits_{t=a}^{b} \frac{1}{f(z(t)) - w_0} \cdot \frac{df(z(t))}{dz} \cdot \frac{dz(t)}{dt}\,dt.$$

Durch nochmalige Berücksichtigung der Substitutionsformel folgt hieraus

$$n(\tilde{\gamma}_0, w_0) = \frac{1}{2\pi i} \oint_{\gamma_0} \frac{f'(z)}{f(z) - w_0}\, dz. \tag{1}$$

Aus $f(z) = w_0 + (z - z_0)^k g(z)$ folgt $f'(z) = k(z - z_0)^{k-1} g(z) + (z - z_0)^k g'(z)$ und damit

$$\frac{f'(z)}{f(z) - w_0} = k \cdot \frac{1}{z - z_0} + \frac{g'(z)}{g(z)}. \tag{2}$$

Nun ist $\oint_{\gamma_0} \frac{1}{z - z_0}\, dz = 2\pi i$ und (nach dem Korollar zu Satz 2 von **2.4.**) $\oint_{\gamma_0} \frac{g'(z)}{g(z)}\, dz = 0$, da wegen $g(z) \neq 0$ in $U_\delta(z_0)$ die Funktion $\frac{g'(z)}{g(z)}$ in $U_\delta(z_0)$ regulär ist, d. h., aus (1) und (2) ergibt sich für die Ordnung k der w_0-Stelle z_0:

$$k = n(\tilde{\gamma}_0, w_0).$$

Diese Aussage heißt das *lokale Argumentprinzip*. Als Nebenresultat ergibt sich durch Vergleich mit (1) für die Ordnung k die Integraldarstellung

$$k = \frac{1}{2\pi i} \oint_{\gamma_0} \frac{f'(z)}{f(z) - w_0}\, dz.$$

5. *Maximumprinzip.* $f(z)$ sei in G regulär. *Ist $f(z)$ nicht in G konstant, so gilt für jedes $z \in G$*

$$|f(z)| < \sup_{\zeta \in G} |f(\zeta)| \; {}^{1)}.$$

Beweis. Andernfalls gäbe es ein $z_0 \in G$, so daß $|f(z| \leq |f(z_0)|$ für alle $z \in G$ ist. Da $f(z)$ nicht konstant sein sollte, gäbe es dann ein $U_\delta(z_0)$, so daß $f(z) - w_0 = (z - z_0)^k g(z)$ in $U_\delta(z_0)$ ist, $g(z) \neq 0$. Hierbei ist $f(z_0) = w_0$ gesetzt worden. k ist eine positive ganze Zahl, die Ordnung der w_0-Stelle z_0. γ_0 sei eine positiv durchlaufene, ganz in $U_\delta(z_0)$ gelegene Kreislinie mit dem Mittelpunkt z_0, $\tilde{\gamma}_0$ das durch $w = f(z)$ in der w-Ebene entworfene Bild von γ_0. Wegen $|f(z)| \leq |w_0|$ für alle $z \in G$ liegt $\tilde{\gamma}_0$ ganz in der abgeschlossenen Kreisscheibe $|w| \leq |w_0|$, geht wegen $g(z) \neq 0$ in $U_\delta(z_0)$ aber nicht durch w_0 hindurch (Abb. 20). s sei ein in w_0 beginnender, radial verlaufender Strahl in der w-Ebene (Abb. 20). Alle nicht auf s liegenden Punkte der w-Ebene bilden ein Sterngebiet S in bezug auf $w = 0$ (vgl. dazu **1.3.**). $\tilde{\gamma}_0$ liegt in S, $\frac{1}{w - w_0}$ ist in S regulär, da der Punkt $w = w_0$

${}^{1)}$ Das heißt, es gibt keinen Punkt in G, in dem $|f(z)|$ ein absolutes Maximum im weiteren Sinne besitzt. Ist $|f(z)|$ in G nicht beschränkt, so wird $\sup_{\zeta \in G} |f(\zeta)| = \infty$ gesetzt. Die Aussage des Maximumprinzips ist dann gegenstandslos.

zu s, also nicht zu S gehört. Nach dem Cauchyschen Integralsatz für Stern-gebiete (Korollar zu Satz 2 in **2.4.**) ist daher $\oint\limits_{\tilde{\gamma}_0} \dfrac{1}{w - w_0}\, dw = 0$. Andererseits ist aber nach 4.

$$\frac{1}{2\pi i} \oint\limits_{\tilde{\gamma}_0} \frac{1}{w - w_0}\, dw = n(\tilde{\gamma}_0, w_0) = k \geqq 1.$$

Dieser Widerspruch beweist die Behauptung.

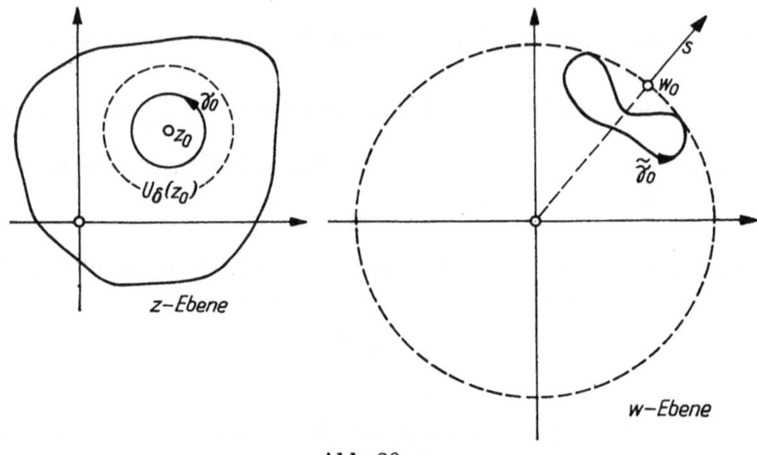

Abb. 20

Unmittelbar aus dem Maximumprinzip erhält man das

Minimumprinzip. $f(z)$ sei in G regulär, $f(z)$ sei in G nicht konstant und überall von Null verschieden. Dann gilt für jedes $z \in G$

$$|f(z)| > \inf_{\zeta \in G} |f(\zeta)|.$$

Beweis. Da im Fall $\inf\limits_{\zeta \in G} |f(\zeta)| = 0$ die Aussage trivial wird, genügt es, den Fall $\inf\limits_{\zeta \in G} |f(\zeta)| = m > 0$ zu betrachten. Dann ist $\left|\dfrac{1}{f(z)}\right|$ beschränkt, und es ist $\sup\limits_{\zeta \in G} \left|\dfrac{1}{f(\zeta)}\right| = \dfrac{1}{m}$. Wegen $f(z) \neq 0$ in G ist auch $\dfrac{1}{f(z)}$ in G regulär. Nach dem Maximumprinzip, angewandt auf $\dfrac{1}{f(z)}$, ist $\dfrac{1}{|f(z)|} = \left|\dfrac{1}{f(z)}\right| < \dfrac{1}{m}$ für alle $z \in G$. Hieraus folgt $|f(z)| > m = \inf\limits_{\zeta \in G} |f(\zeta)|$.   Q. e. d.

Unter stärkeren Voraussetzungen über G und $f(z)$ kann man dem Maximum-prinzip und dem Minimumprinzip die folgenden Fassungen geben: G sei ein

beschränktes Gebiet. $f(z)$ sei in G regulär, nicht konstant und in $\overline{G}$ stetig.[1])
Dann gibt es wenigstens einen Punkt z_* von $\overline{G} - G$, in dem

$$|f(z_*)| = \sup_{\zeta \in \overline{G}} |f(\zeta)|$$

ist. Für alle z aus G ist $|f(z)| < |f(z_*)|$.

Beweis. Da $\overline{G}$ abgeschlossen und beschränkt ist[1]), nimmt $|f(z)|$ nach 2.1.,
Folgerung 3 aus Satz 1, das Supremum in einem Punkt z_* von $\overline{G}$ an. z_* kann
nicht in G liegen, da für ein z_* aus G die Aussage $|f(z_*)| = \sup_{\zeta \in \overline{G}} |f(\zeta)| \geqq \sup_{\zeta \in G} |f(\zeta)|$
der ersten Fassung des Maximumprinzips widerspricht[2]). Q. e. d.

Ganz analog ergibt sich die folgende Fassung des Minimumprinzips: $f(z)$ sei
in G regulär, nicht konstant und in $\overline{G}$ stetig und überall von Null verschieden.
Dann nimmt $|f(z)|$ das Infimum in einem Punkt von $\overline{G} - G$ an.

4.6. Analytische Fortsetzung

1. G_1 und G_2 seien zwei Gebiete, deren Durchschnitt[3]) nicht leer sei. $f_1(z)$ sei
in G_1 regulär, $f_2(z)$ sei in G regulär. Die Funktion $f_2(z)$ heißt *analytische Fortsetzung* von $f_1(z)$ in das Gebiet G_2, wenn $f_2(z) \equiv f_1(z)$ im Durchschnitt von G_1
und G_2 ist. Dann gilt: *Ist $f_1(z)$ in G_1 regulär, so gibt es höchstens eine analytische
Fortsetzung von $f_1(z)$ in das Gebiet G_2.* Denn sind $f_2(z)$ und $\tilde{f}_2(z)$ analytische Fortsetzungen von $f_1(z)$ in das Gebiet G_2, so ist die in G_2 reguläre Funktion
$\tilde{f}_2(z) - f_2(z)$ in dem Durchschnitt von G_1 und G_2 gleich $f_1(z) - f_1(z)$, also identisch Null. Da der Durchschnitt offen ist[3]), gibt es eine im Durchschnitt von
G_1 und G_2 enthaltene offene Kreisscheibe K_0. $\tilde{f}_2(z) - f_2(z)$ ist also insbesondere
in K_0 identisch Null, nach 4.5., 1. ist also $\tilde{f}_2(z) - f_2(z)$ in ganz G_2 identisch Null.

2. Die Potenzreihe $\sum\limits_{\mu=0}^{\infty} a_\mu (z - z_0)^\mu = f(z)$ habe den Konvergenzradius R.
Also ist $f(z)$ in der durch $|z - z_0| < R$ definierten offenen Kreisscheibe K regu

---

[1]) $\overline{G}$ entsteht aus G durch Hinzunahme aller nicht in G gelegenen Häufungspunkte von
G. Dann ist $\overline{G}$ also abgeschlossen und beschränkt. ($\overline{G}$ heißt die *abgeschlossene Hülle* von G.)

[2]) Da $f(z)$ in $\overline{G}$ stetig ist, ist $\sup\limits_{\zeta \in \overline{G}} |f(\zeta)| = \sup\limits_{\zeta \in G} |f(\zeta)|$.

[3]) Unter dem Durchschnitt $M_1 \cap M_2$ zweier Punktmengen M_1 und M_2 versteht man
alle Punkte, die beiden Mengen gleichzeitig angehören. Der Durchschnitt zweier Gebiete G_1
und G_2 ist stets eine offene Menge. Denn liegt z_* in $G_1 \cap G_2$, so liegt z_* insbesondere in G_1,
und es gibt demzufolge eine offene Kreisscheibe $|z - z_*| < r_1$, die auch ganz zu G_1 gehört.
Da z_* aber auch in G_2 liegt, ist $|z - z_*| < r_2$, r_2 geeignet gewählt, ganz in G_2 enthalten.
Daher ist die offene Kreisscheibe $|z - z_*| < \min(r_1, r_2)$ ganz in $G_1 \cap G_2$ enthalten.

lär. $z_1 \neq z_0$ sei ein Punkt von K. Nach dem Verfahren von **4.3.**, 3., wird die Potenzreihe nach Potenzen von $z - z_1$ umgeordnet. Die umgeordnete Potenzreihe konvergiert zumindest in der offenen Kreisscheibe $|z - z_1| < R - |z_1 - z_0|$ (vgl. Abb. 15, S. 75) und stellt dort die Funktion $f(z)$ dar.[1] Der genaue Konvergenzkreis der umgeordneten Potenzreihe sei die unter Umständen größere, über K hinausragende offene Kreisscheibe $K(z_1)$ (Abb. 15). Die durch die umgeordnete Potenzreihe in $K(z_1)$ definierte reguläre Funktion werde mit $f_1(z)$ bezeichnet. Dann ist also zunächst bekannt, daß $f_1(z) \equiv f(z)$ in $|z - z_1| < R - |z_1 - z_0|$ ist. Nach 1. ist aber sogar $f_1(z) \equiv f(z)$ in ganz $K \cap K(z_1)$. Nun seien z_1, z_2 zwei Punkte von K, $K(z_1)$ und $K(z_2)$ die zugehörigen Konvergenzkreise der umgeordneten Potenzreihen und $f_1(z)$ bzw. $f_2(z)$ die durch die Umordnung in $K(z_1)$ bzw. $K(z_2)$ definierten regulären Funktionen. Da $f_1(z) \equiv f(z)$ in $K \cap K(z_1)$ und $f_2(z) \equiv f(z)$ in $K \cap K(z_2)$ ist, ist — falls $K(z_1) \cap K(z_2)$ nicht leer ist — zunächst in $K \cap K(z_1) \cap K(z_2)$ (Abb. 21a) $f_1(z) \equiv f_2(z)$. Wieder nach 1. ist $f_1(z) \equiv f_2(z)$ in ganz $K(z_1) \cap K(z_2)$. Wird die Vereinigung aller $K(z)$ (z durchläuft ganz K) mit M bezeichnet[2], so wird demzufolge in M durch den Umordnungsprozeß

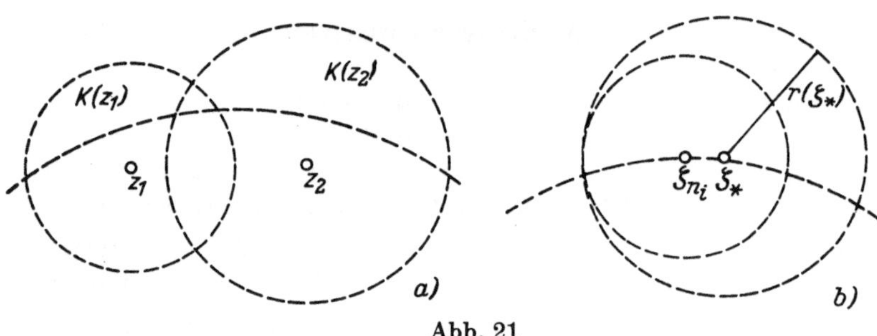

Abb. 21

eindeutig eine reguläre Funktion definiert, die in K mit der dort gegebenen Funktion $f(z)$ übereinstimmt. Durch den Umordnungsprozeß erhält man also eine analytische Fortsetzung der in K gegebenen Funktion $f(z)$ in M.[3] Abschließend soll noch folgende Eigenschaft von M gezeigt werden:

Wenigstens ein Randpunkt[4] von K gehört nicht zu M.[5]

---

[1] In **4.3.**, 3., wurde bereits darauf hingewiesen, daß die umgeordnete Potenzreihe auch für außerhalb von K liegende Punkte konvergieren kann. Hier werden mit den jetzt zur Verfügung stehenden Mitteln die Aussagen über diesen Umordnungsprozeß vertieft.

[2] M ist als Vereinigung offener Mengen offen. Denn liegt ein Punkt in M, so liegt dieser Punkt in wenigstens einem $K(z_*)$, z_* geeignet gewählt. Also besitzt dieser Punkt eine ganz zu $K(z_*)$ gehörende Umgebung, die also auch in M enthalten ist.

[3] M ist sogar ein Gebiet, wie unmittelbar aus der Definition von M folgt.

[4] Die Randpunkte von K sind die auf der Kreislinie $|\zeta - z_0| = R$ liegenden Punkte.

[5] Diese Aussage ist natürlich gegenstandslos, wenn die Potenzreihe in der ganzen Ebene konvergiert.

Beweis. Gehört ein Randpunkt ζ von K zu M, so gehört auch eine offene Kreisscheibe mit dem Mittelpunkt ζ ganz zu M, da M offen ist. $r(\zeta)$ sei der Radius der größten derartigen Kreisscheibe.[1]) Zunächst wird gezeigt: Gehört jeder Randpunkt ζ von K zu M, so ist $\inf_{\zeta} r(\zeta) = \alpha > 0$. Wäre nämlich $\alpha = 0$, so gäbe es zu jedem n einen Randpunkt ζ_n von K mit $r(\zeta_n) < \dfrac{1}{n}$. Aus der Folge ζ_n kann man eine konvergente Teilfolge aussondern: $\zeta_{n_i} \to \zeta_*$ für $i \to \infty$. Dabei ist ζ_* selbst ein Randpunkt von K. Betrachtet man die ganz zu M gehörende Kreisscheibe $|z - \zeta_*| < r(\zeta_*)$ und bedenkt man, daß $|\zeta_{n_i} - \zeta_*| < \dfrac{1}{2} r(\zeta_*)$ für $n_i \geqq N$ (N hinreichend groß gewählt) ist, so sieht man (vgl. Abb. 21 b), daß $r(\zeta_{n_i}) > r(\zeta_*) - \dfrac{1}{2} r(\zeta_*) = \dfrac{1}{2} r(\zeta_*)$ für $n_i \geqq N$ ist. Das ist ein Widerspruch zu $r(\zeta_{n_i}) \to 0$. Damit ist gezeigt, daß $\alpha > 0$ ist. Dann muß aber die Kreisscheibe $|z - z_0| < R + \alpha$ ganz zu M gehören. Der Konvergenzradius der ursprünglichen Potenzreihe müßte also wenigstens gleich $R + \alpha$ sein. Dieser Widerspruch beweist die Behauptung.

Abschließend sei darauf hingewiesen, daß es auch Fälle gibt, bei denen kein Randpunkt von K zu M gehört, d. h., bei einer solchen Potenzreihe ragt der Konvergenzkreis der umgeordneten Reihe niemals über den ursprünglichen Konvergenzkreis hinaus (es ist also $M = K$). Man sagt in diesem Fall, daß der Rand des Konvergenzkreises die *natürliche Grenze* der durch die Potenzreihe definierten regulären Funktion sei. Beispiele für Potenzreihen mit dieser Eigenschaft findet man u. a. bei L. ILIEFF [31].

---

[1]) $r(\zeta)$ ist die obere Grenze der Radien aller derjenigen offenen Kreisscheiben mit dem Mittelpunkt ζ, die ganz in M gelegen sind.

5. RESIDUENTHEORIE

5.1. Laurent-Entwicklung

Es sei $f(z)$ in $0 < |z - z_0| < r_0$ regulär. z_1 sei ein beliebig, aber fest gewählter Punkt von $0 < |z - z_0| < r_0$. Nach dem Satz von **4.3.**, 2., ist dann auch

$$g(z) = \begin{cases} \dfrac{f(z) - f(z_1)}{z - z_1} & \text{für } z \neq z_1, \\[2ex] f'(z_1) & \text{für } z = z_1 \end{cases}$$

in $0 < |z - z_0| < r_0$ regulär. r_1, r_2 seien zwei Zahlen, die der Bedingung $0 < r_2 < |z_1 - z_0| < r_1 < r_0$ unterliegen (Abb. 22). Nach Hilfssatz 1 aus **3.1.** ist

$$\oint_{|\zeta - z_0| = r_1} g(\zeta)\, d\zeta = \oint_{|\zeta - z_0| = r_2} g(\zeta)\, d\zeta .$$

Also ist, wenn man die Definition von $g(z)$ berücksichtigt,

$$\oint_{|\zeta - z_0| = r_1} \frac{f(\zeta)}{\zeta - z_1}\, d\zeta - f(z_1) \oint_{|\zeta - z_0| = r_1} \frac{1}{\zeta - z_1}\, d\zeta$$

$$= \oint_{|\zeta - z_0| = r_2} \frac{f(\zeta)}{\zeta - z_1}\, d\zeta - f(z_1) \oint_{|\zeta - z_0| = r_2} \frac{1}{\zeta - z_1}\, d\zeta .$$

$$\tag{1}$$

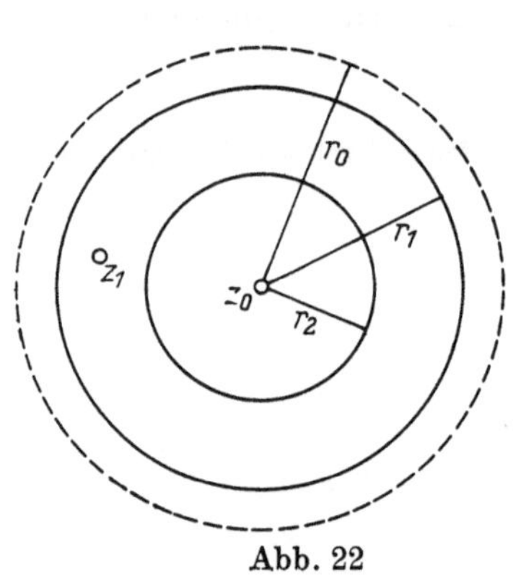

Abb. 22

Nun ist die Funktion $\dfrac{1}{z - z_1}$ insbesondere in $|z - z_0| < |z_1 - z_0|$ regulär. Wegen $r_2 < |z_1 - z_0|$ ist also nach dem Cauchyschen Integralsatz $\displaystyle\oint_{|\zeta - z_0| = r_2} \frac{1}{\zeta - z_1}\, d\zeta = 0$. Wendet man die Cauchysche Integralformel auf die Funktion $f(z) \equiv 1$ an, so ist für jedes z aus $|z - z_0| < r_1$

$$\frac{1}{2\pi i} \oint_{|\zeta - z_0| = r_1} \frac{1}{\zeta - z}\, d\zeta = 1 .$$

Also ist insbesondere $\displaystyle\oint_{|\zeta-z_0|=r_1} \frac{1}{\zeta-z_1}\,d\zeta = 2\pi i$. Damit ergibt sich aus (1), wenn man z an Stelle von z_1 schreibt:

Für jedes z aus $r_2 < |z-z_0| < r_1$ ist

$$f(z) = \frac{1}{2\pi i}\oint_{|\zeta-z_0|=r_1} \frac{f(\zeta)}{\zeta-z}\,d\zeta - \frac{1}{2\pi i}\oint_{|\zeta-z_0|=r_2} \frac{f(\zeta)}{\zeta-z}\,d\zeta.$$

Jetzt wird der Satz aus **3.2.** angewandt. Setzt man $\dfrac{1}{2\pi i}\cdot f(\zeta) = \chi(\zeta)$, so liefert Teil I: Es ist

$$f_1(z) = \frac{1}{2\pi i}\oint_{|\zeta-z_0|=r_1} \frac{f(\zeta)}{\zeta-z}\,d\zeta = \sum_{\mu=0}^{\infty} a_\mu (z-z_0)^\mu.$$

Dabei ist $a_\mu = \dfrac{1}{2\pi i}\displaystyle\oint_{|\zeta-z_0|=r_1} \dfrac{f(\zeta)}{(\zeta-z_0)^{\mu+1}}\,d\zeta$. Die Konvergenz ist in $|z-z_0|\leqq r_1' < r_1$ gleichmäßig.

Setzt man $-\dfrac{1}{2\pi i}\cdot f(\zeta) = \chi(\zeta)$, so liefert Teil II: Es ist

$$f_2(z) = -\frac{1}{2\pi i}\oint_{|\zeta-z_0|=r_2} \frac{f(\zeta)}{\zeta-z}\,d\zeta = \sum_{\mu=-\infty}^{-1} a_\mu (z-z_0)^\mu.$$

Dabei ist $a_\mu = \dfrac{1}{2\pi i}\displaystyle\oint_{|\zeta-z_0|=r_2} \dfrac{f(\zeta)}{(\zeta-z_0)^{\mu+1}}\,d\zeta$. Die Konvergenz ist in $|z-z_0|\geqq r_2' > r_2$ gleichmäßig.

Nach Hilfssatz 1 aus **3.1.** ist die Darstellung der a_μ von r_1 bzw. r_2 unabhängig, d. h., es ist für alle μ mit einem beliebigen r, $0 < r < r_0$,

$$a_\mu = \frac{1}{2\pi i}\oint_{|\zeta-z_0|=r} \frac{f(\zeta)}{(\zeta-z_0)^{\mu+1}}\,d\zeta. \tag{2}$$

Insgesamt hat man, da r_1 und r_2 beliebig gewählt werden können ($0 < r_2 < r_1 < r_0$): Für jedes z aus $0 < |z-z_0| < r_0$ ist

$$f(z) = f_1(z) + f_2(z) = \sum_{\mu=0}^{\infty} a_\mu (z-z_0)^\mu + \sum_{\mu=-\infty}^{-1} a_\mu (z-z_0)^\mu$$

$$= \sum_{\mu=-\infty}^{+\infty} a_\mu (z-z_0)^\mu.$$

Diese Darstellung von $f(z)$ heißt die *Laurent-Entwicklung*. Die Konvergenz ist in $0 < r_2' \leqq |z-z_0| \leqq r_1' < r_0$ gleichmäßig. Die Aufspaltung $f(z) = f_1(z) + f_2(z)$ heißt *Laurent-Trennung*. $f_1(z)$ ist eine Potenzreihe, also in ganz $|z-z_0| < r_0$ eine reguläre Funktion. $f_2(z) = \displaystyle\sum_{\mu=-\infty}^{-1} a_\mu (z-z_0)^\mu$ konvergiert für alle $z \neq z_0$.

Setzt man $\dfrac{1}{z-z_0} = Z$ und $\lambda = -\mu$, so ist mithin für alle $Z \neq 0$ die Reihe

$$f_2\left(z_0 + \frac{1}{Z}\right) = \sum_{\lambda=1}^{\infty} a_{-\lambda} Z^\lambda$$ konvergent. Da die Reihe für $Z = 0$ trivialerweise

konvergiert, stellt $\sum_{\lambda=1}^{\infty} a_{-\lambda} Z^\lambda$ eine in der ganzen Z-Ebene reguläre Funktion $\Phi(Z)$

dar. Also ist auch $f_2(z) = \Phi\left(\dfrac{1}{z-z_0}\right)$ in $z \neq z_0$ regulär.[1]) $f_2(z)$ heißt der *Hauptteil* von $f(z)$ im Punkt z_0.

Definition. Der Koeffizient a_{-1} der Laurent-Entwicklung heißt das *Residuum* der Funktion $f(z)$ an der Stelle z_0, symbolisch $a_{-1} = \operatorname*{Res}\limits_{z_0} f(z)$.

Aus Formel (2) ergibt sich $\operatorname*{Res}\limits_{z_0} f(z) = \dfrac{1}{2\pi i} \oint\limits_{|\zeta - z_0| = r} f(\zeta)\, d\zeta$.

Schließlich soll noch gezeigt werden, daß die Laurent-Entwicklung in dem folgenden Sinne eindeutig bestimmt ist: $f(z)$ sei in $0 < |z - z_0| < r_0$ regulär und soll die Darstellung $f(z) = \sum\limits_{\mu=-\infty}^{+\infty} b_\mu (z - z_0)^\mu$ besitzen. Ist $\sum\limits_{\mu=0}^{\infty} b_\mu (z - z_0)^\mu$

in $|z - z_0| < r_0$ und $\sum\limits_{\mu=-\infty}^{-1} b_\mu (z - z_0)^\mu$ für $z \neq z_0$ konvergent, so ist $b_\mu = a_\mu$ für

alle μ, wobei die a_μ durch (2) gegeben werden.

Beweis. Da $\sum\limits_{\mu=0}^{\infty} b_\mu (z - z_0)^\mu$ nach Voraussetzung in $|z - z_0| < r_0$ konvergiert, ist die Konvergenz (nach Korollar 1 zum Satz aus **4.1.**) in $|z - z_0| \leqq r_1'$,

$r_1' < r_0$, gleichmäßig. Wieder durch die Substitution $\dfrac{1}{z-z_0} = Z$ kann man die

Reihe $\sum\limits_{\mu=-\infty}^{-1} b_\mu (z - z_0)^\mu$ auf eine für alle Z konvergente Potenzreihe zurück-

führen. Da diese in $|Z| \leqq \dfrac{1}{r_2'}, r_2' > 0$ beliebig, gleichmäßig konvergiert, ist

somit $\sum\limits_{\mu=-\infty}^{-1} b_\mu (z - z_0)^\mu$ in $|z - z_0| \geqq r_2'$ gleichmäßig konvergent. Also konver-

giert insgesamt die Folge $\sum\limits_{\mu=-n}^{+n} b_\mu (z - z_0)^\mu$ in $r_2' \leqq |z - z_0| \leqq r_1', 0 < r_2' < r_1' < r_0$,

gleichmäßig gegen $f(z)$.[2]) Diese Darstellung von $f(z)$ wird jetzt in (2) eingesetzt.

---

[1]) Nach dem Weierstraßschen Konvergenzsatz (**4.2.**, Folgerung 6) folgt die Regularität von $f_2(z)$ auch aus der gleichmäßigen Konvergenz.

[2]) Durch Betrachtung von $\lim\limits_{n\to\infty} \sum\limits_{\mu=-n}^{+n} \dots$ kann man die beiden Grenzprozesse $\lim\limits_{n\to\infty} \sum\limits_{\mu=0}^{+n} \dots$ und $\lim\limits_{m\to\infty} \sum\limits_{\mu=-m}^{-1} \dots$ zu einem einzigen zusammenfassen.

Wegen der gleichmäßigen Konvergenz kann man Integration und Grenzübergang $n \to \infty$ vertauschen (**4.2.**, Hilfssatz 2). Also ist $(r_2' \leqq r \leqq r_1')$

$$a_\mu = \frac{1}{2\pi i} \cdot \lim_{n \to \infty} \sum_{\lambda = -n}^{+n} b_\lambda \oint_{|\zeta - z_0| = r} (\zeta - z_0)^{\lambda - \mu - 1} \, d\zeta .$$

Nun ist $\dfrac{(z - z_0)^{k+1}}{k + 1}$ für $k \neq -1$ in $z \neq z_0$ Stammfunktion von $(z - z_0)^k$. Also ist (Korollar 1 von Satz 1 in **2.4.**) $\oint_{|\zeta - z_0| = r} (\zeta - z_0)^{\lambda - \mu - 1} d\zeta = 0$ für $\lambda \neq \mu$. Für $\lambda = \mu$ ist das Integral (vgl. **2.3.**) gleich $2\pi i$, also ergibt sich $a_\mu = b_\mu$. Q. e. d.

5.2. Klassifikation der isolierten singulären Stellen

Es sei $f(z)$ in $0 < |z - z_0| < r_0$ regulär. Dann heißt z_0 *isolierte singuläre Stelle* von $f(z)$. Nach **5.1.** wird $f(z)$ in eine Laurent-Reihe entwickelt. Es gibt für den Hauptteil dann folgende drei Möglichkeiten:

a) Es ist $a_\mu = 0$ für $\mu = -1, -2, \ldots$, der Hauptteil ist also identisch Null.

b) Für ein positives ganzes k sei $a_{-k} \neq 0$, aber es sei $a_\mu = 0$ für $\mu = -(k+1)$, $-(k+2), \ldots$ Der Hauptteil besteht also aus nur endlich vielen (nicht identisch verschwindenden) Summanden.

c) Es ist $a_\mu \neq 0$ für unendlich viele negative (ganzzahlige) μ, d. h., der Hauptteil enthält unendlich viele nicht identisch verschwindende Summanden.

Diese drei Fälle werden jetzt diskutiert:

Zu a). In $0 < |z - z_0| < r_0$ ist $f(z) = f_1(z) + f_2(z)$. Da nach Voraussetzung $f_2(z) \equiv 0$ ist, ist $f(z) = f_1(z)$ in $0 < |z - z_0| < r_0$. Nun ist aber $f_1(z)$ in ganz $|z - z_0| < r_0$ regulär. Setzt man also $f(z_0) = f_1(z_0) = a_0$, so ist $f(z)$ in ganz $|z - z_0| < r_0$ definiert und regulär. Daher heißt z_0 in diesem Fall eine *hebbare singuläre Stelle*.

Kriterium. $f(z)$ *sei in* $0 < |z - z_0| < r_0$ *regulär und in* $0 < |z - z_0| < \delta_0$, $\delta_0 < r_0$, *beschränkt* $(|f(z)| \leqq M)$. *Dann ist* z_0 *hebbare singuläre Stelle.*

Beweis. Wegen $|f(z)| \leqq M$ folgt aus Formel (2) von **5.1.** für ein r mit $0 < r < \delta_0$

$$|a_\mu| \leqq \frac{1}{2\pi} \cdot \frac{M}{r^{\mu+1}} \cdot 2\pi r = M \cdot r^{-\mu} .$$

Ist $\mu \leqq -1$, so ist $-\mu \geqq 1$ und also $|a_\mu| \leqq M \cdot r^{-\mu} \to 0$ für $r \to 0$. Da a_μ von r unabhängig ist, muß also $a_\mu = 0$ sein für alle $\mu \leqq -1$. Q. e. d.

Zu b). In diesem Fall hat der Hauptteil die Form $(a_{-k} \neq 0)$

$$f_2(z) = \sum_{\mu = -k}^{-1} a_\mu (z - z_0)^\mu = \frac{a_{-k}}{(z - z_0)^k} + \cdots + \frac{a_{-1}}{z - z_0} .$$

Weiter ist [1])

$$f(z) = \frac{1}{(z - z_0)^k} \left[a_{-k} + a_{-k+1}(z - z_0) + \cdots + a_{-1}(z - z_0)^{k-1} + a_0(z - z_0)^k \right.$$
$$\left. + a_1(z - z_0)^{k+1} + \cdots \right],$$

also $f(z) = \dfrac{1}{(z - z_0)^k} \cdot g(z)$, wenn man $a_{-k} + a_{-k+1}(z - z_0) + \cdots = g(z)$ setzt. $g(z)$ ist in $|z - z_0| < r_0$ regulär, also insbesondere stetig. Da auch $|g(z)|$ stetig ist und da $|g(z_0)| = |a_{-k}| \neq 0$ ist, gibt es ein δ_0, so daß $|g(z)| > \dfrac{1}{2}|a_{-k}|$ für alle z aus $|z - z_0| < \delta_0$ ist. Daher ist für z aus $0 < |z - z_0| < \delta_0$

$$|f(z)| \geqq \frac{1}{2}|a_{-k}| \cdot \frac{1}{|z - z_0|^k}.$$

Der Betrag von $f(z)$ wird also beliebig groß, wenn man nur in einer hinreichend klein gewählten Umgebung von z_0 bleibt. z_0 heißt eine *Polstelle* (genauer: *Polstelle der Ordnung k*).

Schließlich soll noch gezeigt werden, wie man im Fall einer Polstelle das Residuum berechnen kann. z_0 sei eine Polstelle höchstens der Ordnung k, d. h., es ist

$$f(z) = \frac{a_{-k}}{(z - z_0)^k} + \cdots + \frac{a_{-1}}{z - z_0} + a_0 + a_1(z - z_0) + \cdots,$$

wobei auch $a_{-k} = 0$ sein kann. Setzt man wieder

$$a_{-k} + a_{-k+1}(z - z_0) + \cdots + a_{-1}(z - z_0)^{k-1} + a_0(z - z_0)^k + \cdots = g(z),$$

so ist $g(z)$ in $|z - z_0| < r_0$ regulär, und es ist $(k \geqq 1)$

$$\frac{d^{k-1}g(z)}{dz^{k-1}} = 0 + \cdots + 0 + (k - 1)!\, a_{-1} + k(k - 1) \cdots 2 a_0(z - z_0) + \cdots,$$

also

$$\operatorname*{Res}_{z_0} f(z) = a_{-1} = \frac{1}{(k-1)!} \cdot \frac{d^{k-1}g(z_0)}{dz^{k-1}} = \frac{1}{(k-1)!} \cdot \lim_{z \to z_0} \frac{d^{k-1}g(z)}{dz^{k-1}}.$$

Da $g(z) = (z - z_0)^k \cdot f(z)$ für z aus $0 < |z - z_0| < r_0$ ist, hat man damit

$$\operatorname*{Res}_{z_0} f(z) = \frac{1}{(k-1)!} \cdot \lim_{z \to z_0} \frac{d^{k-1}[(z - z_0)^k \cdot f(z)]}{dz^{k-1}}. \tag{1}$$

Als Spezialfall ergibt sich für einen Pol erster Ordnung $(k = 1)$

$$\operatorname*{Res}_{z_0} f(z) = a_{-1} = g(z_0) = \lim_{z \to z_0} g(z) = \lim_{z \to z_0} [f(z) \cdot (z - z_0)].$$

Zu c). z_0 heißt in diesem Fall *wesentlich singuläre Stelle*. Das Verhalten von $f(z)$ in einer Umgebung von z_0 wird geklärt durch den folgenden Satz.

---

[1]) Denn nach **4.3.**, 2. ist
$$a_0(z - z_0)^k + a_1(z - z_0)^{k+1} + \cdots = (z - z_0)^k \cdot (a_0 + a_1(z - z_0) + \cdots).$$

Satz (CASORATI-WEIERSTRASS). z_0 *sei wesentlich singuläre Stelle von* $f(z)$. *Ist* a *eine beliebige komplexe Zahl und sind* $\varepsilon > 0$ *und* $\delta > 0$ *beliebig vorgegeben, so gibt es in* $0 < |z - z_0| < \delta$ *wenigstens ein* z, *für das* $|f(z) - a| < \varepsilon$ *ist* (Abb. 23).[1]

Beweis. Andernfalls könnte man a_0, $\varepsilon_0 > 0$ und $\delta_0 > 0$ so angeben, daß $|f(z) - a_0| \geqq \varepsilon_0$ wäre für alle z aus $0 < |z - z_0| < \delta_0$. Dann wäre

$$g(z) = \frac{1}{f(z) - a_0} \text{ in } 0 < |z - z_0| < \delta_0$$

regulär und beschränkt, $|g(z)| \leqq \dfrac{1}{\varepsilon_0}$.
Nach a) ist z_0 hebbare singuläre Stelle von $g(z)$, d. h., $g(z)$ ist in ganz

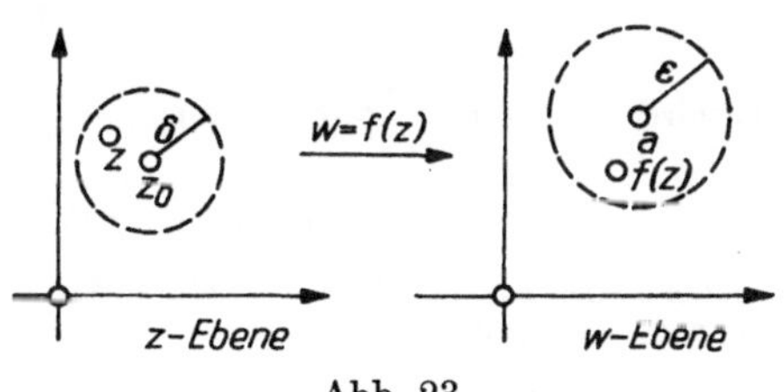

Abb. 23

$|z - z_0| < \delta_0$ regulär. b_n, $n \geqq 0$, sei der erste nicht verschwindende Koeffizient der Potenzreihenentwicklung $g(z) = b_n(z - z_0)^n + b_{n+1}(z - z_0)^{n+1} + \cdots$.[2] Dann ist $g(z) = (z - z_0)^n \cdot h_1(z)$, wobei $h_1(z) = b_n + b_{n+1}(z - z_0) + \cdots$ in ganz $|z - z_0| < \delta_0$ regulär ist. Wegen $h_1(z_0) = b_n \neq 0$ ist $h_1(z) \neq 0$[3] in einer gewissen kreisförmigen Umgebung von z_0 und dort also $\dfrac{1}{h_1(z)} = h_2(z)$ definiert und regulär. Für $z \neq z_0$ ist

$$f(z) = a_0 + \frac{1}{g(z)} = a_0 + \frac{1}{(z - z_0)^n} \cdot \frac{1}{h_1(z)} = a_0 + \frac{1}{(z - z_0)^n} \cdot h_2(z).$$

Setzt man hierin die Potenzreihenentwicklung von $h_2(z)$ ein, so erhält man (wegen der eindeutigen Bestimmtheit der Laurent-Entwicklung, vgl. 5.1.) die Laurent-Reihe von $f(z)$. Also müßte z_0 hebbare singuläre Stelle bzw. Polstelle sein, je nachdem, ob $n = 0$ oder $n \geqq 1$ ist. Das widerspricht der Voraussetzung, daß z_0 wesentlich singuläre Stelle sein sollte. Q. e. d.

Beispiele.
a) Da die Reihe

$$\sin z = z - \frac{1}{3!} z^3 + \frac{1}{5!} z^5 - + \cdots$$

in $|z| \leqq r$ (r beliebig gewählt) gleichmäßig konvergiert, wird (in $z \neq 0$) die Laurent-Entwicklung von $\dfrac{\sin z}{z}$ durch

$$\frac{\sin z}{z} = 1 - \frac{1}{3!} z^2 + \frac{1}{5!} z^4 - + \cdots$$

gegeben. Das bedeutet, daß $z = 0$ eine hebbare singuläre Stelle von $\dfrac{\sin z}{z}$ ist.

---

[1]) Anders ausgedrückt: Das Bild von $0 < |z - z_0| < \delta$, $\delta > 0$ beliebig, liegt in der w-Ebene ($w = f(z)$) dicht.

[2]) Nach Definition von $g(z)$ ist $g(z) \neq 0$ in $0 < |z - z_0| < \delta_0$, also kann $g(z)$ nicht in $|z - z_0| < \delta_0$ identisch Null sein.

[3]) Es ist sogar $h_1(z) \neq 0$ in ganz $|z - z_0| < \delta_0$.

b) Die Funktion $f(z) = \dfrac{1}{z^2(z-1)}$ soll in einer Umgebung von $z = 0$ in eine Laurent-Reihe entwickelt werden. Da in $|z| < 1$

$$\frac{1}{1-z} = 1 + z + z^2 + \cdots$$

ist, wird die Laurent-Reihe von $f(z) = \dfrac{1}{z^2(z-1)}$ in einer Umgebung von $z = 0$ durch

$$f(z) = -\frac{1}{z^2} - \frac{1}{z} - 1 - z - z^2 - \cdots$$

gegeben. Also hat $f(z)$ in $z = 0$ einen Pol zweiter Ordnung. Aus der Laurent-Entwicklung liest man ab, daß

$$\operatorname*{Res}_{0} f(z) = -1$$

ist.

c) Wegen $\exp z = 1 + z + \dfrac{1}{2!} z^2 + \cdots$ für alle z ist

$$f(z) = \exp\left(-\frac{1}{z^2}\right) = 1 - \frac{1}{z^2} + \frac{1}{2!}\frac{1}{z^4} - + \cdots$$

für $z \neq 0$.

Diese Reihe konvergiert in $0 < r_1 \leqq |z| \leqq r_2$ gleichmäßig, da die Potenzreihe von $\exp z$ in $|z| \leqq r$ gleichmäßig konvergiert (r_1, r_2, r beliebig). Also stellt diese Reihe die Laurent-Entwicklung von $f(z) = \exp\left(-\dfrac{1}{z^2}\right)$ dar. Aus der Laurent-Entwicklung liest man ab, daß $z = 0$ eine wesentlich singuläre Stelle von $f(z) = \exp\left(-\dfrac{1}{z^2}\right)$ ist.

d) Mit Hilfe von Formel (1) soll das Residuum von $f(z) = \dfrac{(z-1)\sin z}{z^2}$ in $z = 0$ berechnet werden. Die Funktion $f(z)$ hat in $z = 0$ höchstens einen Pol zweiter Ordnung, da $(z-1)\sin z$ regulär ist, also eine nach Potenzen von z fortschreitende Potenzreihenentwicklung besitzt. Nach Formel (1) folgt

$$\operatorname*{Res}_{0} f(z) = \frac{1}{1!} \lim_{z \to 0} \frac{d}{dz}[z^2 f(z)] = \lim_{z \to 0} \frac{d}{dz}[(z-1)\sin z]$$
$$= \lim_{z \to 0}[\sin z + (z-1)\cos z] = 0 + (-1)\cdot 1 = -1.$$

e) Für spätere Anwendungen ist die folgende Bemerkung wichtig:

Es seien $p_1(z)$, $p_2(z)$ zwei Polynome, $p_2(z)$ sei nicht identisch Null. In allen von den Nullstellen von $p_2(z)$ verschiedenen Punkten der komplexen Ebene ist dann $f(z) = \dfrac{p_1(z)}{p_2(z)}$ differenzierbar (vgl. 2.1.). Weiterhin gilt:

In den Nullstellen von $p_2(z)$ hat $f(z)$ entweder hebbare singuläre Stellen oder Polstellen.

Beweis. Das Nennerpolynom habe die Nullstellen z_i.[1] Ist z_i Nullstelle der Ordnung $n_i \geqq 1$ von $p_2(z)$ und hat $p_1(z)$ in z_i eine Nullstelle der Ordnung m_i

---

[1] Daß ein Polynom nur endlich viele Nullstellen haben kann, sieht man so: Nach Hilfssatz 2 aus **3.3.** müssen alle Nullstellen in $|z| \leqq r$ liegen, r hinreichend groß gewählt. In $|z| \leqq r$ können aber nur endlich viele Nullstellen liegen, da sich nach **4.5.**, Folgerung 2, die Nullstellen einer regulären, nicht identisch verschwindenden Funktion im Definitionsgebiet (das ist für ein Polynom die ganze Ebene) nicht häufen können.

$[m_i = 0$, wenn z_i keine Nullstelle von $p_1(z)$ ist], so ist[1]

$$p_1(z) = (z - z_i)^{m_i} f_1(z), \quad f_1(z_i) \neq 0,$$

$$p_2(z) = (z - z_i)^{n_i} f_2(z), \quad f_2(z_i) \neq 0,$$

also ist für $z \neq z_i$

$$f(z) = \frac{p_1(z)}{p_2(z)} = (z - z_i)^{m_i - n_i} \frac{f_1(z)}{f_2(z)}.$$

Wegen $f_k(z_i) \neq 0$ ist $\frac{f_1(z)}{f_2(z)}$ in einer Umgebung von z_i regulär und von Null verschieden. Ist $m_i \geqq n_i$, so ist $z = z_i$ eine hebbare singuläre Stelle von $f(z)$, ist $m_i < n_i$, so ist z_i Polstelle von $f(z)$ der Ordnung $n_i - m_i$. Insgesamt ist also $f(z)$ in der ganzen (endlichen) Ebene höchstens mit Ausnahme endlich vieler Polstellen regulär.

5.3. Residuensatz

Die Funktion $f(z)$ sei in $|z - z_0| < R$ regulär mit Ausnahme von endlich vielen (isolierten) singulären Stellen $\tilde{z}_j$.[2] γ_0 sei eine geschlossene Kurve in $|z - z_0| < R$, die nicht durch die $\tilde{z}_j$ hindurchgeht. Es gibt dann ein $\delta > 0$, so daß für jedes $z \in \gamma_0$ und jedes $\tilde{z}_j$ die Abschätzung $|z - \tilde{z}_j| > \delta$ gilt. Denn es gilt der folgende

Hilfssatz. *G sei ein Gebiet, γ eine Kurve in G. Dann gibt es ein $\delta > 0$, so daß $|z - \zeta| \geqq \delta$ ist für jedes $z \in \gamma$ und jedes $\zeta \in \mathbf{C} G$.*[3]

Beweis. Ist $z(t)$, $a \leqq t \leqq b$, die Darstellung von γ, so gäbe es — falls der Hilfssatz falsch wäre — zu jedem n ein t_n aus $a \leqq t \leqq b$ und ein $\zeta_n \in \mathbf{C} G$, so daß $|\zeta_n - z(t_n)| < \frac{1}{n}$ wäre. Wegen der Stetigkeit von $z(t)$ ist $|z(t)| \leqq K$ für alle $a \leqq t \leqq b$. Also wäre auch für jedes n

$$|\zeta_n| = |(\zeta_n - z(t_n)) + z(t_n)| \leqq |\zeta_n - z(t_n)| + |z(t_n)| \leqq 1 + K.$$

Somit muß es eine Teil-Indexfolge n_i geben, so daß $t_{n_i} \to t_*$ und auch $\zeta_{n_i} \to \zeta_*$ gilt. Da G offen ist, gehört also mit jedem Punkt von G auch eine ganze δ-Umgebung zu G. Das bedeutet, daß ein Punkt von G nicht Häufungspunkt von

---

[1] Diese Darstellung der $p_k(z)$ erhält man, wenn man $p_k(z)$ in eine nach Potenzen von $z - z_i$ fortschreitende Potenzreihe entwickelt. Da für ein Polynom n-ten Grades alle Ableitungen von der $(n + 1)$-ten Ordnung an verschwinden, bricht die Potenzreihe nach endlich vielen Gliedern ab, so daß die $f_k(z)$ selbst Polynome sind.

[2] Das heißt, $f(z)$ ist regulär in dem Gebiet, das entsteht, wenn man aus der offenen Kreisscheibe $|z - z_0| < R$ die Punkte z_j entfernt.

[3] $\mathbf{C} G$ bedeutet das Komplement von G, d. h. die Menge aller nicht zu G gehörenden Punkte der komplexen Ebene.

Punkten aus $\complement G$ sein kann. Mithin gehört ζ_* zu $\complement G$. Setzt man $z(t_*) = z_*$, so ist $z_* = \zeta_*$ wegen $|z(t_{n_i}) - \zeta_{n_i}| < \dfrac{1}{n_i}$. Da z_* zu γ gehört, ist das ein Widerspruch zu $\zeta_* \in \complement G$; denn γ liegt nach Voraussetzung in G. Q. e. d.

Nun wird $f(z)$ für z aus einer kreisförmigen Umgebung von $\tilde{z}_j$, $z \neq \tilde{z}_j$, in eine Laurent-Reihe entwickelt:

$$f_j(z) = \cdots + \frac{a_{-k}^{(j)}}{(z - \tilde{z}_j)^k} + \cdots + \frac{a_{-1}^{(j)}}{z - \tilde{z}_j}$$

sei der Hauptteil. Nach der in **5.1.** gegebenen Definition ist $a_{-1}^{(j)} = \operatorname*{Res}_{\tilde{z}_j} f(z)$.

$f_j(z)$ ist für $z \neq \tilde{z}_j$ regulär. In $|z - \tilde{z}_j| > \delta$ konvergiert $\displaystyle\sum_{\mu=-n}^{-1} a_\mu^{(j)} (z - \tilde{z}_j)^\mu$ für $n \to \infty$ gleichmäßig gegen $f_j(z)$. Die Funktion $g(z) = f(z) - \displaystyle\sum_j f_j(z)$ ist in ganz $|z - z_0| < R$ regulär. Denn die Hauptteile von $g(z)$ in einer Umgebung von $\tilde{z}_j$ verschwinden identisch, nach **5.2.** sind also die $\tilde{z}_j$ hebbare singuläre Stellen von $g(z)$. Nach dem Cauchyschen Integralsatz (Korollar zu Satz 2 aus **2.4.**) ist $\displaystyle\oint_{\gamma_0} g(\zeta)\, d\zeta = 0$. Setzt man hierin die Definition von $g(z)$ ein, so erhält man $\displaystyle\oint_{\gamma_0} f(\zeta)\, d\zeta = \sum_j \oint_{\gamma_0} f_j(\zeta)\, d\zeta$. Weiter ist

$$\oint_{\gamma_0} f_j(\zeta)\, d\zeta = \oint_{\gamma_0} \left[\lim_{n \to \infty} \sum_{\mu=-n}^{-1} a_\mu^{(j)} (\zeta - \tilde{z}_j)^\mu \right] d\zeta = \lim_{n \to \infty} \sum_{\mu=-n}^{-1} a_\mu^{(j)} \oint_{\gamma_0} (\zeta - \tilde{z}_j)^\mu\, d\zeta,$$

da man Integration und Grenzübergang $n \to \infty$ wegen der Gleichmäßigkeit der Konvergenz vertauschen kann. Nach **4.4.** ist $(\mu = -1)$ $\displaystyle\oint_{\gamma_0} (\zeta - \tilde{z}_j)^{-1}\, d\zeta = 2\pi i \cdot n(\gamma_0, \tilde{z}_j)$. Für alle übrigen (ganzzahligen) μ ist $\displaystyle\oint_{\gamma_0} (\zeta - \tilde{z}_j)^\mu\, d\zeta = 0$.[1] Somit ist $\displaystyle\oint_{\gamma_0} f_j(\zeta)\, d\zeta = 2\pi i \cdot a_{-1}^{(j)} \cdot n(\gamma_0, \tilde{z}_j)$. Bedenkt man noch, daß $a_{-1}^{(j)} = \operatorname*{Res}_{\tilde{z}_j} f(z)$ ist, so ergibt sich schließlich

$$\oint_{\gamma_0} f(\zeta)\, d\zeta = 2\pi i \sum_j \operatorname*{Res}_{\tilde{z}_j} f(z) \cdot n(\gamma_0, \tilde{z}_j).$$

Diese Aussage heißt der *Residuensatz*[2].

Als Spezialfall des Residuensatzes ergibt sich die *allgemeine Gestalt der Cauchyschen Integralformel*:

---

[1] Da $(z - \tilde{z}_j)^\mu$ für $\mu \neq -1$ in $z \leqq \tilde{z}_j$ eine Stammfunktion, nämlich $\dfrac{1}{\mu + 1} \cdot (z - \tilde{z}_j)^{\mu+1}$, besitzt (vgl. **5.1.**).

[2] Der Cauchysche Integralsatz ist als Spezialfall darin enthalten [ist $f(z)$ regulär, so gibt es keine singulären Stellen, oder, anders ausgedrückt, alle Residuen sind Null].

Die Funktion $f(z)$ sei in $|z - z_0| < R$ regulär. z_1 sei ein beliebiger Punkt von $|z - z_0| < R$. Dann ist z_1 isolierte singuläre Stelle der Funktion

$$\frac{f(z)}{(z - z_1)^{p+1}}, \quad p \geqq 0, \text{ ganz.} \tag{1}$$

Entwickelt man $f(z)$ in einer Umgebung von z_1 in eine (nach Potenzen von $z - z_1$ fortschreitende) Potenzreihe und setzt man diese in (1) ein, so erhält man die Laurent-Reihe von (1):

$$\frac{f(z_1)}{(z - z_1)^{p+1}} + \frac{f'(z_1)}{(z - z_1)^p} + \cdots + \frac{1}{p!} \cdot \frac{f^{(p)}(z_1)}{z - z_1} + \cdots.$$

Hieraus folgt

$$\operatorname*{Res}_{z_1} \frac{f(z)}{(z - z_1)^{p+1}} = \frac{1}{p!} \cdot f^{(p)}(z_1).$$

Damit wird nach dem Residuensatz

$$\oint_{\gamma_0} \frac{f(\zeta)}{(\zeta - z_1)^{p+1}} \, d\zeta = 2\pi i \cdot \frac{1}{p!} \cdot f^{(p)}(z_1) \cdot n(\gamma_0, z_1),$$

wenn γ_0 eine geschlossene Kurve ist, die nicht durch z_1 hindurchgeht. Schreibt man wieder z an Stelle von z_1, so folgt

$$n(\gamma_0, z) \cdot f^{(p)}(z) = \frac{p!}{2\pi i} \cdot \oint_{\gamma_0} \frac{f(\zeta)}{(\zeta - z)^{p+1}} \, d\zeta.$$

Bemerkung. Der Residuensatz gilt auch, wenn $f(z)$ regulär ist in $|z - z_0| < R$, mit Ausnahme von unendlich vielen Stellen $\tilde{z}_j$, die isoliert sein sollen.[1]

Beweis. γ_0 sei eine geschlossene Kurve in $|z - z_0| < R$, die nicht durch die z_j hindurchgeht. Nach dem Hilfssatz muß es ein $\varrho < R$ geben, so daß γ_0 bereits in $|z - z_0| < \varrho$ liegt. Da die singulären Stellen $\tilde{z}_j$ isoliert sind, liegen in $|z - z_0| \leqq \varrho$ und also auch in $|z - z_0| < \varrho$ nur endlich viele singuläre Stellen $\tilde{z}_j$. Nach dem bisher Bewiesenen ist

$$\oint_{\gamma_0} f(\zeta) \, d\zeta = 2\pi i \sum_{\substack{j \\ (|\tilde{z}_j - z_0| < \varrho)}} \operatorname*{Res}_{\tilde{z}_j} f(z) \cdot n(\gamma_0, \tilde{z}_j).$$

Liegt $\tilde{z}_j$ in $\varrho \leqq |z - \tilde{z}_j| < R$, so ist $\dfrac{1}{z - \tilde{z}_j}$ in $|z - \tilde{z}_j| < \varrho$ regulär, also ist $\dfrac{1}{2\pi i} \oint_{\gamma_0} \dfrac{1}{\zeta - \tilde{z}_j} \, d\zeta = n(\gamma_0, \tilde{z}_j) = 0$. Man kann also über alle singulären Stellen $\tilde{z}_j$ summieren und erhält damit

$$\oint_{\gamma_0} f(\zeta) \, d\zeta = 2\pi i \sum_j \operatorname*{Res}_{\tilde{z}_j} f(z) \cdot n(\gamma_0, \tilde{z}_j).$$

---

[1] Ist G ein Gebiet und sind $\tilde{z}_j$ gewisse Punkte von G, so heißen diese in G isoliert, wenn sie keinen zu G gehörenden Häufungspunkt besitzen.

7*

5.4. Meromorphe Funktionen

Es sei G ein Gebiet. $f(z)$ heißt *meromorph*, wenn $f(z)$ in G mit Ausnahme isolierter Polstellen (vgl. die Fußnote auf S. 99) definiert und regulär ist.

Hat $f(z)$ in z_0 eine Polstelle der Ordnung k, so ist nach 5.2., b) $f(z) = \dfrac{1}{(z-z_0)^k} \cdot g(z)$ in einer δ-Umgebung von z_0, δ geeignet gewählt. Da $g(z_0) \neq 0$ ist, kann man δ gleich so klein wählen, daß $g(z) \neq 0$ in ganz $U_\delta(z_0)$ ist. Wegen

$$f'(z) = -\frac{k}{(z-z_0)^{k+1}} \cdot g(z) + \frac{1}{(z-z_0)^k} \cdot g'(z)$$

ist für alle von z_0 verschiedenen z von $U_\delta(z_0)$

$$\frac{f'(z)}{f(z)} = -\frac{k}{z-z_0} + \frac{g'(z)}{g(z)}. \tag{1}$$

Hieraus erhält man die Laurent-Entwicklung von $\dfrac{f'(z)}{f(z)}$, wenn man für die in $U_\delta(z_0)$ reguläre Funktion $\dfrac{g'(z)}{g(z)}$ die Potenzreihenentwicklung einsetzt. $\dfrac{f'(z)}{f(z)}$ hat demzufolge in z_0 einen Pol erster Ordnung mit dem Residuum $-k$.

Ist $f(z)$ in G nicht konstant, so sind alle w_0-Stellen isoliert (4.5., Folgerung 2). Ist z_0 eine w_0-Stelle der Ordnung k, so ist also nach dem Satz von 4.5. (S. 82) $f(z) - w_0 = (z-z_0)^k \cdot g(z)$, $g(z)$ von Null verschieden und regulär in $U_\delta(z_0)$. Wegen $f'(z) = k(z-z_0)^{k-1} \cdot g(z) + (z-z_0)^k \cdot g'(z)$ ist für alle von z_0 verschiedenen z von $U_\delta(z_0)$

$$\frac{f'(z)}{f(z) - w_0} = \frac{k}{z-z_0} + \frac{g'(z)}{g(z)}. \tag{2}$$

Da $\dfrac{g'(z)}{g(z)}$ in $U_\delta(z_0)$ regulär ist, hat $\dfrac{f'(z)}{f(z)-w_0}$ in z_0 einen Pol erster Ordnung mit dem Residuum $+k$.

Nimmt man $w_0 = 0$, so erhält man zusammenfassend:

Ist $f(z)$ in G meromorph und nicht identisch Null, so ist auch $\dfrac{f'(z)}{f(z)}$ in G meromorph. Die Polstellen von $\dfrac{f'(z)}{f(z)}$ liegen in den Null- und Polstellen von $f(z)$. In einer Nullstelle der Ordnung k von $f(z)$ hat $\dfrac{f'(z)}{f(z)}$ einen Pol erster Ordnung mit dem Residuum $+k$. In einem Punkt, in dem $f(z)$ eine Polstelle der Ordnung k hat, hat $\dfrac{f'(z)}{f(z)}$ eine Polstelle erster Ordnung mit dem Residuum $-k$.

Hieraus wird jetzt eine Folgerung gezogen: Die Funktion $f(z)$ sei in $|z-z_0| < R$ meromorph und nicht identisch Null. Die Null- und Polstellen von $f(z)$ seien z_{0i}

bzw. $z_{\infty j}$, k_{0i} bzw. $k_{\infty j}$ seien die Ordnungen. Ist $F(z)$ eine in $|z - z_0| < R$ reguläre Funktion, so hat $F(z)\,\dfrac{f'(z)}{f(z)}$ nach (2) in einer Umgebung einer Nullstelle z_{0i} von $f(z)$ die Entwicklung[1])

$$F(z)\,\frac{f'(z)}{f(z)} = F(z_{0i})\,\frac{k_{0i}}{z - z_{0i}} + \text{reguläre Funktion},$$

und in einer Umgebung einer Polstelle $z_{\infty j}$ ist nach (1)

$$F(z)\,\frac{f'(z)}{f(z)} = -\,F(z_{\infty j})\,\frac{k_{\infty j}}{z - z_{\infty j}} + \text{reguläre Funktion}.$$

Also ist[2])

$$\operatorname*{Res}_{z_{0i}} F(z)\,\frac{f'(z)}{f(z)} = F(z_{0i})\,k_{0i}, \quad \operatorname*{Res}_{z_{\infty j}} F(z)\,\frac{f'(z)}{f(z)} = -\,F(z_{\infty j})\,k_{\infty j}. \tag{3}$$

Ist $\varrho < R$, so hat $f(z)$ in $|z - z_0| \leqq \varrho$ nur endlich viele Null- und Polstellen. Wählt man ϱ so, daß $f(z)$ auf $|z - z_0| = \varrho$ keine Null- und Polstellen besitzt, so folgt aus dem Residuensatz[3]) unter Berücksichtigung von (3)

$$\frac{1}{2\pi i} \oint_{|\zeta - z_0| = \varrho} F(\zeta)\,\frac{f'(\zeta)}{f(\zeta)}\,d\zeta = \sum_{\substack{i \\ (|z_{0i} - z_0| < \varrho)}} F(z_{0i})\,k_{0i} - \sum_{\substack{j \\ (|z_{\infty j} - z_0| < \varrho)}} F(z_{\infty j})\,k_{\infty j}. \tag{4}$$

Wird insbesondere $F(z) \equiv 1$ gesetzt und bezeichnet man mit

$$N = \sum_{\substack{i \\ (|z_{0i} - z_0|) < \varrho)}} k_{0i} \quad \text{bzw.} \quad P = \sum_{\substack{j \\ (|z_{\infty j} - z_0| < \varrho)}} k_{\infty j}$$

die Gesamtordnung der Null- bzw. der Polstellen von $f(z)$ in $|z - z_0| < \varrho$, so liefert (4)

$$N - P = \frac{1}{2\pi i} \oint_{|\zeta - z_0| = \varrho} \frac{f'(\zeta)}{f(\zeta)}\,d\zeta. \tag{5}$$

Berücksichtigt man Formel (1) aus **4.5.**, so ergibt sich

I. $$N - P = n(\tilde{\gamma}_0, 0).$$

Dabei ist $\tilde{\gamma}_0$ das von $w = f(z)$ in der w-Ebene entworfene Bild von $|z - z_0| = \varrho$. Die Aussage I heißt *Argumentprinzip*.

---

[1]) Da es sich um eine Nullstelle handelt, ist $w_0 = 0$ in (2) zu setzen.

[2]) Hat $F(z)$ in z_{0i} bzw. $z_{\infty j}$ eine Nullstelle, so ist $F(z)\,\dfrac{f'(z)}{f(z)}$ in einer vollen Umgebung von z_{0i} bzw. $z_{\infty j}$ regulär. Das Residuum ist entsprechend (3) gleich 0.

[3]) Die Windungszahl der positiv durchlaufenen Kreislinie $|z - z_0| = \varrho$ in bezug auf einen Punkt von $|z - z_0| < \varrho$ ist gleich 1 und in bezug auf einen Punkt von $|z - z_0| > \varrho$ gleich Null.

Die Funktionen $f(z)$ und $g(z)$ seien in $|z - z_0| < R$ regulär, $f(z)$ nicht identisch Null. Auf der Kreislinie $|z - z_0| = \varrho$, $\varrho < R$, sei $|g(z)| < |f(z)|$. Dann gilt:

II. *In $|z - z_0| < \varrho$ haben $f(z)$ und $f(z) + g(z)$ die gleiche Gesamtordnung von Nullstellen (Satz von ROUCHÉ).*

Beweis. Für λ aus $0 \leq \lambda \leq 1$ ist $f(z) + \lambda g(z) \neq 0$ auf $|z - z_0| = \varrho$, da

$$|f(z) + \lambda g(z)| \geq |f(z)| - \lambda |g(z)| \geq |f(z)| - |g(z)| > 0$$

ist. Bezeichnet man mit N_λ die Gesamtordnung der Nullstellen von $f(z) + \lambda g(z)$ in $|z - z_0| < \varrho$, so ist nach (5)

$$N_\lambda = \frac{1}{2\pi i} \oint\limits_{|\zeta - z_0| = \varrho} \frac{f'(\zeta) + \lambda g'(\zeta)}{f(\zeta) + \lambda g(\zeta)} \, d\zeta.$$

Einerseits ist der Wert des Integrals stets eine ganze Zahl, andererseits hängt das Integral stetig von λ ab. Also ist N_λ notwendig in $0 \leq \lambda \leq 1$ konstant. Insbesondere ist also $N_0 = N_1$. Nun ist aber N_0 die Gesamtordnung der Nullstellen von $f(z)$ in $|z - z_0| < \varrho$ und N_1 die Gesamtordnung der Nullstellen von $f(z) + g(z)$ in $|z - z_0| < \varrho$. Damit ist II bewiesen.

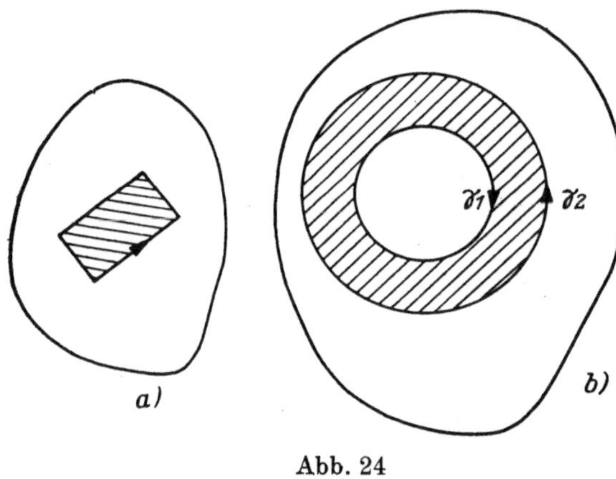

Abb. 24

Bemerkung. Die Aussagen I, II gelten auch unter allgemeineren Voraussetzungen.

Beispielsweise sei M ein Rechteck oder ein Kreisring (Abb. 24), γ_0 der positiv orientierte Rand[1]). Dann ist die Windungszahl von γ_0 in bezug auf alle Punkte von M gleich 1, in bezug auf alle übrigen nicht zu γ_0 gehörenden Punkte gleich 0.[2]) Hat $f(z)$ auf γ_0 keine Null- und Polstellen, ist ferner N die Gesamtordnung der Nullstel-

---

[1]) Der Rand wird der positiven Orientierung entsprechend durchlaufen, wenn dabei das Gebiet zur Linken bleibt. γ_0 wird nicht mit zu M gerechnet.

[2]) Ist z. B. der Kreisring M durch $r_1 < |z - z_1| < r_2$ gegeben und ist γ_2 (vgl. Abb. 24b) die positiv durchlaufene Kreislinie $|z - z_1| = r_2$, γ_1 die negativ durchlaufene Kreislinie $|z - z_1| = r_1$, $\gamma_0 = \gamma_1 + \gamma_2$, so ist $n(\gamma_1, z) = -1$ und $n(\gamma_2, z) = +1$ für z aus $|z - z_0| < r_1$; also ist $n(\gamma_0, z) = 0$ für diese z. Für z aus M ist $n(\gamma_2, z) = 1$, $n(\gamma_1, z) = 0$, also $n(\gamma_0, z) = 1$. Schließlich ist für z aus $|z - z_1| < r_2$ sowohl $n(\gamma_1, z) = 0$ als auch $n(\gamma_2, z) = 0$, so daß $n(\gamma_0, z) = 0$ ist.

len von $f(z)$ in M und P die Gesamtordnung der Polstellen in M, so wird $N - P$ analog zu (5) durch $\dfrac{1}{2\pi i} \oint\limits_{\gamma_0} \dfrac{f'(\zeta)}{f(\zeta)}\, d\zeta$ gegeben.

Schließlich soll noch unter Verwendung des Minimumprinzips (Folgerung 5 des Satzes aus **4.5.**) eine Anwendung von II gemacht werden. Es sei $p(z) = \sum\limits_{j=0}^{n} a_j z^j$ ein Polynom, das in z_0 eine Nullstelle der Ordnung k habe. $\alpha > 0$ werde so gewählt, daß z_0 in $|z - z_0| \le \alpha$ die einzige Nullstelle von $p(z)$ ist. Nun betrachte man alle Polynome $\tilde{p}(z) = \sum\limits_{j=0}^{n} \tilde{a}_j z^j$ mit $|\tilde{a}_j - a_j| < \lambda_j$. Setzt man

$$\varkappa = \frac{\sum\limits_{j=0}^{n} \lambda_j (|z_0| + \alpha)^j}{\inf\limits_{|z-z_0|=\alpha} |p(z)|}$$

und ist $\varkappa < 1$, so gilt[1])

III. *Die in $|z - z_0| < \alpha$ liegenden Nullstellen[2]) von $\tilde{p}(z)$ liegen sogar in*

$$|z - z_0| < \sqrt[k]{\varkappa} \cdot \alpha,$$

während im Kreisring $\sqrt[k]{\varkappa} \cdot \alpha \le |z - z_0| \le \alpha$ keine Nullstellen von $\tilde{p}(z)$ liegen.

Beweis. Es ist $\tilde{p}(z) - p(z) = \sum\limits_{j=0}^{n} (\tilde{a}_j - a_j)\, z^j$, also

$$|\tilde{p}(z) - p(z)| \le \sum\limits_{j=0}^{n} |\tilde{a}_j - a_j| \cdot |z|^j.$$

Für z aus $|z - z_0| \le \alpha$ ist

$$|z| = |z_0 + (z - z_0)| \le |z_0| + |z - z_0| \le |z_0| + \alpha;$$

wegen $|\tilde{a}_j - a_j| < \lambda_j$ ist mithin

$$|\tilde{p}(z) - p(z)| < \sum\limits_{j=0}^{n} \lambda_j (|z_0| + \alpha)^j. \tag{6}$$

Mit Rücksicht auf $\varkappa < 1$ ist für alle z von $|z - z_0| = \alpha$

$$\sum\limits_{j=0}^{n} \lambda_j (|z_0| + \alpha)^j < |p(z)|,$$

also ist auf $|z - z_0| = \alpha$

$$|\tilde{p}(z) - p(z)| < |p(z)|.$$

---

[1]) Vgl. O. ZAUBEK [69].
[2]) Diese haben die Gesamtordnung k.

Nach II haben daher $p(z)$ und $\tilde{p}(z) = p(z) + (\tilde{p}(z) - p(z))$ in $|z - z_0| < \alpha$ die gleiche Gesamtordnung von Nullstellen.

Das Polynom $p(z)$ hat nach Annahme in $|z - z_0| \leq \alpha$ nur eine Nullstelle, nämlich $z = z_0$, und diese ist von der Ordnung k. Daher ist $\dfrac{p(z)}{(z - z_0)^k}$ in $|z - z_0| < \alpha$ von Null verschieden. Nach dem Minimumprinzip (**4.5.**, Folgerung 5) folgt daher für alle z aus $|z - z_0| < \alpha$

$$\frac{|p(z)|}{|z - z_0|^k} \geq \inf_{|z-z_0|=\alpha} \frac{|p(z)|}{|z - z_0|^k} = \frac{1}{\alpha^k} \inf_{|z-z_0|=\alpha} |p(z)|. \tag{7}$$

Ist nun $\tilde{z}_0$ eine in $|z - z_0| < \alpha$ gelegene Nullstelle von $\tilde{p}(z)$, so ist $p(\tilde{z}_0) = p(\tilde{z}_0) - \tilde{p}(\tilde{z}_0)$, also nach (6)

$$|p(\tilde{z}_0)| = |p(\tilde{z}_0) - \tilde{p}(\tilde{z}_0)| < \sum_{j=0}^{n} \lambda_j (|z_0| + \alpha)^j. \tag{8}$$

Setzt man in (7) $z = \tilde{z}_0$, so ergibt sich unter Berücksichtigung von (8)

$$|\tilde{z}_0 - z_0|^k < \alpha^k \cdot \frac{\sum\limits_{j=0}^{n} \lambda_j (|z_0| + \alpha)^j}{\inf\limits_{|z-z_0|=\alpha} |p(z)|} = \varkappa \cdot \alpha^k. \quad \text{Q. e. d.}$$

5.5. Berechnung reeller Integrale mit Hilfe des Residuensatzes

An einigen Beispielen soll gezeigt werden, wie man auch reelle (bestimmte) Integrale durch Verwendung des Residuensatzes berechnen kann.

a) Bestimmung von $\displaystyle\int_{-\infty}^{+\infty} \frac{p_1(x)}{p_2(x)} dx$, wenn $p_i(x)$ Polynome sind, die die folgenden Voraussetzungen erfüllen[1]):

1. für alle (reellen) x ist $p_2(x) \neq 0$;
2. ist n_1 der Grad von $p_1(x)$ und n_2 der Grad von $p_2(x)$, so sei $n_2 \geq n_1 + 2$.

Um den Residuensatz anwenden zu können, betrachte man für alle komplexen z die Funktion $\dfrac{p_1(z)}{p_2(z)}$. Diese Funktion ist nach Beispiel e) von **5.2.** meromorph in

---

[1]) Die Koeffizienten der $p_i(x)$ brauchen nicht reell zu sein, damit diese Methode anwendbar ist. — Unter $\displaystyle\int_{-\infty}^{+\infty}$ soll $\lim\limits_{r \to \infty} \displaystyle\int_{-r}^{+r}$ verstanden werden (*Cauchyscher Hauptwert*).

Beispiel. Es ist $\displaystyle\int_{-r}^{+r} x\,dx = \left[\frac{x^2}{2}\right]_{-r}^{+r} = 0$, also ist der Cauchysche Hauptwert von $\displaystyle\int_{-\infty}^{+\infty} x\,dx = 0$. Man beachte dabei, daß die uneigentlichen Integrale $\displaystyle\int_{0}^{\infty} x\,dx$ und $\displaystyle\int_{-\infty}^{0} x\,dx$ nicht existieren.

der ganzen komplexen Zahlenebene. Jetzt werde eine positive reelle Zahl r_* so groß gewählt, daß alle in der komplexen Ebene gelegenen Polstellen von $\frac{p_1(z)}{p_2(z)}$ bereits in der Kreisscheibe $|z| < r_*$ liegen. Es sei $\gamma_0 = \gamma_1 + \gamma_2$ die geschlossene Kurve, die aus dem Intervall $-r \leqq x \leqq r$ der reellen Achse (γ_1) und γ_2, dem

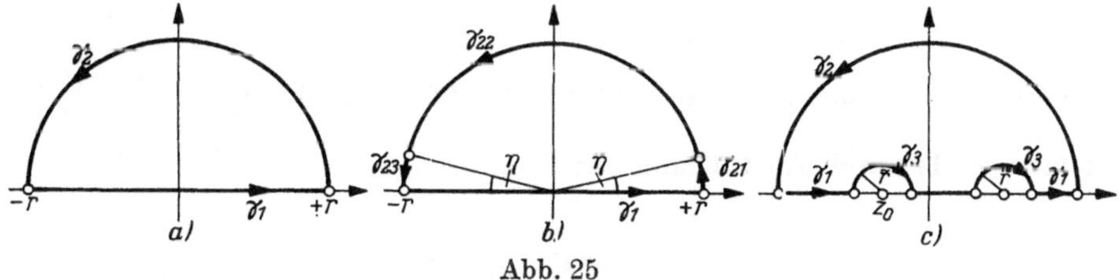

Abb. 25

in der oberen Halbebene gelegenen Halbkreis $|z| = r$, $\mathrm{Im}\,[z] \geqq 0$, besteht (Abb. 25a). Setzt man

$$I_1 = \int_{\gamma_1} \frac{p_1(z)}{p_2(z)}\, dz = \int_{x=-r}^{+r} \frac{p_1(x)}{p_2(x)}\, dx,$$

$$I_2 = \int_{\gamma_2} \frac{p_1(z)}{p_2(z)}\, dz,$$

so ist nach dem Residuensatz $(r \geqq r_*)$

$$I_1 + I_2 = 2\pi i \sum_{\mathrm{Im}[z_0]>0} \operatorname*{Res}_{z_0} \frac{p_1(z)}{p_2(z)}. \tag{1}$$

Es ist dabei über die endlich vielen in der oberen Halbebene $\mathrm{Im}\,[z] > 0$ gelegenen Polstellen z_0 von $\frac{p_1(z)}{p_2(z)}$ zu summieren. Die Windungszahl von $\gamma_0 = \gamma_1 + \gamma_2$ in bezug auf diese z_0 ist gleich 1, wie unmittelbar aus der Definition der Windungszahl (vgl. 4.4.) folgt. Es sei

$$p_1(z) = a_0 + a_1 z + \cdots + a_{n_1} z^{n_1}, \quad a_{n_1} \neq 0,$$

$$p_2(z) = b_0 + b_1 z + \cdots + b_{n_2} z^{n_2}, \quad b_{n_2} \neq 0.$$

Nach Hilfssatz 2 aus 3.3. gibt es ein r_0, so daß $|p_2(z)| \geqq C' |z|^{n_2}$ $(C' = \text{const})$ für $|z| = r \geqq r_0$ ist. Damit wird $(r_0 \geqq 1)$

$$\left|\frac{p_1(z)}{p_2(z)}\right| \leqq \frac{|a_0| + |a_1|\,|z| + \cdots + |a_{n_1}|\,|z|^{n_1}}{C'\,|z|^{n_2}}$$

$$\leqq \frac{|a_0|\,|z|^{n_1} + |a_1|\,|z|^{n_1} + \cdots + |a_{n_1}|\,|z|^{n_1}}{C'\,|z|^{n_2}} = \frac{\tilde{C}}{|z|^{n_2-n_1}}. \tag{2}$$

Daraus folgt ($|z| = r$)

$$|I_2| \leq \frac{\tilde{C}}{r^{n_2-n_1}} \cdot \pi r = \frac{\tilde{C}\pi}{r^{n_2-n_1-1}},$$

also

$$\lim_{r \to \infty} I_2 = 0.$$

Da nach Definition von $\displaystyle\int_{-\infty}^{+\infty}$ (vgl. die Fußnote auf S. 104) $\displaystyle\lim_{r \to \infty} I_1 = \int_{-\infty}^{+\infty} \frac{p_1(x)}{p_2(x)}\, dx$ ist, folgt aus (1) durch Ausführung des Grenzüberganges $r \to \overset{\cdot}{\infty}$

$$\int_{-\infty}^{+\infty} \frac{p_1(x)}{p_2(x)}\, dx = 2\pi i \sum_{\mathrm{Im}[z_0]>0} \operatorname*{Res}_{z_0} \frac{p_1(z)}{p_2(z)}. \tag{3}$$

Ist beispielsweise $p_1(x) = 1$, $p_2(x) = 1 + x^2$, so hat wegen $p_2(z) = 1 + z^2 = (z + i)(z - i)$ die Funktion $\frac{p_1(z)}{p_2(z)}$ in der oberen Halbebene nur die eine Polstelle $z_0 = +i$. Das Residuum ist nach 5.2., da $z_0 = +i$ eine Polstelle erster Ordnung von $\frac{p_1(z)}{p_2(z)}$ ist,

$$\operatorname*{Res}_{i} \frac{1}{1 + z^2} = \lim_{z \to i}\left[(z - i)\frac{1}{1 + z^2}\right] = \lim_{z \to i} \frac{1}{z + i} = \frac{1}{2i};$$

also ergibt sich nach (3)

$$\int_{-\infty}^{+\infty} \frac{1}{1 + x^2}\, dx = 2\pi i \cdot \frac{1}{2i} = \pi.$$

b) Bestimmung von $\displaystyle\int_{-\infty}^{+\infty} \frac{p_1(x)}{p_2(x)} \cos x\, dx$ und $\displaystyle\int_{-\infty}^{+\infty} \frac{p_1(x)}{p_2(x)} \sin x\, dx$, wenn wieder die Voraussetzungen 1 und 2 von a) erfüllt sind. Die Integranden sind Real- bzw. Imaginärteil von $\frac{p_1(x)}{p_2(x)} \exp(ix)$, also wird man jetzt in der komplexen Ebene die Funktion $\frac{p_1(z)}{p_2(z)} \exp(iz)$ betrachten. Wie in a) setzt man

$$I_1 = \int_{\gamma_1} \frac{p_1(z)}{p_2(z)} \exp(iz)\, dz = \int_{-r}^{+r} \frac{p_1(x)}{p_2(x)} \exp(ix)\, dx$$

$$= \int_{-r}^{+r} \frac{p_1(x)}{p_2(x)} \cos x\, dx + i \int_{-r}^{+r} \frac{p_1(x)}{p_2(x)} \sin x\, dx,$$

$$I_2 = \int_{\gamma_2} \frac{p_1(z)}{p_2(z)} \exp(iz)\, dz,$$

somit ist wiederum nach dem Residuensatz

$$I_1 + I_2 = 2\pi i \sum_{\mathrm{Im}[z_0]>0} \operatorname*{Res}_{z_0} \frac{p_1(z)}{p_2(z)} \exp(iz). \tag{4}$$

Ist nun Φ eine beliebige reelle Zahl, so ist nach der Eulerschen Formel (4.4.) $\exp(i\Phi) = \cos\Phi + i\sin\Phi$, also $|\exp(i\Phi)| = 1$. Daher ist wegen $\exp(iz)$ $= \exp(i(x+iy)) = \exp(ix-y) = \exp(ix) \cdot \exp(-y)$

$$|\exp(iz)| = \exp(-y).$$

Somit gilt in der oberen Halbebene, $y = \mathrm{Im}\,[z] \geqq 0$,

$$|\exp(iz)| \leqq 1.$$

Damit wird unter Berücksichtigung von (2)

$$\left|\frac{p_1(z)}{p_2(z)}\exp(iz)\right| \leqq \frac{\tilde{C}}{|z|^{n_2-n_1}},$$

also $(|z| = r)$

$$|I_2| \leqq \frac{\tilde{C}}{r^{n_2-n_1}} \cdot \pi r = \frac{\tilde{C}\pi}{r^{n_2-n_1-1}},$$

d. h., auch hier ist $\lim\limits_{r\to\infty} I_2 = 0$. Wegen

$$\lim_{r\to\infty} I_1 = \int\limits_{-\infty}^{+\infty} \frac{p_1(x)}{p_2(x)} \cos x\,dx + i \int\limits_{-\infty}^{+\infty} \frac{p_1(x)}{p_2(x)} \sin x\,dx$$

folgt durch Ausführung des Grenzüberganges $r \to \infty$ aus (4)

$$\int\limits_{-\infty}^{+\infty} \frac{p_1(x)}{p_2(x)} \cos x\,dx + i \int\limits_{-\infty}^{+\infty} \frac{p_1(x)}{p_2(x)} \sin x\,dx = 2\pi i \sum_{\mathrm{Im}[z_0]>0} \operatorname*{Res}_{z_0} \frac{p_1(z)}{p_2(z)} \exp(iz). \tag{5}$$

Beispiel. Zu bestimmen ist das Integral $\int\limits_{x=0}^{+\infty} \frac{1}{1+x^2} \cos x\,dx$. Setzt man $p_1(x) = 1$, $p_2(x) = 1 + x^2$, so ist hier $\dfrac{p_1(z)}{p_2(z)} \exp(iz) = \dfrac{1}{1+z^2} \exp(iz)$ zu betrachten. Auch diese Funktion hat in $z_0 = +i$ einen Pol erster Ordnung. Das Residuum ist

$$\operatorname*{Res}_{i} \frac{1}{1+z^2}\exp(iz) = \lim_{z\to i}\left[(z-i)\frac{1}{1+z^2}\exp(iz)\right] = \lim_{z\to i}\left[\frac{1}{z+i}\exp(iz)\right]$$

$$= \frac{1}{2i}\exp(-1) = \frac{1}{2i\exp 1} = \frac{1}{2ie},$$

da $\exp 1 = e$ ist. Also wird nach (5)

$$\int\limits_{-\infty}^{+\infty} \frac{\cos x}{1+x^2}\,dx + i \int\limits_{-\infty}^{+\infty} \frac{\sin x}{1+x^2}\,dx = 2\pi i \cdot \frac{1}{2ie} = \frac{\pi}{e},$$

somit

$$\int\limits_{-\infty}^{+\infty} \frac{\cos x}{1 + x^2}\, dx = \frac{\pi}{e}.$$

Da $\displaystyle\int\limits_{-r}^{0} \frac{\cos x}{1 + x^2}\, dx = \int\limits_{0}^{r} \frac{\cos x}{1 + x^2}\, dx$, also $\displaystyle\int\limits_{0}^{r} \frac{\cos x}{1 + x^2}\, dx = \frac{1}{2} \int\limits_{-r}^{r} \frac{\cos x}{1 + x^2}\, dx$ ist, hat man schließlich

$$\int\limits_{0}^{+\infty} \frac{\cos x}{1 + x^2}\, dx = \frac{1}{2} \cdot \frac{\pi}{e}.$$

Bemerkung. Die Methode ist [im Fall b)] auch für den Fall $n_2 = n_1 + 1$ anwendbar. Auf $|z| = r$ ist nach (2) zunächst $\left|\dfrac{p_1(z)}{p_2(z)}\right| \leq \dfrac{\tilde{C}}{r}$. Die Abschätzung von $\left|\dfrac{p_1(z)}{p_2(z)} \exp(iz)\right|$ läßt sich verfeinern, wenn man entsprechend Abb. 25b den Halbkreis γ_2 aufspaltet:

Setzt man $\arg z = \varphi$, so sei

γ_{21} der durch $0 \leq \varphi \leq \eta$ definierte Bogen,

γ_{22} der Bogen $\eta \leq \varphi \leq \pi - \eta$ und

γ_{23} der Bogen $\pi - \eta \leq \varphi \leq \pi$.

Weiter sei I_{2k} das Integral über γ_{2k} ($k = 1, 2, 3$). Schreibt man z in trigonometrischer Form, $z = r(\cos \varphi + i \sin \varphi)$, so wird

$$\exp(iz) = \exp(ir \cos \varphi - r \sin \varphi) = \exp(ir \cos \varphi) \cdot \exp(-r \sin \varphi).$$

Da $\left|\exp(ir \cos \varphi)\right| = 1$ ist, hat man

$$\left|\exp(iz)\right| = \exp(-r \sin \varphi).$$

Auf γ_{22} ist $\sin \varphi \geq \sin \eta$, also $\exp(-r \sin \varphi) \leq \exp(-r \sin \eta)$ und somit

$$|I_{22}| \leq \frac{\tilde{C}}{r} \exp(-r \sin \eta) \cdot \pi r \leq \tilde{C} \pi \exp(-r \sin \eta).$$

Da $\exp(-r \sin \varphi) \leq 1$ für alle φ aus $0 \leq \varphi \leq \pi$ ist, lassen sich I_{21} und I_{23} zumindest durch

$$|I_{21}| + |I_{23}| \leq \frac{\tilde{C}}{r} \cdot 2 \eta r = 2 \tilde{C} \eta$$

abschätzen. Damit wird insgesamt

$$|I_2| \leq |I_{21}| + |I_{22}| + |I_{23}| \leq \tilde{C}\left(2 \eta + \pi \exp(-r \sin \eta)\right).$$

Nun sei $\varepsilon > 0$ vorgegeben und $\eta = \dfrac{\varepsilon}{4\tilde{C}}$ gesetzt und festgehalten. Weiter kann man r_1 so groß wählen, daß $\tilde{C}\pi \exp\left(-\,r\sin\eta\right) < \dfrac{\varepsilon}{2}$ ist für alle $r \geq r_1$ (dies folgt aus der Monotonie der Exponentialfunktion und aus der Tatsache, daß $\exp x \to 0$ für $x \to -\infty$ gilt). Insgesamt kann man so zu $\varepsilon > 0$ ein r_1 angeben, so daß $|I_2| < \varepsilon$ für alle $r \geq r_1$ ist. Also ist auch hier $\lim\limits_{r\to\infty} I_2 = 0$, woraus dann die Gültigkeit von (5) im Fall $n_2 = n_1 + 1$ folgt.

c) Es sollen Integrale der Form a) bzw. b) ausgewertet werden, wenn der Integrand $f(z) = \dfrac{p_1(z)}{p_2(z)}$ bzw. $f(z) = \dfrac{p_1(z)}{p_2(z)}\exp\,(iz)$ auf der reellen Achse Polstellen erster Ordnung besitzt $[n_2 \geq n_1 + 2$ im Fall a) bzw. $n_2 \geq n_1 + 1$ im Fall b)]. Ist z_0 eine auf der reellen Achse gelegene Polstelle erster Ordnung, so ist nach 5.2. in einer Umgebung von z_0

$$f(z) = \frac{a_{-1}}{z - z_0} + a_0 + a_1(z - z_0) + \cdots = \frac{a_{-1}}{z - z_0} + f_1(z).$$

Dabei ist a_{-1} das Residuum von $f(z)$ in z_0, $f_1(z)$ ist in einer hinreichend klein gewählten Umgebung von z_0 regulär, also insbesondere stetig und damit beschränkt, $|f_1(z)| \leq M$. Alle derartigen Polstellen z_0 auf der reellen Achse [es sind höchstens endlich viele, da derartige Polstellen von $f(z)$ nur Nullstellen von $p_2(z)$ sein können, vgl. Beispiel e) von 5.2.] werden entsprechend Abb. 25c durch einen Halbkreis mit dem Mittelpunkt z_0 und dem Radius $\tilde{r}$ umlaufen [$\tilde{r}$ kleiner gewählt als der kleinste gegenseitige Abstand zweier Polstellen von $f(z)$ voneinander]. Es soll $\gamma_3 = \sum\limits_j \gamma_{3j}$ alle diese Halbkreise bezeichnen, γ_1 sei jetzt das Intervall $-r \leq x \leq +r$ mit Ausnahme der Intervalle $z_0 - \tilde{r} \leq x \leq z_0 + \tilde{r}$, die durch die Halbkreise γ_{3j} ersetzt wurden. Sind wieder I_k die Integrale über γ_k ($k = 1, 2, 3$), so ist nach dem Residuensatz

$$I_1 + I_2 + I_3 = 2\pi i \sum_{\substack{\mathrm{Im}[z_0]>0}} \operatorname*{Res}_{z_0} f(z). \tag{6}$$

Nun ist

$$I_{3j} = \int\limits_{\gamma_{3j}} f(z)\,dz = \int\limits_{\gamma_{3j}} \frac{a_{-1}}{z - z_0}\,dz + \int\limits_{\gamma_{3j}} f_1(z)\,dz.$$

Es ist

$$\left|\,\int\limits_{\gamma_{3j}} f_1(z)\,dz\,\right| \leq M \cdot \pi\tilde{r},$$

also

$$\int\limits_{\gamma_{3j}} f_1(z)\,dz \to 0 \quad \text{für} \quad \tilde{r} \to 0.$$

Ist weiter $z = z_0 + \tilde{r}\exp(i(\pi - t))$, $0 \leq t \leq \pi$, eine Darstellung des Halb-kreises γ_{3j}, so ist $\dfrac{dz}{dt} = \tilde{r}(-i)\exp(i(\pi - t))$, also

$$\int\limits_{\gamma_{3j}} \frac{a_{-1}}{z - z_0}\, dz = \int\limits_{t=0}^{\pi} (-i)\, dt = -i\pi a_{-1}.$$

Insgesamt wird dann

$$\lim_{\tilde{r}\to 0} I_3 = -i\pi \sum_{\mathrm{Im}[z_0]=0} \operatorname*{Res}_{z_0} f(z).$$

Damit folgt aus (6) bei $r \to \infty$, $\tilde{r} \to 0$[1])

$$\int\limits_{-\infty}^{+\infty} f(x)\, dx + 0 - i\pi \sum_{\mathrm{Im}[z_0]=0} \operatorname*{Res}_{z_0} f(z) = 2\pi i \sum_{\mathrm{Im}[z_0]>0} \operatorname*{Res}_{z_0} f(z).$$

In der auf der linken Seite stehenden Summe ist dabei über alle auf der reellen Achse gelegenen Polstellen z_0 von $f(z)$ zu summieren. Damit erhält man

$$\int\limits_{-\infty}^{+\infty} f(x)\, dx = 2\pi i \left[\sum_{\mathrm{Im}[z_0]>0} \operatorname*{Res}_{z_0} f(z) + \frac{1}{2} \sum_{\mathrm{Im}[z_0]=0} \operatorname*{Res}_{z_0} f(z) \right]. \qquad (7)$$

---

[1]) Um die singulären Stellen z_0 von $f(z)$ auf der reellen Achse wurde bei der Integration ein symmetrisches Intervall $z_0 - \tilde{r} \leq x \leq z_0 + \tilde{r}$ ausgelassen, anschließend wird der Grenz-übergang $\tilde{r} \to 0$ vorgenommen. Der sich ergebende Grenzwert des Integrals heißt wieder der Cauchysche Hauptwert (vgl. die Fußnote auf S. 104). Es sei darauf hingewiesen, daß sich ein anderer Grenzwert ergeben kann, wenn andere Intervalle um z_0 bei der Integration ausgelassen werden.

Beispiel. Zu bestimmen ist das Integral $\displaystyle\int\limits_{x=-1}^{+1} \frac{1}{x}\, dx$. Im Punkt $x = 0$ ist der Inte-grand singulär, daher muß bei der Integration ein Intervall um $x = 0$ ausgelassen wer-den. Läßt man $-\delta \leq x \leq +\delta$ aus, so ist $\displaystyle\int\limits_{-1}^{-\delta} \frac{1}{x}\, dx + \int\limits_{+\delta}^{+1} \frac{1}{x}\, dx = 0$, also auch

$$\lim_{\delta\to 0}\left[\int\limits_{-1}^{-\delta} \frac{1}{x}\, dx + \int\limits_{+\delta}^{+1} \frac{1}{x}\, dx \right] = 0.$$ Läßt man $-2\delta \leq x \leq +\delta$ aus, so ist wegen

$$\int\limits_{-1}^{-2\delta} \frac{1}{x}\, dx + \int\limits_{+\delta}^{+1} \frac{1}{x}\, dx = \log(2\delta) - \log\delta = \log 2$$

auch $\displaystyle\lim_{\delta\to 0}\left[\int\limits_{-1}^{-2\delta} \frac{1}{x}\, dx + \int\limits_{+\delta}^{+1} \frac{1}{x}\, dx \right] = \log 2$.

Beispiel. Zu bestimmen ist das Integral $\int\limits_{-\infty}^{+\infty} \dfrac{\sin x}{x}\,dx$. Hier ist die Funktion $f(z)$

$= \dfrac{1}{z}\exp{(iz)}$ zu betrachten. Sie hat nur eine einzige Polstelle erster Ordnung, nämlich $z_0 = 0$.[1] Dort ist das Residuum

$$\operatorname*{Res}_{0} \frac{1}{z}\exp{(iz)} = \lim_{z\to 0}\left[z \cdot \frac{1}{z}\exp{(iz)}\right] = \lim_{z\to 0}\exp{(iz)} = \exp 0 = 1.$$

Also folgt nach (7)

$$\int\limits_{-\infty}^{+\infty} \frac{1}{x}\exp{(ix)}\,dx = \int\limits_{-\infty}^{+\infty} \frac{1}{x}\cos x\,dx + i \int\limits_{-\infty}^{+\infty} \frac{1}{x}\sin x\,dx = 2\pi i\left[0 + \frac{1}{2}\cdot 1\right] = \pi i,$$

also

$$\int\limits_{-\infty}^{+\infty} \frac{1}{x}\sin x\,dx = \pi.$$

---

[1] Die auf der reellen Achse definierte reellwertige Funktion $\dfrac{\sin x}{x}$ ist auch in $x = 0$ stetig, wenn man ihr dort den Funktionswert Null zuordnet. Dagegen hat $\dfrac{\cos x}{x}$ in $x = 0$ eine Singularität.

6. DIE RIEMANNSCHE ZAHLENKUGEL

6.1. Stereographische Projektion

Die Funktion $Z = \dfrac{1}{z}$ bildet die positiv durchlaufene Kreislinie $z = r\exp(it)$, $0 \leqq t \leqq 2\pi$, der z-Ebene (Mittelpunkt $z = 0$, Radius $r > 0$) in die negativ durchlaufene Kreislinie $Z = \dfrac{1}{r}\exp(-it)$, $0 \leqq t \leqq 2\pi$, der Z-Ebene (Mittelpunkt $Z = 0$, Radius $\dfrac{1}{r}$) ab (Abb. 26). Der Punkt $z = 0$ der z-Ebene besitzt bei dieser Abbildung $Z = \dfrac{1}{z}$ keinen Bildpunkt in der Z-Ebene. Für immer kleiner

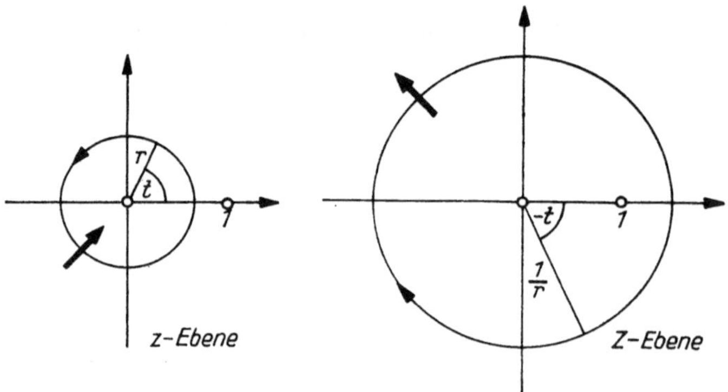

Abb. 26

werdende r ($r \to 0$) wird andererseits der Radius des Bildkreises immer größer $\left(\dfrac{1}{r} \to \infty\right)$. Daraus erwächst der Wunsch, die Z-Ebene durch genau einen (fiktiven) Punkt zu ergänzen, den man den „unendlich fernen Punkt" nennt.[1] In diesen geht bei der Abbildung $Z = \dfrac{1}{z}$ der Punkt $z = 0$ über. Eine derartige Erweiterung der komplexen Ebene läßt sich durch folgende Konstruktion (*stereographische Projektion*) auch anschaulich deuten:

---

[1] Für diese uneigentliche komplexe Zahl wird dasselbe Symbol wie für die reelle uneigentliche Zahl $x = \infty$ ($= +\infty$) verwendet.

In dem orthogonalen Rechtssystem ξ, η, ζ wird die Kugel $\xi^2 + \eta^2 + \left(\zeta - \frac{1}{2}\right)^2 = \frac{1}{4}$ betrachtet (Abb. 27a). Die Kugel hat den Mittelpunkt $\left(0, 0, \frac{1}{2}\right)$, den Radius $\frac{1}{2}$ und berührt die ξ, η-Ebene im Punkt $(0, 0, 0)$. Der Punkt $(X, Y, 0)$ liege in der ξ, η-Ebene. Setzt man $X + iY = Z$, so wird die ξ, η-Ebene zu einer komplexen Ebene. Mit N werde der Punkt $(0, 0, 1)$ der betrachteten Kugel bezeichnet („Nordpol"). Die durch N und den Punkt $Z = X + iY$ der Z-Ebene gehende Gerade trifft die Kugel außer in N noch in einem zweiten Punkt Q. Auf diese Weise erhält man ein eineindeutiges Entsprechen der Punkte der Z-Ebene mit den von N verschiedenen Punkten Q der Kugel. Ordnet man dem Punkt Q ($\neq N$) die entsprechende komplexe Zahl Z zu, so wird die Kugel zur *Riemannschen Zahlenkugel*.

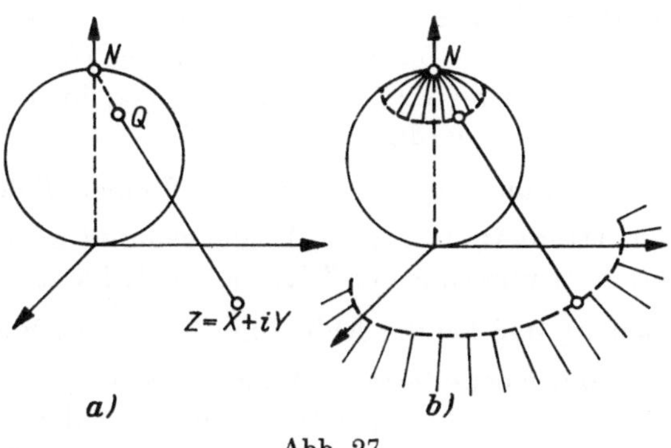

Abb. 27

Den Breitenkreisen[1]) der Kugel entsprechen in der Z-Ebene Kreise $|Z| = \text{const}$. Der Radius des Kreises $|Z| = \text{const}$ wird beliebig groß, wenn der Breitenkreis in einer hinreichend kleinen Umgebung von N liegt. Daher liegt es nahe, den Punkt N der Kugel, der selbst keinem Punkt in der Z-Ebene entspricht, als das Bild des uneigentlichen Punktes $Z = \infty$ der Z-Ebene aufzufassen. Da eine Kugelkappe mit dem Mittelpunkt N dem Äußeren $|Z| > \text{const}$ eines Kreises $|Z| = \text{const}$ entspricht (Abb. 27b) und da die Kugelkappe um N eine Umgebung von N darstellt, kann man somit das Äußere eines Kreises, $|Z| > \text{const}$, als Umgebung des Punktes $Z = \infty$ auffassen. Die durch $z = \infty$ ergänzte komplexe Ebene heißt auch *vervollständigte* komplexe Ebene oder „Vollebene"; die komplexe Ebene selbst wird im Unterschied dazu auch *endliche* komplexe Ebene genannt.

---

[1]) Das sind Kreise auf der Kugel, die in einer zur ξ, η-Ebene parallelen Ebene liegen. Zu dieser Bezeichnung kommt man, wenn man sich die Kugel als Erdkugel (N = Nordpol) vorstellt.

Diese Deutung des Äußeren eines Kreises als Umgebung von $Z = \infty$ hat folgende Konsequenz: Ist M eine unbeschränkte Menge in der Z-Ebene, so liegt bei beliebigem r in $|Z| > r$ wenigstens ein Punkt von M, d. h., in jeder Umgebung von $Z = \infty$ liegt ein Punkt von M. In diesem Sinne ist $Z = \infty$ Häufungspunkt von M.[1])

Es sei nun insbesondere $\{Z_n\}$ eine Folge in der Z-Ebene mit folgender Eigenschaft: Zu jeder positiven reellen Zahl K soll es ein $N = N(K)$ geben, so daß $|Z_n| > K$ für alle $n \geqq N(K)$ ist. Für $n \geqq N(K)$ liegen die Z_n also in der durch $|Z| > K$ gegebenen Umgebung von $Z = \infty$. Dafür sagt man auch: Für $n \to \infty$ konvergieren die Z_n gegen $Z = \infty$, symbolisch: $Z_n \to \infty$ für $n \to \infty$.

Es sei G ein Gebiet, $f(z)$ in G meromorph. Ist z_0 eine (isolierte) Polstelle von $f(z)$, so gibt es nach **5.2.**, b) zu jedem K ein $\delta = \delta(K)$, so daß $|f(z)| > K$ für alle z aus $0 < |z - z_0| < \delta$ ist. Ist $\{z_n\}$ eine gegen z_0 konvergente Folge, $z_n \neq z_0$, so liegen von der Stelle $N = N(\delta)$ an alle z_n in $0 < |z - z_0| < \delta$. Also ist $|f(z_n)| \geqq K$ für $n \geqq N(\delta(K))$. Daher hat man $w_n = f(z_n) \to \infty$ für $n \to \infty$. Aus diesem Grunde ist es sinnvoll, der Funktion $f(z)$ in der Polstelle z_0 den Funktionswert $f(z_0) = \infty$ zuzuordnen.

Insbesondere hat die Funktion $Z = \dfrac{1}{z}$ in $z = 0$ einen Pol. Also ist $Z = \infty$ für $z = 0$ zu setzen. Damit ist man zum Ausgangspunkt dieser Betrachtungen zurückgekehrt: Durch Erweiterung der Z-Ebene mit Hilfe der stereographischen Projektion erreicht man, daß bei der Abbildung $Z = \dfrac{1}{z}$ auch dem Punkt $z = 0$ genau ein Bildpunkt in der erweiterten Z-Ebene zugeordnet wird.

Die Funktion $f(z)$ sei in $|z| > r_0$ definiert und regulär. Die Punktmenge $|z| > r_0$ kann man nun durch die Abbildung $Z = \dfrac{1}{z}$ auf die Punktmenge $0 < |Z| < \dfrac{1}{r_0}$ in der Z-Ebene zurückführen. Da $z = \dfrac{1}{Z}$ für $Z \neq 0$ eine reguläre Funktion von Z ist, ist $f\left(\dfrac{1}{Z}\right)$ in $0 < |Z| < \dfrac{1}{r_0}$ eine reguläre Funktion von Z. Nach **5.1.** besitzt $f\left(\dfrac{1}{Z}\right)$ in $0 < |Z| < \dfrac{1}{r_0}$ eine Laurent-Entwicklung

$$f\left(\frac{1}{Z}\right) = \sum_{\mu=-\infty}^{+\infty} b_\mu Z^\mu, \tag{1}$$

wobei

$$b_\mu = \frac{1}{2\pi i} \oint_{|Z|=\varrho} \frac{f\left(\frac{1}{Z}\right)}{Z^{\mu+1}}\, dZ, \qquad 0 < \varrho < \frac{1}{r_0}, \tag{2}$$

---

[1]) Damit hat eine aus unendlich vielen Punkten bestehende Menge in der Z-Ebene stets einen Häufungspunkt in der erweiterten Z-Ebene: Ist die Menge beschränkt, so existiert ein Häufungspunkt in der Z-Ebene nach dem Satz von BOLZANO-WEIERSTRASS (vgl. die Fußnote[3]) auf S. 27); ist die Menge unbeschränkt, so ist zumindest $Z = \infty$ Häufungspunkt.

ist. Setzt man in (1) für $\frac{1}{Z}$ wieder z, so folgt die in ganz $|z| > r_0$ gültige Darstellung

$$f(z) = \sum_{\mu=-\infty}^{+\infty} b_\mu \left(\frac{1}{z}\right)^\mu. \tag{3}$$

Die Konvergenz von (3) ist in jedem $r_1 \leq |z| \leq r_2$, $r_0 < r_1 < r_2 < +\infty$, gleichmäßig, da (1) in $\frac{1}{r_2} \leq |Z| \leq \frac{1}{r_2}$ gleichmäßig konvergiert. Die Darstellung (3) heißt die Laurent-Entwicklung von $f(z)$ in der durch $|z| > r_0$ gegebenen Umgebung von $z = \infty$. Da $Z = 0$ isolierte singuläre Stelle von $f\left(\frac{1}{Z}\right)$ ist, kann $z = \infty$ als isolierte singuläre Stelle von $f(z)$ aufgefaßt werden. Durch $Z = \frac{1}{z}$ kann das Verhalten von $f(z)$ in $z = \infty$ auf das der Funktion $f\left(\frac{1}{Z}\right)$ in $Z = 0$ zurückgeführt werden. Da der zu $Z = 0$ gehörende Hauptteil von $f\left(\frac{1}{Z}\right)$ gleich $\sum_{\mu=-\infty}^{-1} b_\mu Z^\mu$ ist, ist der Hauptteil von $f(z)$ in $z = \infty$ gleich $\sum_{\mu=-\infty}^{-1} b_\mu \left(\frac{1}{z}\right)^\mu$, das sind also alle Glieder der Laurent-Reihe, die positive Exponenten haben. Die drei Möglichkeiten für den Hauptteil von $f\left(\frac{1}{Z}\right)$ in $Z = 0$ (vgl. 5.2.) ergeben für den Hauptteil von $f(z)$ in $z = \infty$ die drei Fälle:

a) Der Hauptteil ist identisch Null. Dann ist $Z = 0$ hebbare singuläre Stelle von $f\left(\frac{1}{Z}\right)$. Also wird $f\left(\frac{1}{Z}\right)$ in ganz $|Z| < \frac{1}{r_0}$ regulär, wenn man als Funktionswert von $f\left(\frac{1}{Z}\right)$ in $Z = 0$ den Wert b_0 nimmt. Dementsprechend setzt man $f(\infty) = b_0$.

In diesem Fall sagt man: *$f(z)$ ist in $z = \infty$ regulär.*

b) Hat der Hauptteil von $f(z)$ in $z = \infty$ endlich viele (nicht identisch verschwindende) Glieder, hat er also die Form $\sum_{\mu=-k}^{-1} b_\mu \left(\frac{1}{z}\right)^\mu$, $b_{-k} \neq 0$, so heißt $z = \infty$ eine *Polstelle* der Ordnung k. Denn in diesem Fall ist der Hauptteil von $f\left(\frac{1}{Z}\right)$ in $Z = 0$ gleich $\sum_{\mu=-k}^{-1} b_\mu Z^\mu$, d. h., $Z = 0$ ist Polstelle der Ordnung k von $f\left(\frac{1}{Z}\right)$. Da für $Z_n \to 0$ $(Z_n \neq 0)$, $f\left(\frac{1}{Z_n}\right) \to \infty$ konvergiert, gilt auch: Ist $z = \infty$ Polstelle von $f(z)$, so ist $f(z_n) \to \infty$ für $z_n \to \infty$.

c) Hat der Hauptteil von $f(z)$ in $z = \infty$ unendlich viele Glieder, so heißt $z = \infty$ *wesentliche singuläre Stelle* von $f(z)$. In diesem Fall ist entsprechend $Z = 0$ wesentliche singuläre Stelle von $f\left(\frac{1}{Z}\right)$. Nach dem Satz von CASORATI-WEIERSTRASS [5.2., c)] gibt es also zu beliebigen $\delta > 0$, $\varepsilon > 0$ und zu einer beliebigen

8*

komplexen Zahl a in $0 < |Z| < \delta$ stets ein Z, so daß $\left| f\left(\frac{1}{Z}\right) - a \right| < \varepsilon$ ist. Also gibt es in $|z| > \frac{1}{\delta}$ ein z, so daß $|f(z) - a| < \varepsilon$ ist, d. h., ist $z = \infty$ wesentlich singuläre Stelle von $f(z)$, so kommt $f(z)$ außerhalb eines beliebig gewählten Kreises $|z| >$ const jedem komplexen Wert beliebig nahe.

Schließlich sollen noch die Koeffizienten der Laurent-Reihe (3), die nach (2) durch Integrale in der Z-Ebene gegeben sind, als Integrale in der z-Ebene dargestellt werden. Die positiv durchlaufene Kreislinie $|Z| = \varrho$ besitzt die Darstellung $Z(t) = \varrho \exp(it)$, $0 \leqq t \leqq 2\pi$. Dann ist $z(t) = \frac{1}{Z(t)} = \frac{1}{\varrho} \exp(-it)$, $0 \leqq t \leqq 2\pi$, die Darstellung der negativ durchlaufenen Kreislinie $|z| = \frac{1}{\varrho}$. Wegen $\frac{dZ(t)}{dt} = \frac{dZ}{dz} \cdot \frac{dz(t)}{dt} = -\frac{1}{z^2} \cdot \frac{dz(t)}{dt}$ (Kettenregel) erhält man aus (2) mit beliebigem ϱ, $0 < \varrho < \frac{1}{r_0}$, nach der Substitutionsformel

$$b_\mu = \frac{1}{2\pi i} \int_{t=0}^{2\pi} \frac{f\left(\frac{1}{Z(t)}\right)}{(Z(t))^{\mu+1}} \cdot \frac{dZ(t)}{dt}\, dt = -\frac{1}{2\pi i} \int_{t=0}^{2\pi} f(z(t)) \, (z(t))^{\mu-1} \frac{dz(t)}{dt}\, dt$$

$$= -\frac{1}{2\pi i} \oint_{|z|=\frac{1}{\varrho}} f(z)\, z^{\mu-1}\, dz.$$

Also ist[1])

$$b_\mu = \frac{1}{2\pi i} \oint_{|z|=\frac{1}{\varrho}} f(z)\, z^{\mu-1}\, dz. \qquad (4)$$

Bemerkung. Die Funktion $f(z)$ sei in $0 < |z| < +\infty$ definiert und regulär. Dann erhält man durch die Laurent-Entwicklung zu $z = 0$ (vgl. **5.1.**) in ganz

---

[1]) Es ist üblich, das Integral $\left(\frac{1}{\varrho} = r\right)$

$$\frac{1}{2\pi i} \oint_{|z|=r} f(z)\, dz = -\frac{1}{2\pi i} \oint_{|z|=r} f(z)\, dz = -b_1$$

als das Residuum von $f(z)$ in $z = \infty$, symbolisch $\operatorname*{Res}_{\infty} f(z)$, zu definieren. Ist $f(z)$ in der ganzen z-Ebene regulär mit Ausnahme endlich vieler singulärer Stellen $\tilde{z}_j$ und wählt man r so groß, daß alle singulären Stellen in $|z| < r$ liegen, so ist

$$\oint_{|z|=r} f(z)\, dz = 2\pi i \sum_j \operatorname*{Res}_{\tilde{z}_j} f(z).$$

Durch die obige Definition von $\operatorname*{Res}_{\infty} f(z)$ erreicht man, daß die Summe aller Residuen (einschließlich des Residuums in $z = \infty$) verschwindet.

$0 < |z| < +\infty$ eine Darstellung von $f(z)$, $f(z) = \sum\limits_{\mu=-\infty}^{+\infty} a_\mu z^\mu$, wobei die a_μ durch Formel (2) von **5.1.** gegeben werden. Andererseits erhält man nach den jetzigen Betrachtungen zu $z = \infty$ eine Laurent-Reihe $f(z) = \sum\limits_{\mu=-\infty}^{+\infty} b_\mu \left(\dfrac{1}{z}\right)^\mu$, deren Koeffizienten b_μ durch (4) gegeben werden. Auch diese stellt $f(z)$ in ganz $0 < |z| < +\infty$ dar. Beide Reihen sind identisch; denn es ist

$$b_\mu = \frac{1}{2\pi i} \oint\limits_{|z|=r} f(z)\, z^{\mu-1}\, dz = \frac{1}{2\pi i} \oint\limits_{|z|=r} \frac{f(z)}{z^{-\mu+1}}\, dz = a_{-\mu}.$$

Beispiele.

a) Es sei $p(z) = \sum\limits_{j=0}^{n} a_j z^j$ ein Polynom. Das Polynom $p(z)$ ist eine ganze Funktion (vgl. **3.3.**), $\sum\limits_{j=0}^{n} a_j z^j$ ist mit der Potenzreihenentwicklung von $p(z)$ zum Entwicklungspunkt $z_0 = 0$ identisch (abbrechende Potenzreihe). Nach obiger Bemerkung ist $\sum\limits_{j=0}^{n} a_j z^j$ auch die Laurent-Entwicklung von $p(z)$ zu $z = \infty$, also ist $\sum\limits_{j=1}^{n} a_j z^j$ der Hauptteil von $p(z)$ in $z = \infty$. Ist $p(z)$ also nicht konstant, so ist $a_n \neq 0$, $n \geq 1$, und $p(z)$ hat dann in $z = \infty$ einen Pol n-ter Ordnung.

b) Eine ganze transzendente Funktion wird durch eine in der ganzen Ebene konvergente Potenzreihe $\sum\limits_{\mu=0}^{\infty} a_\mu z^\mu$ gegeben, wobei unendlich viele a_μ von Null verschieden sind (vgl. **3.3.**). Auch hier ist nach der Bemerkung $\sum\limits_{\mu=0}^{\infty} a_\mu z^\mu$ mit der Laurent-Entwicklung in $z = \infty$ identisch. Der Hauptteil $\sum\limits_{\mu=1}^{\infty} a_\mu z^\mu$ enthält also unendlich viele nicht identisch verschwindende Glieder. Also besitzt eine ganze transzendente Funktion in $z = \infty$ eine wesentlich singuläre Stelle.

c) Ist μ ganz, $\mu \geq 1$, so ist $\dfrac{1}{(z - \tilde{z}_j)^\mu}$ in der z-Ebene meromorph, $z = \tilde{z}_j$ ist Polstelle der Ordnung μ. In $z \neq \tilde{z}_j$ ist die Funktion regulär. Die Funktion ist auch in $z = \infty$ regulär; denn setzt man $z = \dfrac{1}{Z}$, so geht die Funktion in $\dfrac{1}{\left(\dfrac{1}{Z} - \tilde{z}_j\right)^\mu}$ über, also in $\dfrac{Z^\mu}{(1 - \tilde{z}_j Z)^\mu}$ für $Z \neq 0$. Diese Funktion ist aber in einer Umgebung von $Z = 0$ regulär. Da sie in $Z = 0$ den Wert 0 besitzt, ist auch der Funktion $\dfrac{1}{(z - \tilde{z}_j)^\mu}$

in $z = \infty$ der Wert 0 zuzuordnen (was man auch durch den Grenzübergang $z \to \infty$ sehen kann).

d) Eine ganze Funktion, die in $z = \infty$ regulär ist, ist notwendig konstant (zweite Fassung des Satzes von LIOUVILLE). Denn nach b) hat jede ganze transzendente Funktion in $z = \infty$ eine wesentlich singuläre Stelle, und ein nicht konstantes Polynom hat nach a) in $z = \infty$ eine Polstelle. Die Funktion $f(z) \equiv \text{const} = c$ ist tatsächlich in $z = \infty$ regulär, da die Funktion $f\left(\dfrac{1}{Z}\right) \equiv c$ in $Z = 0$ regulär ist $\left(z = \dfrac{1}{Z}\right)$.

6.2. Meromorphe Funktionen auf der Riemannschen Zahlenkugel

Hier werden Funktionen behandelt, die

a) in der ganzen (endlichen) z-Ebene mit Ausnahme höchstens endlich vieler Polstellen $\tilde{z}_j$ regulär sind und die

b) in $z = \infty$ regulär sind oder dort eine Polstelle besitzen. Solche Funktionen heißen *meromorphe Funktionen auf der Riemannschen Zahlenkugel*.

Versteht man unter einer rationalen Funktion den Quotienten $\dfrac{p_1(z)}{p_2(z)}$ zweier Polynome $p_1(z)$, $p_2(z)$ [$p_2(z)$ sei nicht identisch Null], so gilt:

S a t z 1. *Jede rationale Funktion ist eine meromorphe Funktion auf der Riemannschen Zahlenkugel.*

B e w e i s. Nach Beispiel e) von 5.2. ist $\dfrac{p_1(z)}{p_2(z)}$ zunächst meromorphe Funktion in der ganzen Ebene. In $z = \infty$ ist $f(z)$ ebenfalls regulär oder hat dort eine Polstelle. Denn setzt man $z = \dfrac{1}{Z}$, so ist $f\left(\dfrac{1}{Z}\right) = \dfrac{p_1\left(\dfrac{1}{Z}\right)}{p_2\left(\dfrac{1}{Z}\right)}$ wieder eine rationale Funktion von Z, wie man durch Erweitern mit einer Potenz von Z sieht. Und diese rationale Funktion hat in $Z = 0$ eine hebbare singuläre Stelle oder eine Polstelle. Q. e. d.

Es sei $f(z)$ eine meromorphe Funktion auf der Riemannschen Zahlenkugel, $\tilde{z}_j$ seien die in der (endlichen) komplexen Ebene gelegenen Polstellen. Die Funktion $f(z)$ werde in einer Umgebung von $\tilde{z}_j$ in eine Laurent-Reihe entwickelt,

$$f_j(z) = \sum_{\mu = -k_j}^{-1} a_\mu^{(j)}(z - \tilde{z}_j)^\mu = \frac{a_{-k_j}^{(j)}}{(z - \tilde{z}_j)^{k_j}} + \cdots + \frac{a_{-1}^{(j)}}{z - \tilde{z}_j}$$

sei der Hauptteil. Die Funktion $f_j(z)$ hat in $z = \tilde{z}_j$ eine Polstelle und ist sonst in der ganzen komplexen Ebene regulär. Nach Beispiel c) von **6.1.** ist $f_j(z)$ aber auch in $z = \infty$ regulär. Der Hauptteil von $f(z)$ in $z = \infty$ sei

$$f_\infty(z) = \sum_{\mu=-k}^{-1} b_\mu \left(\frac{1}{z}\right)^\mu = b_{-k} z^k + \cdots + b_{-1} z.$$

Die Funktion $f_\infty(z)$ ist in der ganzen komplexen Ebene regulär [ist $f(z)$ in $z = \infty$ regulär, so ist $f_\infty(z) \equiv 0$]. In allen $\tilde{z}_j$ und in $z = \infty$ sind die Hauptteile von $g(z) = f(z) - \sum_j f_j(z) - f_\infty(z)$ nach Definition dieser Funktion identisch Null, also ist $g(z)$ eine ganze Funktion, die in $z = \infty$ regulär ist. Nach Beispiel d) von **6.1.** ist $g(z) \equiv$ const, womit sich der folgende Satz ergibt:

Satz 2. *Ist $f(z)$ auf der Riemannschen Zahlenkugel meromorph, so ist*

$$f(z) \equiv \text{const} + \sum_j f_j(z) + f_\infty(z)$$

oder, ausführlich geschrieben,

$$f(z) \equiv \text{const} + \sum_j \left(\frac{a_{-k_j}^{(j)}}{(z - \tilde{z}_j)^{k_j}} + \cdots + \frac{a_{-1}^{(j)}}{z - \tilde{z}_j} \right) + b_{-k} z_k + \cdots + b_{-1} z. \tag{1}$$

Da auf der rechten Seite von (1) eine rationale Funktion steht, erhält man noch

Korollar. *Ist $f(z)$ auf der Riemannschen Zahlenkugel meromorph, so ist $f(z)$ notwendig eine rationale Funktion.*

Zusammen mit Satz 1 bedeutet das: *Die auf der Riemannschen Zahlenkugel meromorphen Funktionen sind mit den rationalen Funktionen identisch.*

Schließlich sei noch darauf hingewiesen, daß die Darstellung (1) die *Partialbruchzerlegung* rationaler Funktionen heißt.[1]

Ist $f(z) = \dfrac{p_1(z)}{p_2(z)}$, grad $p_1(z) = n$, grad $p_2(z) = m$ und ist $m > n$, so ist $f(z)$ in $z = \infty$ regulär. Denn ist

$$p_1(z) = a_0 + a_1 z + \cdots + a_n z^n, \quad a_n \neq 0,$$

$$p_2(z) = b_0 + b_1 z + \cdots + b_m z^m, \quad b_m \neq 0,$$

---

[1] Haben $p_1(x)$, $p_2(x)$ reelle Koeffizienten, so ist $f(x) = \dfrac{p_1(x)}{p_2(x)}$ reell für reelles x. Dennoch brauchen die einzelnen Summanden dieser Partialbruchzerlegung nicht auf der reellen Achse reell zu sein. Zum Beispiel ist

$$\frac{1}{1 + x^2} = \frac{i}{2} \cdot \frac{1}{x + i} - \frac{i}{2} \cdot \frac{1}{x - i}.$$

Allgemein lassen sich aber, wenn $p_1(x)$ und $p_2(x)$ reelle Koeffizienten haben, solche Summanden zu Summanden der Form

$$\frac{A x + B}{(x^2 + a x + b)^k}$$

zusammenfassen (k ganz, A, B, a, b reell, das Polynom $x^2 + a x + b$ besitzt zwei zueinander konjugiert komplexeNullstellen). Eine derartige Partialbruchzerlegung heißt *reelle* Partialbruchzerlegung.

und setzt man $z = \dfrac{1}{Z}$, so wird

$$f\left(\frac{1}{Z}\right) = \frac{a_0 + a_1 \dfrac{1}{Z} + \cdots + a_n \dfrac{1}{Z^n}}{b_0 + b_1 \dfrac{1}{Z} + \cdots + b_m \dfrac{1}{Z^m}},$$

und durch Erweitern mit Z^m

$$f\left(\frac{1}{Z}\right) = Z^{m-n}\,\frac{a_0 Z^n + a_1 Z^{n-1} + \cdots + a_n}{b_0 Z^m + b_1 Z^{m-1} + \cdots + b_m}.$$

Wegen $m > n$ hat $f\left(\dfrac{1}{Z}\right)$ in $Z = 0$ eine hebbare singuläre Stelle.

Beispiel. Es soll die Partialbruchzerlegung von $f(z) = \dfrac{z^2}{(z-1)\,(z+1)}$ angegeben werden. Zunächst ist $f(z) = \dfrac{(z^2 - 1) + 1}{(z-1)\,(z+1)}$, wegen $z^2 - 1 = (z-1)\,(z+1)$ ist also auch

$$f(z) = 1 + \frac{1}{(z-1)\,(z+1)};$$

die Funktion $\dfrac{1}{(z-1)\,(z+1)}$ ist in $z = \infty$ regulär, der Hauptteil dieser Funktion in $z = \infty$ ist also identisch Null. Die Funktion $\dfrac{1}{(z-1)\,(z+1)}$ hat nur in $z_1 = +1$ und $z_2 = -1$ Polstellen, und zwar jeweils von der Ordnung 1. Also haben die Hauptteile in $z_1 = +1$ bzw. $z_2 = -1$ die Form

$$f_1(z) = \frac{a_{-1}^{(1)}}{z - 1} \quad \text{bzw.} \quad f_2(z) = \frac{a_{-1}^{(2)}}{z + 1}.$$

Nach dem Satz von der Partialbruchzerlegung gilt

$$\frac{1}{(z-1)\,(z+1)} = \frac{a_{-1}^{(1)}}{z-1} + \frac{a_{-1}^{(2)}}{z+1}.$$

Durch Umformung folgt

$$\frac{1}{(z-1)\,(z+1)} = \frac{z\left(a_{-1}^{(1)} + a_{-1}^{(2)}\right) + \left(a_{-1}^{(1)} - a_{-1}^{(2)}\right)}{(z-1)\,(z+1)}.$$

Durch Multiplikation mit $(z-1)\,(z+1)$ folgt hieraus $(z \neq 1,\ z \neq -1)$

$$1 \equiv z\left(a_{-1}^{(1)} + a_{-1}^{(2)}\right) + \left(a_{-1}^{(1)} - a_{-1}^{(2)}\right)$$

und durch Koeffizientenvergleich

$$a_{-1}^{(1)} + a_{-1}^{(2)} = 0,$$

$$a_{-1}^{(1)} - a_{-1}^{(2)} = 1.$$

Löst man dieses lineare Gleichungssystem für $a_{-1}^{(1)}$, $a_{-1}^{(2)}$ auf, so erhält man

$$a_{-1}^{(1)} = \frac{1}{2}, \qquad a_{-1}^{(2)} = -\frac{1}{2}.$$

Also ist

$$\frac{z^2}{(z-1)\,(z+1)} = 1 + \frac{1}{2} \cdot \frac{1}{z-1} - \frac{1}{2} \cdot \frac{1}{z+1}.$$

6.3. Gebrochen lineare Funktionen

Jetzt werden spezielle rationale Funktionen, nämlich Quotienten zweier nicht identisch verschwindender linearer Funktionen, betrachtet. Solche Funktionen heißen *gebrochen linear*. Sie haben die Form

$$w = \frac{az + b}{cz + d},$$

symbolisch $w = Sz$. Dabei sind a, b, c, d komplexe Konstanten. Es wird

$$ad - bc \neq 0 \tag{1}$$

vorausgesetzt.

Ist $c = 0$, so ist wegen (1) $d \neq 0$ und $a \neq 0$, und die Funktion $w = Sz$ hat die Form

$$w = \frac{a}{d} z + \frac{b}{d}. \tag{2}$$

Also wird jeder komplexen Zahl z eine komplexe Zahl w zugeordnet. Die rechte Seite von (2) ist ein Polynom in z. Daher hat nach Beispiel a) von **6.1.** die Funktion (2) in $z = \infty$ einen Pol (erster Ordnung). Also ist $w = \infty$ für $z = \infty$ zu setzen. Insgesamt sieht man:

Jeder komplexen Zahl z einschließlich $z = \infty$ wird durch (2) eine komplexe Zahl w bzw. $w = \infty$ zugeordnet.

Diese Zuordnung ist aber auch umkehrbar, denn durch Auflösung von (2) nach z erhält man

$$z = \frac{d}{a} w - \frac{b}{a}, \tag{3}$$

symbolisch: $z = S^{-1}w$. Jede komplexe Zahl w ist also das Bild $w = Sz$ genau einer komplexen Zahl z. Da die Funktion (3) $z = S^{-1}w$ in $w = \infty$ einen Pol (erster Ordnung) besitzt, d. h., da $z = \infty$ für $w = \infty$ zu setzen ist, geht also nur $z = \infty$ bei der Abbildung (2) $w = Sz$ in $w = \infty$ über.

Im Fall $c \neq 0$ ist

$$w = \frac{1}{c} \cdot \frac{az + b}{z + \dfrac{d}{c}} = \frac{1}{c} \frac{a\left(z + \dfrac{d}{c}\right) + \left(b - \dfrac{ad}{c}\right)}{z + \dfrac{d}{c}},$$

also

$$w = \frac{a}{c} + \frac{bc - ad}{c^2} \cdot \frac{1}{z + \dfrac{d}{c}}. \quad ^1) \tag{4}$$

$^1)$ Es ist $w \equiv \text{const}$, wenn $ad - bc = 0$ ist.

Jedem $z \neq -\dfrac{d}{c}$ wird also genau eine komplexe Zahl w zugeordnet. Die Funktion (4) $w = Sz$ ist für alle $z \neq -\dfrac{d}{c}$ regulär. Die rechte Seite von (4) kann man als Laurent-Entwicklung von $w = Sz$ auffassen. Mithin ist $z = -\dfrac{d}{c}$ Polstelle. Dem Punkt $z = -\dfrac{d}{c}$ wird also $w = \infty$ zugeordnet. Nach Beispiel c) aus **6.1.** ist $\dfrac{1}{z + \dfrac{d}{c}}$ in $z = \infty$ regulär und hat dort den Wert 0. Also ist auch $\dfrac{a}{c} + \dfrac{ad-bc}{c^2} \cdot \dfrac{1}{z + \dfrac{d}{a}}$, die rechte Seite von (4), in $z = \infty$ regulär und hat in $z = \infty$ den Wert $\dfrac{a}{c}$.

Die Auflösung von $w = \dfrac{az + b}{cz + d}$ nach z ergibt $z = S^{-1}w = \dfrac{-dw+b}{cw-a}$. Entsprechend (4) kann man dies umformen zu

$$ z = \frac{-d}{c} + \frac{bc-ad}{c^2} \cdot \frac{1}{w - \dfrac{a}{c}}. $$

Also gehört zu jedem $w \neq \dfrac{a}{c}$ genau eine komplexe Zahl z, die bei $w = Sz$ in w übergeht. Für $w = \infty$ ergibt sich hier $z = \dfrac{-d}{c}$, d. h., nur $z = -\dfrac{d}{c}$ geht bei der Abbildung $w = Sz$ in $w = \infty$ über. Da die Funktion $z = S^{-1}w$ in $w = \dfrac{a}{c}$ einen Pol besitzt, ist notwendig $z = \infty$, damit $w = Sz$ den Wert $w = \dfrac{a}{c}$ annehmen kann. Insgesamt bedeutet dies, daß die Funktion $w = Sz$ eindeutig umkehrbar ist. Zusammenfassend hat man:

Für eine von $-\dfrac{d}{c}$ verschiedene komplexe Zahl ist $w = Sz$ eine von $\dfrac{a}{c}$ verschiedene komplexe Zahl,

$$ \text{für } z = -\frac{d}{a} \text{ ist } w = \infty $$

$$ \text{für } z = \infty \text{ ist } w = \frac{a}{c}. $$

In beiden Fällen ($c = 0$ und $c \neq 0$) gilt:

Die gebrochen lineare Funktion $w = \dfrac{az + b}{cz + d}$, $ad - bc \neq 0$, *bildet die durch $z = \infty$ erweiterte z-Ebene (z-Kugel) eineindeutig auf die durch $w = \infty$ erweiterte w-Ebene (w-Kugel) ab.*

Eigenschaften von gebrochen linearen Funktionen:
Zunächst soll gezeigt werden:

I. *Ist $w = Sz$ eine gebrochen lineare Funktion, so werden Geraden und Kreislinien in der z-Ebene durch diese Funktion $w = Sz$ in Geraden oder Kreislinien in der w-Ebene abgebildet.*[1])

Um diese Behauptung zu beweisen, werden vorbereitend zwei Hilfssätze formuliert und bewiesen.

Hilfssatz 1. *Geraden und Kreislinien in der z-Ebene sind genau die Punktmengen, deren Punkte z einer Gleichung der Form*

$$A z\bar{z} + Bz + \bar{B}\bar{z} + C = 0, \quad A \text{ und } C \text{ reell}, \quad AC < |B|^2,$$

genügen. Dabei ist $A = 0$ im Fall der Geraden und $A \neq 0$ im Fall der Kreislinien.

Beweis.

a) Es sei $A z\bar{z} + Bz + \bar{B}\bar{z} + C = 0$, A, C reell, $AC < |B|^2$ und $A \neq 0$. Dividiert man die Gleichung durch A, so folgt

$$z\bar{z} + \frac{B}{A}z + \frac{\bar{B}}{A}\bar{z} + \frac{C}{A} = 0.$$

Hieraus folgt

$$\left(z + \frac{\bar{B}}{A}\right)\left(\bar{z} + \frac{B}{A}\right) + \left(\frac{C}{A} - \frac{B\bar{B}}{A^2}\right) = 0,$$

also auch

$$\left|z + \frac{\bar{B}}{A}\right|^2 = \frac{1}{A^2}(|B|^2 - AC) > 0.$$

Das ist die Gleichung der Kreislinie mit dem Mittelpunkt $z_0 = -\dfrac{\bar{B}}{A}$ und dem Radius $r = \dfrac{1}{A}\sqrt{|B|^2 - AC}$.

b) Umgekehrt sei eine Kreislinie mit dem Mittelpunkt z_0 und dem Radius r gegeben. Dann ist $|z - z_0| = r$ die Darstellung dieser Kreislinie. Hieraus folgt

$$|z - z_0|^2 = (z - z_0)(\bar{z} - \bar{z}_0) = z\bar{z} - \bar{z}_0 z - z_0\bar{z} + |z_0|^2 = r^2.$$

Dies ist eine Gleichung der geforderten Gestalt, wie man sieht, wenn man $A = 1$, $B = -\bar{z}_0$ und $C = |z_0|^2 - r^2$ setzt. Es ist dann $\bar{B} = -z_0$, $|B|^2 = |z_0|^2$, also tatsächlich $AC < |B|^2$.

c) Es sei $Bz + \bar{B}\bar{z} + C = 0$, C reell. Das ist eine Gleichung der in Hilfssatz 1 genannten Form mit $A = 0$. Setzt man $z = x + iy$, so ist $\bar{z} = x - iy$, und

---

[1]) Das heißt, die Gesamtheit aller Geraden und Kreislinien in der z-Ebene wird in die Gesamtheit aller Geraden und Kreislinien in der w-Ebene transformiert. Faßt man eine Gerade als eine durch den Punkt ∞ gehende Kreislinie auf, so kann man kürzer sagen: Durch $w = Sz$ wird eine Kreislinie der z-Ebene in eine Kreislinie der w-Ebene transformiert. Aus diesem Grunde wird diese Eigenschaft I auch als *Kreisverwandtschaft* bezeichnet.

durch Einsetzen erhält man

$$x(B + \overline{B}) + yi(B - \overline{B}) + C = 0,$$

also

$$2\operatorname{Re}[B] \cdot x - 2\operatorname{Im}[B] \cdot y + C = 0.$$

Das ist aber die Gleichung einer Geraden.

d) Die Koordinaten (x, y) eines auf einer Geraden in der x, y-Ebene laufenden Punktes genügen einer linearen Gleichung $a_1 x + a_2 y + a_3 = 0$, a_i reell. Setzt man $z = x + iy$, so ist wieder $\bar{z} = x - iy$ und damit $x = \frac{1}{2}(z + \bar{z})$, $y = -\frac{i}{2}(z - \bar{z})$. Durch Einsetzen folgt

$$\frac{1}{2} a_1(z + \bar{z}) - \frac{i}{2} a_2(z - \bar{z}) + a_3 = \frac{1}{2}(a_1 - ia_2)z + \frac{1}{2}(a_1 + ia_2)\bar{z} + a_3 = 0.$$

Das ist eine Gleichung der verlangten Gestalt, wobei $A = 0$, $B = \frac{1}{2}(a_1 - ia_2)$ und $C = a_3$ (= reell) ist.   Q. e. d.

Hilfssatz 2. *Ist* $w = Sz = \dfrac{az + b}{cz + d}$, $ad - bc \neq 0$ *(d. h., ist* $w = Sz$ *eine gebrochen lineare Funktion), so kann man Sz durch Zusammensetzung von (höchstens drei) gebrochen linearen Funktionen der speziellen Gestalt*

$$w = az + b \quad (a \neq 0), \tag{5}$$

$$w = \frac{1}{z} \tag{6}$$

darstellen.

Beweis. $w = Sz$ besitzt genau eine Polstelle erster Ordnung.

a) Liegt der Pol in $z = \infty$, so besitzt Sz nach Satz 2 von **6.2.** die Partialbruchzerlegung

$$Sz = \text{const} + b_{-1}z, \quad b_{-1} \neq 0,$$

d. h., Sz ist selbst von der Form (5).

b) Liegt der Pol von Sz in z_0, z_0 (endliche) komplexe Zahl, so hat Sz — wieder nach **6.2.**, Satz 2 — die Partialbruchzerlegung

$$Sz = \text{const} + \frac{a_{-1}}{z - z_0}, \quad a_{-1} \neq 0.$$

Setzt man $z - z_0 = z'$, $\frac{1}{z'} = z''$, so ist $w = Sz = \text{const} + a_{-1}z''$. Damit ist Sz als Zusammensetzung von drei Funktionen der Gestalt (5) bzw. (6) dargestellt. Q. e. d.

Wegen Hilfssatz 2 genügt es, die Aussage I für gebrochen lineare Funktionen der speziellen Gestalt (5) bzw. (6) zu beweisen.

Beweis im Fall (5). Nach Hilfssatz 1 gilt für die Punkte z einer Geraden oder einer Kreislinie

$$A z\bar{z} + B z + \bar{B}\bar{z} + C = 0, \quad A, C \text{ reell}, A C < |B|^2. \tag{7}$$

Ist $w = a z + b$, $a \neq 0$, so ist $z = \dfrac{w - b}{a}$, und durch Einsetzen folgt

$$A \frac{w - b}{a} \frac{\bar{w} - \bar{b}}{\bar{a}} + B \frac{w - b}{a} + \bar{B}\frac{\bar{w} - \bar{b}}{\bar{a}} + C = 0.$$

Setzt man

$$\frac{A}{|a|^2} = A', \quad \frac{B}{a} - \frac{A}{|a|^2}\bar{b} = B'$$

und

$$C - \frac{B b}{a} - \frac{\bar{B}\bar{b}}{\bar{a}} + A \frac{|b|^2}{|a|^2} = C',$$

so ergibt sich

$$A' w\bar{w} + B' w + \bar{B}'\bar{w} + C' = 0.$$

Diese Punktmenge ist wieder eine Gerade oder eine Kreislinie; denn wegen $\dfrac{B b}{a} + \dfrac{\bar{B}\bar{b}}{\bar{a}} = 2 \operatorname{Re}\left[\dfrac{B b}{a}\right]$ ist auch C' reell, weiter ist

$$|B'|^2 = B' \bar{B}' = \frac{|B|^2}{|a|^2} - \frac{A B b}{a |a|^2} - \frac{A \bar{B}\bar{b}}{\bar{a} |a|^2} + \frac{A^2 |b|^2}{|a|^4},$$

$$A' C' = \frac{A C}{|a|^2} - \frac{A B b}{a |a|^2} - \frac{A \bar{B}\bar{b}}{\bar{a} |a|^2} + \frac{A^2 |b|^2}{|a|^4}$$

und somit $A' C' < |B'|^2$.

Beweis im Fall (6). Hier hat man $w = \dfrac{1}{z}$ in (7) einzusetzen; man erhält

$$A \frac{1}{w} \frac{1}{\bar{w}} + B \frac{1}{w} + \bar{B}\frac{1}{\bar{w}} + C = 0.$$

Durch Multiplikation mit $w\bar{w}$ folgt

$$C w\bar{w} + \bar{B} w + B\bar{w} + A = 0.$$

Auch das ist wieder die Gleichung einer Geraden oder einer Kreislinie; denn gegenüber (7) sind nur A und C bzw. B und $\bar{B}$ miteinander vertauscht.[1] Q. e. d.

---

[1] Ist $A = 0$ und $C = 0$, so stellt (7) eine Gerade dar, die durch $w = \dfrac{1}{z}$ wieder in eine Gerade abgebildet wird. Ist $A = 0$, $C \neq 0$, so stellt (7) eine Gerade dar, die jedoch durch $w = \dfrac{1}{z}$ in eine Kreislinie abgebildet wird.

Um eine weitere Eigenschaft gebrochen linearer Funktionen anzugeben, wird der Begriff des *Doppelverhältnisses* von vier Punkten definiert. Es seien z_1, z_2, z_3, z_4 vier voneinander verschiedene Punkte der komplexen Ebene. Dann soll unter

$$\mathrm{DV}\,(z_1, z_2, z_3, z_4) = \frac{z_3 - z_1}{z_3 - z_2} : \frac{z_4 - z_1}{z_4 - z_2} = \frac{z_3 - z_1}{z_3 - z_2} \cdot \frac{z_4 - z_2}{z_4 - z_1}$$

das Doppelverhältnis dieser vier Punkte verstanden werden. Hält man z_1, z_2, z_3 fest und läßt man $z_4 = z$ in der z-Ebene variieren, so ist das Doppelverhältnis eine gebrochen lineare Funktion

$$T z = \mathrm{DV}\,(z_1, z_2, z_3, z) = \frac{z_3 - z_1}{z_3 - z_2} \cdot \frac{z - z_2}{z - z_1}.$$

Es ist $T z_2 = 0$, $T z_3 = 1$. Weiter hat $T z$ in $z = z_1$ einen Pol, also ist $T z_1 = \infty$. Schließlich ist $T \infty = \dfrac{z_3 - z_1}{z_3 - z_2}$, wie man sieht, wenn man $T z$ auf die Form (4) bringt. Demzufolge setzt man [1]

$$\mathrm{DV}\,(z_1, z_2, z_3, z_1) = \infty,$$

$$\mathrm{DV}\,(z_1, z_2, z_3, z_2) = 0,$$

$$\mathrm{DV}\,(z_1, z_2, z_3, z_3) = 1$$

und

$$\mathrm{DV}\,(z_1, z_2, z_3, \infty) = \frac{z_3 - z_1}{z_3 - z_2}. \tag{8}$$

Es gilt dann:

II. *Das Doppelverhältnis von vier (voneinander verschiedenen) Punkten der Riemannschen Zahlenkugel bleibt bei der Abbildung durch eine gebrochen lineare Funktion $w = S z$ erhalten.*

Es gilt also

$$\mathrm{DV}\,(S z_1, S z_2, S z_3, S z_4) = \mathrm{DV}\,(z_1, z_2, z_3, z_4).$$

Wegen Hilfssatz 2 genügt es, diese Behauptung für gebrochen lineare Funktionen der Form (5) und (6) zu beweisen.

---

[1] Es sei darauf hingewiesen, daß man zu $\mathrm{DV}\,(z_1, z_2, \infty, z_4)$ und ähnlichen Grenzfällen kommt, wenn man $z_3 = z$ variiert und die gebrochen lineare Funktion $\mathrm{DV}\,(z_1, z_2, z, z_4)$ $= \dfrac{z - z_1}{z - z_2} \cdot \dfrac{z_4 - z_2}{z_4 - z_1}$ betrachtet (z_1, z_2, z_4 sind voneinander verschiedene komplexe Zahlen). Insbesondere ist $\mathrm{DV}\,(z_1, z_2, \infty, z_4) = \dfrac{z_4 - z_2}{z_4 - z_1}$. Damit ist insbesondere für vier beliebige, voneinander verschiedene Punkte der Riemannschen Zahlenkugel das Doppelverhältnis definiert.

Zu (5): Sind alle z_i von $z = \infty$ verschieden, so sind auch die $w_i = az_i + b$ von $w = \infty$ verschieden, und es ist

$$\mathrm{DV}(w_1, w_2, w_3, w_4) = \frac{w_3 - w_1}{w_3 - w_2} \cdot \frac{w_4 - w_2}{w_4 - w_1} = \frac{a(z_3 - z_1)}{a(z_3 - z_2)} \cdot \frac{a(z_4 - z_2)}{a(z_4 - z_1)}$$

$$= \frac{z_3 - z_1}{z_3 - z_2} \cdot \frac{z_4 - z_2}{z_4 - z_1} = \mathrm{DV}(z_1, z_2, z_3, z_4).$$

Ist ferner etwa $z_4 = \infty$, so ist auch $w_4 = \infty$, und nach (8) ist

$$\mathrm{DV}(w_1, w_2, w_3, \infty) = \frac{w_3 - w_1}{w_3 - w_2} = \frac{a(z_3 - z_1)}{a(z_3 - z_2)} = \frac{z_3 - z_1}{z_3 - z_2} = \mathrm{DV}(z_1, z_2, z_3, \infty).$$

Zu (6): Sind zunächst alle z_i von $z = 0$ und $z = \infty$ verschieden, so sind auch die $w_i = \dfrac{1}{z_i}$ von $w = 0$ und $w = \infty$ verschieden, und es ist

$$\mathrm{DV}(w_1, w_2, w_3, w_4) = \frac{\dfrac{1}{z_3} - \dfrac{1}{z_1}}{\dfrac{1}{z_3} - \dfrac{1}{z_2}} \cdot \frac{\dfrac{1}{z_4} - \dfrac{1}{z_2}}{\dfrac{1}{z_4} - \dfrac{1}{z_1}} = \frac{z_2(z_1 - z_3)}{z_1(z_2 - z_3)} \cdot \frac{z_1(z_2 - z_4)}{z_2(z_1 - z_4)}$$

$$= \frac{z_3 - z_1}{z_3 - z_2} \cdot \frac{z_4 - z_2}{z_4 - z_1} = \mathrm{DV}(z_1, z_2, z_3, z_4).$$

Ist ferner etwa $z_4 = 0$, so ist $w_4 = \infty$, und es ist

$$\mathrm{DV}(w_1, w_2, w_3, \infty) = \frac{w_3 - w_1}{w_3 - w_2} = \frac{\dfrac{1}{z_3} - \dfrac{1}{z_1}}{\dfrac{1}{z_3} - \dfrac{1}{z_2}} = \frac{z_2(z_1 - z_3)}{z_1(z_2 - z_3)}$$

$$= \frac{z_3 - z_1}{z_3 - z_2} \cdot \frac{0 - z_2}{0 - z_1} = \mathrm{DV}(z_1, z_2, z_3, 0).$$

Ist $z_4 = \infty$, so ist $w_4 = 0$ und

$$\mathrm{DV}(w_1, w_2, w_3, 0) = \frac{w_3 - w_1}{w_3 - w_2} \cdot \frac{0 - w_2}{0 - w_1} = \frac{\dfrac{1}{z_3} - \dfrac{1}{z_1}}{\dfrac{1}{z_3} - \dfrac{1}{z_2}} \cdot \frac{-\dfrac{1}{z_2}}{-\dfrac{1}{z_1}} = \frac{z_3 - z_1}{z_3 - z_2} = \mathrm{DV}(z_1, z_2, z_3, \infty).$$

Ist $z_3 = \infty$ und $z_4 = 0$, so ist $w_3 = 0$, $w_4 = \infty$, also

$$\mathrm{DV}(w_1, w_2, 0, \infty) = \frac{-w_1}{-w_2} = \frac{-\dfrac{1}{z_1}}{-\dfrac{1}{z_2}} = \frac{-z_2}{-z_1}.$$

Unter Berücksichtigung der Fußnote auf S. 126 ist dies gleich $\mathrm{DV}(z_1, z_2, \infty, 0)$, Q. e. d.

Schließlich soll noch eine Folgerung aus II gezogen werden:

Das Doppelverhältnis von vier (voneinander verschiedenen) Punkten der komplexen Ebene ist genau dann reell, wenn diese vier Punkte auf einer Geraden oder auf einer Kreislinie liegen. [1])

Der Beweis ergibt sich unmittelbar, wenn man die Funktion

$$T z = \mathrm{DV}\,(z_1, z_2, z_3, z) = \frac{z_3 - z_1}{z_3 - z_2} \cdot \frac{z - z_2}{z - z_1}$$

betrachtet.

a) Das Doppelverhältnis der vier Punkte sei reell. Die Funktion $w = T z$ bildet z_1, z_2, z_3 in ∞, 0, 1 ab. Also liegen $T z_1, T z_2, T z_3$ auf der reellen Achse. Da $T z_4 = \mathrm{DV}\,(z_1, z_2, z_3, z_4)$ reell ist, liegt auch $T z_4$ auf der reellen Achse. Die Umkehrfunktion $z = T^{-1} w$ führt nach II die reelle Achse in eine Gerade oder eine Kreislinie über. Also liegen $T^{-1}(T z_i) = z_i$ auf dieser Geraden bzw. dieser Kreislinie.

b) Umgekehrt werde angenommen, daß z_1, z_2, z_3, z_4 auf einer Geraden oder Kreislinie liegen. Wendet man II auf $T z$ an, so sieht man, daß $T z_1, T z_2, T z_3$ und $T z_4$ auf einer Geraden oder Kreislinie liegen müssen. Diese Bildkurve kann nur die reelle Achse sein: Wegen $T z_1 = \infty$ muß die Bildkurve eine Gerade sein und wegen $T z_2 = 0$, $T z_3 = 1$ kann diese Gerade nur die reelle Achse sein. Dann liegt aber $T z_4$ auf der reellen Achse, d. h., es ist $T z_4 = \mathrm{DV}\,(z_1, z_2, z_3, z_4)$ reell. Q. e. d.

Als Beispiel einer gebrochen linearen Funktion wird

$$w = \frac{z - z_0}{1 - \bar{z}_0 z}, \quad |z_0| < 1, \tag{9}$$

betrachtet. Für $z = z_0$ ist $w = 0$. Die Polstelle liegt in $z = \dfrac{1}{\bar{z}_0}$, also in $|z| > 1$. Nach I bildet (9) die Einheitskreislinie $|z| = 1$ in eine Kreislinie oder in eine Gerade ab. Setzt man $z = 1$, so ist $w = \dfrac{1 - z_0}{1 - \bar{z}_0}$, also $|w| = \dfrac{|1 - z_0|}{|1 - \bar{z}_0|} = 1$, da z_0 und $\bar{z}_0$ spiegelbildlich zur reellen Achse liegen und da $|1 - z_0|$ bzw. $|1 - \bar{z}_0|$ den Abstand der Punkte $z = 1$ und $z = z_0$ bzw. der Punkte $z = 1$ und $z = \bar{z}_0$ angibt. Für $z = -1$ erhält man $w = \dfrac{1 + z_0}{1 + \bar{z}_0}$, also wieder $w = \dfrac{|1 + z_0|}{|1 + \bar{z}_0|} = 1$; denn

---

[1]) Diese Aussage gilt sogar auch, wenn einer der vier Punkte der Punkt $z = \infty$ ist. Es kommt dann natürlich nur der Fall einer Geraden in Betracht. Ist etwa $z_4 = \infty$, so liegen z_1, z_2, z_3 genau dann auf einer Geraden, wenn $\mathrm{DV}\,(z_1, z_2, z_3, \infty) = \dfrac{z_3 - z_1}{z_3 - z_2}$ reell ist. Dies ergibt sich z. B., wenn man $z_3 - z_1$ als Vektor von z_1 nach z_3 deutet (vgl. **1.2.**). Und es ist

$$\arg \frac{z_3 - z_1}{z_3 - z_2} \equiv \arg \frac{z_1 - z_3}{z_2 - z_3} \equiv \arg (z_1 - z_3) - \arg (z_2 - z_3) \equiv 0 \pmod{\pi}.$$

wenn das Doppelverhältnis reell ist.

$|1 + z_0|$ bzw. $|1 + \bar{z}_0|$ gibt den Abstand von $z = 1$ zu $z = -z_0$ bzw. zu $z = -\bar{z}_0$ an. Setzt man schließlich $z = i$, so ist $w = \dfrac{i - z_0}{1 - i\bar{z}_0} = i\dfrac{1 + iz_0}{1 - i\bar{z}_0}$, also $|w| = 1 \cdot \dfrac{|1 + iz_0|}{|1 - i\bar{z}_0|}$. Wegen $\overline{(iz_0)} = -i\bar{z}_0$ liegen auch iz_0 und $-i\bar{z}_0$ spiegelbildlich zur reellen Achse, also ist wieder $|w| = 1$, d. h., die Bildpunkte von $z = +1, -1, i$ gehen in drei Punkte auf der Kreislinie $|w| = 1$ über. Also ist das Bild von $|z| = 1$ die Kreislinie $|w| = 1$. Mithin gilt $|w| = 1$ für jedes z von $|z| = 1$. Da weiter wegen $w = 0$ für $z = z_0$ die Funktion nicht konstant sein kann, gilt nach dem Maximumprinzip (4.5., Folgerung 5) $|w| < 1$ in $|z| < 1$, d. h., die Funktion (9) bildet die Einheitskreisscheibe wieder in die Einheitskreisscheibe ab. Dabei wird sogar jedes w aus $|w| < 1$ in einem Punkt von $|z| < 1$ angenommen, denn durch Auflösung von (9) nach z folgt $z = \dfrac{w + z_0}{1 + \bar{z}_0 w}$, d. h., die Umkehrung hat wieder die Form (9) (jedoch mit $-z_0$ statt z_0). Also ist für ein w aus $|w| < 1$ auch $|z| < 1$. Damit erhält man das Ergebnis:

Die Funktion $w = \dfrac{1 - z_0}{1 - \bar{z}_0 z}$, $|z_0| < 1$, *bildet die Kreisscheibe* $|z| < 1$ *eineindeutig auf* $|w| < 1$ *ab.*

7. GEOMETRISCHE EIGENSCHAFTEN REGULÄRER FUNKTIONEN

7.1. Gebietstreue. Umkehrfunktion

Die Funktion $w = f(z)$ sei in G regulär und nicht konstant. Es sei z_0 eine w_0-Stelle der Ordnung k. Dann wird $\delta > 0$ so gewählt, daß $|z - z_0| \leq \delta$ ganz zu G gehört und daß für alle von z_0 verschiedenen z aus $|z - z_0| \leq \delta$ stets $f(z) \neq w_0$ ist (vgl. **4.5.**). Die Funktion $f(z) - w_0$ hat in z_0 eine Nullstelle der Ordnung k. Da die Funktion $f(z)$ insbesondere auf der Kreislinie $|z - z_0| = \delta$ keine w_0-Stelle besitzt, ist $d_0 = \inf\limits_{|z-z_0|=\delta} |f(z) - w_0|$ positiv. Ist jetzt w ein beliebig, aber fest gewählter Punkt aus der Kreisscheibe $|w - w_0| < d_0$ in der w-Ebene, so ist $|w_0 - w| < |f(z) - w_0|$ in jedem Punkt von $|z - z_0| = \delta$. Nach dem Satz von ROUCHÉ (**5.4.**, II) haben daher $f(z) - w_0$ und $(f(z) - w_0) + (w_0 - w) = f(z) - w$ in $|z - z_0| < \delta$ dieselbe Gesamtordnung von Nullstellen, d. h., die Gesamtordnung der Nullstellen von $f(z) - w$ in $|z - z_0| < \delta$ ist ebenfalls gleich k. Damit hat man das folgende Ergebnis:

Die Gesamtordnung der w-Stellen von $f(z)$ in $|z - z_0| < \delta$, w aus $|w - w_0| < d_0$, ist gleich k.

Folgerungen:

1. Nimmt die nicht konstante und reguläre Funktion $f(z)$ in G den Wert w_0 an, so wird auch jedes w aus $|w - w_0| < d_0$ in G angenommen. Das bedeutet, daß die Menge $\tilde{G}$ der Bildpunkte von G bei der Abbildung $w = f(z)$ offen ist. Die Menge $\tilde{G}$ ist aber auch zusammenhängend; denn sind w_1 und w_2 zwei Punkte von $\tilde{G}$, so gibt es jeweils wenigstens einen Punkt z_1 von G bzw. z_2 von G, so daß $f(z_1) = w_1$ bzw. $f(z_2) = w_2$ ist. Da G ein Gebiet ist, lassen sich z_1 und z_2 in G durch eine Kurve γ verbinden. Ist $z = z(t)$, $a \leq t \leq b$, die Darstellung von γ, so ist $f(z(t))$, $a \leq t \leq b$, die Darstellung der Bildkurve $\tilde{\gamma}$ von γ. Die Kurve $\tilde{\gamma}$ liegt in $\tilde{G}$ und verbindet w_1 und w_2. Also ist auch $\tilde{G}$ ein Gebiet. Mithin hat man den folgenden Satz von der *Gebietstreue*:

Es sei G ein Gebiet, die Funktion $w = f(z)$ in G regulär und nicht konstant. Dann ist auch die Menge $\tilde{G}$ der Bildpunkte von G bei der Abbildung $w = f(z)$ ein Gebiet.

2. Ist $f'(z_0) \neq 0$, so ist z_0 eine w_0-Stelle der Ordnung $k = 1$. Jedes w aus $|w - w_0| < d_0$ wird also von $f(z)$ in genau einem Punkt z aus $|z - z_0| < \delta$ angenommen. Jetzt wird $\delta_0 < \delta$ so klein gewählt, $\delta_0 > 0$, daß für jedes z aus $|z - z_0| < \delta_0$ erstens $|f(z) - w_0| < d_0$ und zweitens $f'(z) \neq 0$ ist. Wegen der Stetigkeit von $f(z)$ bzw. wegen der Stetigkeit von $f'(z)$ läßt sich ein solches δ_0 stets angeben. Bezeichnet man mit H das Bildgebiet von $|z - z_0| < \delta_0$, so liegt also H in $|w - w_0| < d_0$. Da die in $|w - w_0| < d_0$ liegenden Punkte w von $f(z)$ genau einmal in $|z - z_0| < \delta$ angenommen werden, entsprechen sich $|z - z_0| < \delta_0$ und H eineindeutig[1]), d. h., in H existiert die *Umkehrfunktion* $z = f^{-1}(w)$ (vgl. Abb. 28).

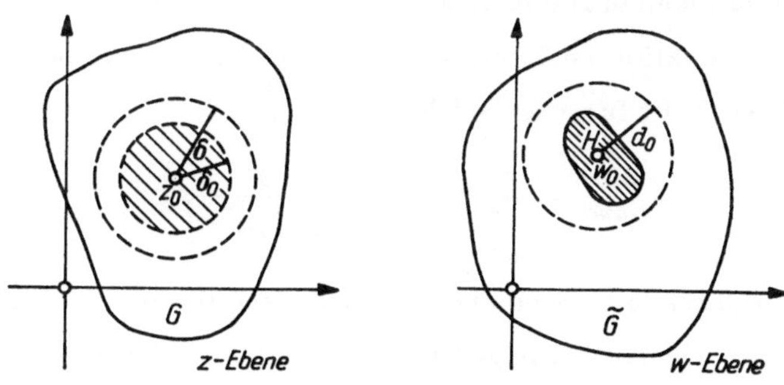

Abb. 28

Die Umkehrfunktion $z = f^{-1}(w)$ ist in H stetig: Ist nämlich $\{w_n\}$ eine gegen w_*, $w_* \in H$, konvergierende Folge, $w_n \in H$, $w_n \neq w_*$, so sind wegen der Eineindeutigkeit von $f(z)$ in $|z - z_0| < \delta_0$ die $z_n = f^{-1}(w_n)$ von $z_* = f^{-1}(w_*)$ verschieden. Die z_n konvergieren aber auch gegen z_*; denn andernfalls gäbe es eine Teilfolge z_{n_i}, die gegen einen von z_* verschiedenen Punkt z_{**} von $|z - z_0| \leqq \delta_0$ konvergierte. Da $f(z)$ stetig ist, gilt $f(z_{n_i}) \to f(z_{**})$. Andererseits ist $f(z_{n_i}) = w_{n_i} \to w_*$, also ist $f(z_{**}) = w_*$. Da $f(z)$ jeden Wert w_* aus $|w - w_0| < d_0$ in $|z - z_0| < \delta$ nur einmal annimmt, muß aber $z_{**} = z_*$ sein.

Die Umkehrfunktion $z = f^{-1}(w)$ ist auch in H regulär. Dazu wird gezeigt, daß $f^{-1}(w)$ in jedem Punkt von H differenzierbar ist. Mit einer Folge $w_n \in H$, $w_n \neq w_*$, $w_n \to w_*$, wird die Folge der Differenzenquotienten

$$\frac{f^{-1}(w_n) - f^{-1}(w_*)}{w_n - w_*} = \frac{z_n - z_*}{f(z_n) - f(z_*)} = \frac{1}{\dfrac{f(z_n) - f(z_*)}{z_n - z_*}} \tag{1}$$

betrachtet. Wegen $\dfrac{f(z_n) - f(z_*)}{z_n - z_*} \to \dfrac{df(z_*)}{dz} \neq 0$ ist also die Folge (1) konvergent und

---

[1]) Das heißt (vgl. die Fußnote [3]) auf S. 80), $w = f(z)$ ist in $|z - z_0| < \delta_0$ schlicht.

9*

besitzt den Limes

$$\frac{df^{-1}(w_*)}{dw} = \frac{1}{\dfrac{df(z_*)}{dz}}. \tag{2}$$

Beispiel. Man betrachte die Funktion $w = f(z) = z^k$, $k \geqq 2$, ganz. Wie im Reellen werden alle z, deren k-te Potenz z^k gleich einer vorgegebenen (komplexen) Zahl w ist, mit $z = \sqrt[k]{w}$ bezeichnet. Bereits in 1.2. wurde gezeigt, daß zu jedem $w_0 \neq 0$ genau k voneinander verschiedene Werte von $\sqrt[k]{w_0}$ gehören. Ist z_0 ein solcher Wert, so gibt es nach 2. eine Umgebung $|z - z_0| < \delta_0$ von z_0, die durch $w = z^k$ eineindeutig auf das Bildgebiet H von $|z - z_0| < \delta_0$ abgebildet wird. Damit erhält man in H eine reguläre Funktion, die dort $w = z^k$ (eindeutig) umkehrt. Diese Funktion heißt ein *Zweig* von $\sqrt[k]{w}$ und wird ebenfalls mit $\sqrt[k]{w}$ bezeichnet. Nach (2) ist für einen solchen Zweig $\sqrt[k]{w}$

$$\frac{d\sqrt[k]{w}}{dw} = \frac{1}{\dfrac{dz^k}{dz}} = \frac{1}{kz^{k-1}} = \frac{1}{k\left(\sqrt[k]{w}\right)^{k-1}}. \tag{3}$$

Es gibt zu $w_0 \neq 0$ genau k voneinander verschiedene Werte $z_0 = \sqrt[k]{w_0}$. Also gibt es zu jedem $w_0 \neq 0$ genau k Zweige $\sqrt[k]{w}$. Für alle diese k Zweige gilt Formel (3).

7.2. Abbildung in w_0-Stellen der Ordnung $k \geqq 2$

In 2.2. wurde gezeigt: Ist $f(z)$ in G regulär und nicht konstant, ist weiter $f'(z_0) \neq 0$, so gibt es eine Umgebung von z_0, so daß die Abbildung in dieser Umgebung winkeltreu ist. Die Wahl dieser Umgebung unterliegt nur der Bedingung, daß in ihr $f'(z) \neq 0$ ist. Hier soll untersucht werden, wie sich die Abbildung in z_0 verhält, wenn $f'(z_0) = 0$ ist. Dazu wird eine in z_0 beginnende Kurve γ betrachtet. Ist $z(t)$, $t_0 \leqq t \leqq b$, die Darstellung von γ, so ist, da γ in z_0 beginnt, $z(t_0) = z_0$. In der z-Ebene werden jetzt zum Zentrum z_0 Polarkoordinaten r, φ eingeführt (Abb. 29). Entsprechend seien $\tilde{r}$, $\tilde{\varphi}$ Polarkoordinaten in der w-Ebene mit dem Zentrum $w_0 = f(z_0)$. Für auf γ gelegene Punkte ist dann

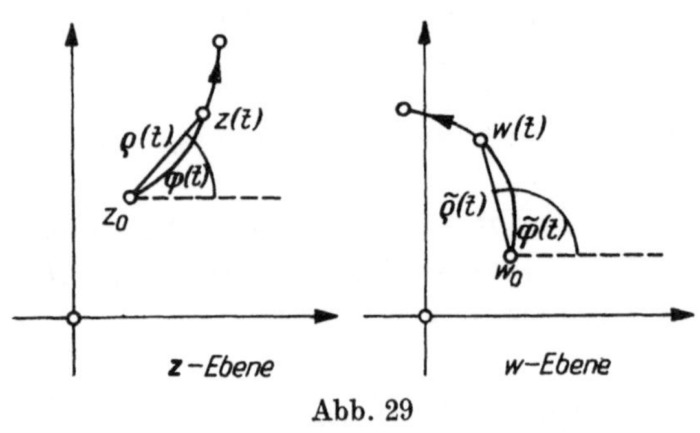

Abb. 29

$$z(t) - z_0 = r(t) \exp\left(i\varphi(t)\right).$$

Das durch die Funktion $w = f(z)$ in der w-Ebene entworfene Bild von γ sei $\tilde{\gamma}$. Die Bildkurve $\tilde{\gamma}$ besitzt somit die Darstellung $w(t) = f(z(t))$, $t_0 \leq t \leq b$. Es ist

$$f(z(t)) - w_0 = \tilde{r}(t) \exp\left(i\tilde{\varphi}(t)\right).$$

Entwickelt man $f(z)$ in einer Umgebung von z_0 in eine Potenzreihe, so erhält man

$$f(z) - w_0 = (z - z_0)^k \left[\frac{1}{k!} f^{(k)}(z_0) + \frac{1}{(k+1)!} f^{(k+1)}(z_0) (z - z_0) + \cdots \right].$$

wobei $k \geq 1$ die Ordnung der w_0-Stelle z_0 angibt. Ist $z = z(t)$ ein auf γ gelegener Punkt, so folgt hieraus

$$f(z(t)) - w_0 = (z(t) - z_0)^k \left[\frac{1}{k!} f^{(k)}(z_0) + \frac{1}{(k+1)!} f^{(k+1)}(z_0) (z(t) - z_0) + \cdots \right].$$

In Polarkoordinaten schreibt sich dies:

$$\tilde{r}(t) \exp\left(i\tilde{\varphi}(t)\right) = (r(t))^k \exp\left(k\,i\varphi(t)\right)$$
$$\times \left[\frac{1}{k!} f^{(k)}(z_0) + \frac{1}{(k+1)!} f^{(k+1)}(z_0)\, r(t) \exp\left(i\varphi(t)\right) + \cdots \right].$$

Für alle t, für die $z(t) \neq z(t_0)$ ist, ist $r(t) \neq 0$ und somit

$$\frac{\tilde{r}(t)}{(r(t))^k} \exp\left(i\left(\tilde{\varphi}(t) - k\varphi(t)\right)\right)$$
$$= \frac{1}{k!} \left|f^{(k)}(z_0)\right| \exp\left(i \arg f^{(k)}(z_0)\right) + (z(t) - z_0) \cdot g(z(t)), \tag{1}$$

$$g(z) \text{ reguläre Funktion, } g(z_0) \neq 0.$$

Es werde jetzt angenommen, daß $z(t) \neq z(t_0)$ für alle t aus $t_0 < t < t_0 + \delta$ sei. Es existiere $\lim\limits_{t \to t_0 + 0} \varphi(t) = \varphi_*$, also auch $\lim\limits_{t \to t_0 + 0} \tilde{\varphi}(t) = \tilde{\varphi}_*$. Demzufolge sind φ_* bzw. $\tilde{\varphi}_*$ diejenigen Winkel, um die man die positive reelle Achse der z- bzw. der w-Ebene drehen muß, damit sie die Richtung des Tangentenvektors von γ bzw. von $\tilde{\gamma}$ im Punkt z_0 bzw. in w_0 besitzt. Man erhält dann aus (1) bei Ausführung des Grenzüberganges $t \to t_0 + 0$ [1]) und Vergleich der Beträge und der Argumente

$$\lim_{t \to t_0 + 0} \frac{\tilde{r}(t)}{(r(t))^k} = \frac{1}{k!} \left|f^{(k)}(z_0)\right|, \tag{2}$$

$$\tilde{\varphi}_* - k\varphi_* \equiv \arg f^{(k)}(z_0) \pmod{2\pi}. \tag{3}$$

Betrachtet man nun zwei in z_0 beginnende Kurven und sind $\varphi_*^{(1)}$, $\varphi_*^{(2)}$ die zugehörigen Winkel der Tangentenvektoren in z_0 und $\tilde{\varphi}_*^{(1)}$, $\tilde{\varphi}_*^{(2)}$ die Winkel der Tan-

---

[1]) Entsprechendes erhält man, wenn eine in z_0 endende Kurve, Darstellung $z(t)$, $a \leq t \leq t_0$, $z(t_0) = z_0$, gegeben ist. Dann betrachte man die inverse Kurve $z(a + t_0 - t')$, $a \leq t' \leq t_0$, die in z_0 beginnt.

gentenvektoren der Bildkurven in w_0, so gilt nach (3)

$$\widetilde{\varphi}_*^{(2)} \equiv k\varphi_*^{(2)} + \arg f^{(k)}(z_0) \ (\mathrm{mod}\ 2\pi),$$

$$\widetilde{\varphi}_*^{(1)} \equiv k\varphi_*^{(1)} + \arg f^{(k)}(z_0) \ (\mathrm{mod}\ 2\pi).$$

Durch Subtraktion folgt hieraus

$$\widetilde{\varphi}_*^{(2)} - \widetilde{\varphi}_*^{(1)} \equiv k(\varphi_*^{(2)} - \varphi_*^{(1)}) \ (\mathrm{mod}\ 2\pi),$$

d. h., *die Winkel werden ver-k-facht*.[1]) Jedoch ist $f'(z) \neq 0$ in allen von z_0 verschiedenen Punkten einer Umgebung von z_0, da $f(z)$ nicht konstant sein sollte [denn gäbe es in jeder Umgebung von z_0 einen von z_0 verschiedenen Punkt, in dem auch $f'(z) = 0$ ist, so muß nach 4.5., Folgerung 2, $f'(z) \equiv 0$ sein; nach Korollar 2 zu Satz 1 aus 2.4. und Beispiel a) von 2.4. müßte dann aber $f(z) \equiv$ const sein]. Also bleibt der Winkel zwischen zwei Kurven, die sich in einem von z_0 verschiedenen Punkt einer Umgebung von z_0 schneiden, bei der Abbildung $w = f(z)$ erhalten. Eine geometrische Deutung der Ver-k-fachung der Winkel zwischen zwei sich in z_0 schneidenden Kurven bei der Abbildung $w = f(z)$ wird in 7.3., c) gegeben werden.

Schließlich soll Formel (2) noch speziell auf $k = 1$ angewandt werden. In diesem Fall ist

$$\lim_{t \to t_0+0} \frac{\widetilde{r}(t)}{r(t)} = |f'(z_0)|,$$

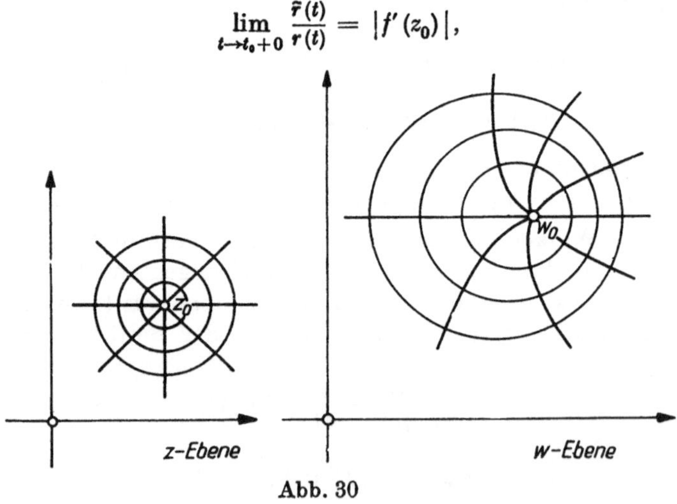

Abb. 30

---

[1]) Als Spezialfall ist hierin die Winkeltreue im Fall $k = 1$ enthalten. — Nimmt man als die zwei in z_0 beginnenden bzw. endenden Kurven die beiden durch $a \leq t \leq t_0$ und $t_0 \leq t \leq b$ gegebenen Teilstücke einer durch $z_0 = z(t_0)$ hindurchgehenden glatten Kurve γ (vgl. die Fußnote auf S. 133), so ist $\varphi_*^{(2)} - \varphi_*^{(1)} \equiv \pi \ (\mathrm{mod}\ 2\pi)$, also erhält man für die Bildkurven $\widetilde{\varphi}_*^{(2)} - \widetilde{\varphi}_*^{(1)} \equiv k\pi \ (\mathrm{mod}\ 2\pi)$. Ist k gerade, so erkennt man hieraus, daß die Bildkurve von γ in w_0 eine Spitze besitzt.

d. h., in der Grenze werden die Polarabstände im Maßstab $|f'(z_0)|$ gestreckt. Ein Polarkoordinatennetz in der z-Ebene geht in ein verzerrtes Polarkoordinatennetz in der w-Ebene über (Abb. 30).

7.3. Riemannsche Flächen

Ordnet man der komplexen Zahl $z\,(\neq 0)$ die Zahl $w = \log z$ zu, so ist diese Zuordnung nicht eindeutig, da der Logarithmus einer komplexen Zahl $(\neq 0)$ nur bis auf ganzzahlige Vielfache von $2\pi i$ bestimmt ist (vgl. **4.4.**). Daher kann $w = \log z$ auch nicht im Sinne von **2.1.** als Funktion aufgefaßt werden[1]). Man kann nun aber bei vielen derartigen mehrdeutigen Zuordnungsvorschriften die Eindeutigkeit der Zuordnung dadurch erreichen, daß man so viele Exemplare der z-Ebene betrachtet, wie es verschiedene Werte w zu einem z geben kann. Alle diese Exemplare werden dann zu einem Gebilde zusammengesetzt, das man *Riemannsche Fläche* nennt. Eine mehrdeutige Zuordnungsvorschrift kann auf der entsprechenden Riemannschen Fläche dann als (eindeutige) Funktion aufgefaßt werden.

a) Riemannsche Fläche zu $w = \log z$

Aus der komplexen Ebene werde die negative reelle Achse (einschließlich des Punktes $z = 0$) herausgenommen. Das entstehende Gebiet werden mit S bezeichnet. Dann läßt sich $\arg z$ in S eindeutig definieren, nämlich durch die Forderung

$$(2l - 1)\,\pi < \arg z < (2l + 1)\,\pi, \quad l \text{ ganz.} \tag{1}$$

Von S werden unendlich viele Exemplare S_l betrachtet, wobei S_l dasjenige Exemplar sei, in dem $\arg z$ nach (1) eingeschränkt wird. Die negative reelle Achse (ohne $z = 0$) werde jetzt mit s bezeichnet. Auf s gilt $\arg z = (2l + 1)\,\pi$ bzw. $z = (2l - 1)\,\pi$, je nachdem, ob man sich in S_l von der oberen Halbebene bzw. von der unteren Halbebene her der negativen reellen Achse nähert. Demzufolge hat man voneinander verschiedene Exemplare s_l^+ bzw. s_l^- von s zu unterscheiden. Nimmt man zu S_l die beiden Exemplare s_l^+ und s_l^- hinzu, so entsteht S_l^* (vgl. Abb. 31a). In S_l^* gilt also

$$(2l - 1)\,\pi \leq \arg z \leq (2l + 1)\,\pi.$$

Wegen $w = \log z = \log |z| + i \arg z$ wird S_l^* durch $w = \log z$ auf den Streifen

$$(2l - 1)\,\pi \leq \text{Im}\,[w] \leq (2l + 1)\,\pi$$

der w-Ebene abgebildet (Abb. 31a). Die Gerade $\text{Im}\,[w] = (2l + 1)\,\pi$ in der w-Ebene ist sowohl Bild von s_l^+ als auch von s_{l+1}^-. Daher werden jeweils s_l^+ und

---

[1]) Gelegentlich nennt man solche mehrdeutigen Zuordnungsvorschriften auch mehrdeutige Funktionen.

s_{l+1}^- identifiziert, d. h. als gleich angesehen (anschaulich gesprochen, S_l und S_{l+1} werden längs s_l^+ bzw. s_{l+1}^- verheftet). Nimmt man diese Identifizierung für jedes l vor, so werden die unendlich vielen Exemplare S_l^* zu einem einzigen Gebilde verschmolzen. Dieses aus den unendlich vielen S_l^* bestehendes Gebilde heißt *Riemannsche Fläche*, die einzelnen S_l^* die *Blätter* dieser Riemannschen Fläche. Die

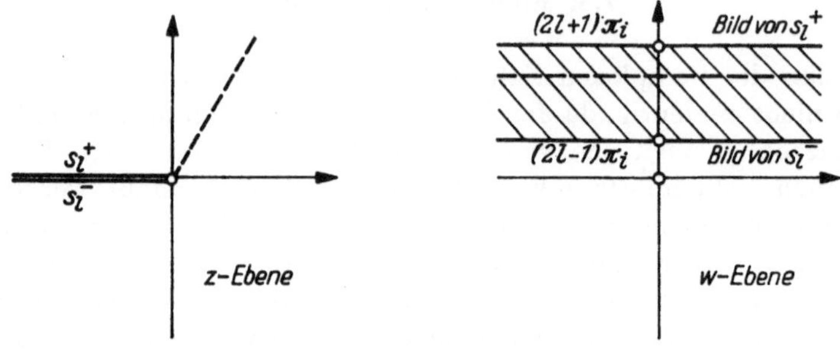

Abb. 31 a

Funktion $w = \log z$ ist auf dieser Riemannschen Fläche eindeutig, da $w = \log z$ jeweils in S_l^* eindeutig bestimmt ist. Da S_l^* eineindeutig auf den Streifen $(2l - 1)\pi \leq \mathrm{Im}\,[w] \leq (2l + 1)\pi$ abgebildet wird, bildet $w = \log z$ die Riemannsche Fläche eineindeutig auf die w-Ebene ab. Abschließend sei noch bemerkt, daß über $z = 0$ kein Punkt der Riemannschen Fläche liegt (denn $w = \log z$ ist für $z = 0$ nicht erklärt).

b) Riemannsche Fläche zu $w = \sqrt[k]{z}$ ($k \geq 2$, ganz)

Zu jedem $z \neq 0$ gehören k voneinander verschiedene w, für die $w^k = z$ ist (vgl. 1.2.). Dabei ist $|w| = \sqrt[k]{|z|}$, wobei mit $\sqrt[k]{|z|}$ die eindeutig bestimmte positiv-reelle k-te Wurzel der positiv-reellen Zahl $|z|$ gemeint ist. Weiter ist $\arg w = \dfrac{1}{k}\,\arg z$. Hieraus erkennt man: Liegt z in der in a) eingeführten Menge S_l^*, so liegt w in dem Sektor

$$\frac{2l - 1}{k}\,\pi \leq \arg w \leq \frac{2l + 1}{k}\,\pi \quad (w \neq 0). \tag{2}$$

Die k voneinander verschiedenen $w = \sqrt[k]{z}$ zu vorgegebenem $z \neq 0$ erhält man, wenn man $\arg z$ in

$$\pi < \arg z \leq 3\pi,$$

$$3\pi < \arg z \leq 5\pi,$$

$$\cdots\cdots\cdots\cdots$$

bzw.

$$(2k - 1)\,\pi < \arg z \leq (2k + 1)\,\pi = \pi + 2k\pi$$

wählt. Man braucht also die S_l^* nur für $l = 1, \ldots, k$ zu betrachten. Nun wird S_l^* durch $w = \sqrt[k]{z}$ eineindeutig auf den Sektor (2) abgebildet (Abb. 31 b). Insbesondere geht s_l^* in den Strahl $\arg w = \dfrac{2l + 1}{k}\,\pi$ und s_l^- in den Strahl $\arg w = \dfrac{2l - 1}{k}\,\pi$

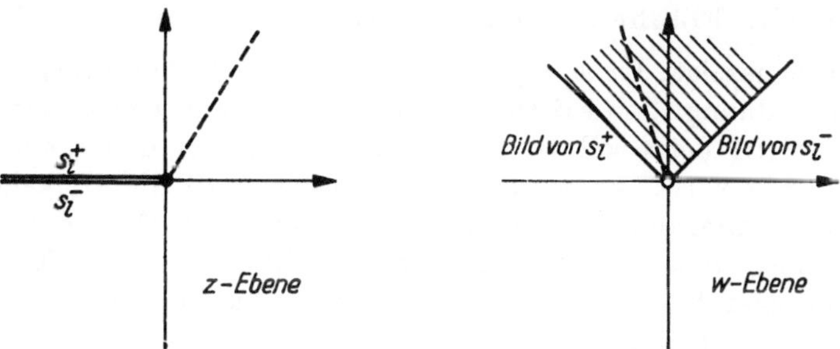

Abb. 31 b

über, d. h., s_l^+ und s_{l+1}^- gehen in denselben Strahl in der w-Ebene über. Daher werden wieder s_l^+ und s_{l+1}^- identifiziert. Betrachtet man nun insbesondere die k Exemplare $S_1^*, \ldots, S_k^*$, so gehen diese der Reihe nach in die Sektoren

$$\frac{\pi}{k} \leqq \arg w \leqq \frac{3\pi}{k},$$

$$\frac{3\pi}{k} \leqq \arg w \leqq \frac{5\pi}{k},$$

$$\cdots\cdots\cdots\cdots\cdots\cdots$$

$$\frac{2k - 1}{k}\,\pi \leqq \arg w \leqq \frac{2k + 1}{k}\,\pi = \frac{\pi}{k} + 2\pi$$

über. Also sind insbesondere auch s_k^+ und s_1^- zu identifizieren, da sowohl s_k^+ als auch s_1^- in den Strahl $\arg w \equiv \dfrac{\pi}{k}\ (\mathrm{mod}\ 2\pi)$ übergehen. Man erhält auf diese Weise aus den k Exemplaren $S_1^*, \ldots, S_k^*$ ein k-blättriges Gebilde, die Riemannsche Fläche von $w = \sqrt[k]{z}$. Zu $z = 0$ gehört nur ein Wert $w = \sqrt[k]{z}$, nämlich $w = 0$. Daher wird über $z = 0$ genau ein Punkt zur Riemannschen Fläche gerechnet, in den die Punkte von allen S_l^* $(l = 1, \ldots, k)$ für $z \to 0$ übergehen sollen. Da über $z = 0$ also nur ein Punkt der Riemannschen Fläche liegt, über jedem $z \neq 0$ aber genau k Punkte liegen, heißt $z = 0$ ein *Verzweigungspunkt* (der Ordnung $k - 1$). Da jedes S_l^* eineindeutig auf einen Sektor (2) abgebildet wird und da $z = 0$ in $w = 0$ übergeht, wird die Riemannsche Fläche durch $w = \sqrt[k]{z}$ eineindeutig auf die w-Ebene abgebildet.

Für $z_n \to \infty$ gilt $w_n \to \infty$ wegen $|w_n| = \sqrt[k]{|z_n|}$. Daher wird die Zuordnung $w = \sqrt[k]{z}$ durch $w = \infty$ für $z = \infty$ ergänzt. Durch $w = \dfrac{1}{W}$, $z = \dfrac{1}{Z}$ kann man

$z = \infty$, $w = \infty$ auf $Z = 0$, $w = 0$ zurückführen. Da $w = \sqrt[k]{z}$ wieder in $W = \sqrt[k]{Z}$ übergeht, ist man berechtigt, $z = \infty$ (d. h. $Z = 0$) ebenfalls als Verzweigungspunkt (der Ordnung $k - 1$) aufzufassen.[1])

c) Riemannsche Fläche der Umkehrung einer regulären Funktion

In 7.1. wurde gezeigt: Ist $w = f(z)$ regulär (und nicht konstant), ist z_0 eine w_0-Stelle der Ordnung 1, so existiert in einer Umgebung von w_0 die Umkehrfunktion $z = f^{-1}(w)$. Jetzt soll der Fall betrachtet werden, daß z_0 eine w_0-Stelle der Ordnung $k \geq 2$ ist. Es wird gezeigt werden, daß die Umkehrung von $w = f(z)$ in einer Umgebung von $w_0 (w \neq w_0)$ k-deutig ist. Diese durch die Umkehrung definierte k-deutige Zuordnungsvorschrift kann durch Konstruktion einer Riemannschen Fläche wieder als (eindeutige) Funktion aufgefaßt werden.

Nach 4.5. gilt für $w = f(z)$

$$w - w_0 = (z - z_0)^k g(z), \quad g(z_0) \neq 0. \tag{3}$$

Man setze $g(z) = Z, Z_0 = g(z_0) \neq 0$. Also gibt es k voneinander verschiedene Werte $\sqrt[k]{Z_0}$. Nach dem Beispiel von 7.1. gibt es dann eine Umgebung $|Z - Z_0| < \varepsilon_0$ von Z_0, in der ein regulärer Zweig $\sqrt[k]{Z}$ erklärt ist, der in Z_0 einen dieser k möglichen Werte $\sqrt[k]{Z_0}$ annimmt. Da $g(z)$ regulär und daher insbesondere stetig ist, kann man δ so klein wählen, daß $|g(z) - g(z_0)| = |Z - Z_0| < \varepsilon_0$ für z aus $|z - z_0| < \delta$ ist. Also ist $\sqrt[k]{g(z)}$ in $|z - z_0| < \delta$ regulär. Setzt man $\zeta(z) = (z - z_0)\sqrt[k]{g(z)}$, so ist

$$\frac{d\zeta(z)}{dz} = \sqrt[k]{g(z)} + (z - z_0)\frac{d\sqrt[k]{g(z)}}{dz},$$

also $\dfrac{d\zeta(z_0)}{dz} = \sqrt[k]{g(z_0)} \neq 0$. Nach 7.1. gibt es mithin ein $\delta_0 (\leq \delta)$, so daß die Umgebung $|z - z_0| < \delta_0$ durch $\zeta(z)$ eineindeutig auf das Bild H von $|z - z_0| < \delta_0$ abgebildet wird. In H existiert also die Umkehrfunktion $z = z(\zeta)$ von $\zeta = \zeta(z)$. Wegen $\zeta(z_0) = 0$ gehört $\zeta = 0$ zu H. Nach dem Satz von der Gebietstreue (vgl. 7.1.) ist H ein Gebiet. Also gibt es einen Kreis $|\zeta| < \varrho$, der ganz zu H gehört. Es sei H' das Bild von $|\zeta| < \varrho$ bei der durch die Umkehrfunktion $z = z(\zeta)$ vermittelten Abbildung (vgl. Abb. 32). Mithin gilt: H' wird durch $\zeta = \zeta(z)$ eineindeutig auf die Kreisscheibe $|\zeta| < \varrho$ abgebildet. Nun ist $\zeta^k = (z - z_0)^k g(z)$ nach

---

[1]) Diese Analogie im Verhalten von $z = 0$ und $z = \infty$ sieht man anschaulich sehr deutlich, wenn man sich die Riemannsche Fläche als Überlagerung der z-Kugel vorstellt. Die negative reelle Achse, längs der die z-Ebene aufgeschnitten wird, entspricht einem Meridian. Längs dieses Meridians werden k Exemplare der aufgeschnittenen z-Kugel verheftet. Die Punkte $z = 0$ und $z = \infty$ entsprechen dem Nord- und Südpol der z-Kugel, also ist das Verhalten in beiden Punkten vollkommen analog.

Definition von ζ; unter Berücksichtigung von (3) hat man somit $w - w_0 = \zeta^k$ und also auch $\zeta = \sqrt[k]{w - w_0}$. Hieraus folgt: Zu jedem w aus $0 < |w - w_0| < \varrho^k$ gibt es genau k voneinander verschiedene ζ mit $\zeta^k = w$. Die Zuordnung der ζ zu den w ist also k-deutig. Um diese mehrdeutige Zuordnung als (eindeutige) Funktion auffassen zu können, wird folgende Konstruktion durchgeführt: Die Kreisscheibe $|w - w_0| < \varrho^k$ wird längs des Strahls $\arg(w - w_0) = \pi$ aufgeschnitten (Abb. 33). Nach dem in b) beschriebenen Verfahren nimmt man k

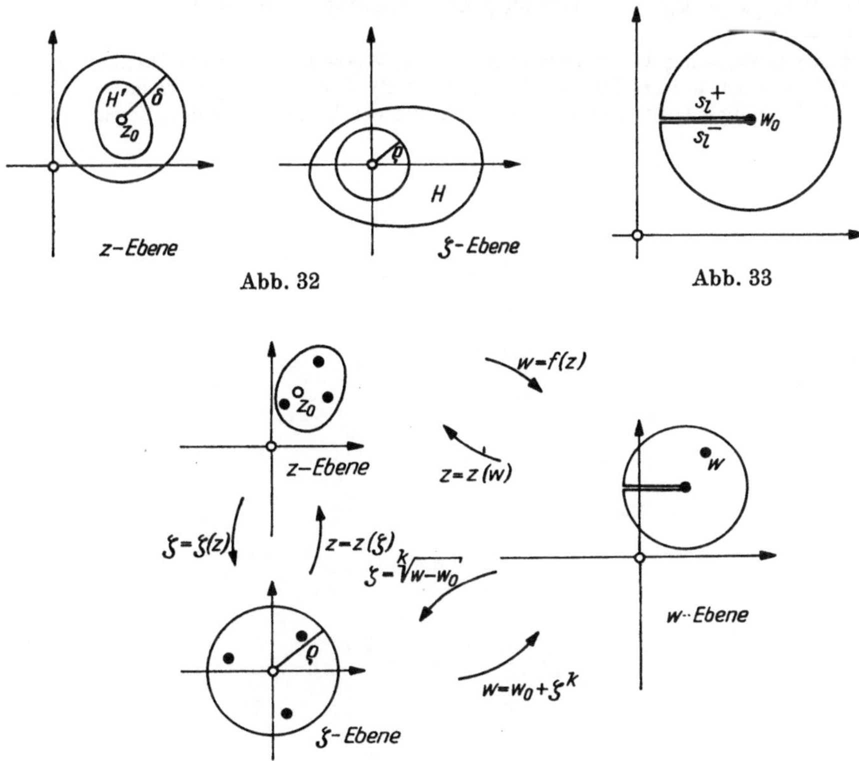

Exemplare dieser aufgeschnittenen Kreisscheibe, s_l^+ bzw. s_l^- seien die entsprechenden Schnittufer. Durch Identifizierung von

$$s_1^+ \quad \text{mit} \quad s_2^-,$$
$$\cdots\cdots\cdots$$
$$s_{k-1}^+ \quad \text{mit} \quad s_k^-,$$
$$s_k^+ \quad \text{mit} \quad s_1^-$$

erhält man ein sogenanntes k-blättriges *Windungsflächenelement*, das durch $\zeta = \sqrt[k]{w - w_0}$ eineindeutig auf $|\zeta| < \varrho$ abgebildet wird (über $w = w_0$ liegt genau ein Punkt des Windungsflächenelementes, der in $\zeta = 0$ abgebildet wird). Da H' durch $\zeta = \zeta(z)$ eineindeutig auf $|\zeta| < \varrho$ abgebildet wird, wird also das Windungsflächenelement insgesamt eineindeutig auf H' abgebildet. Jedem w aus $0 < |w - w_0| < \varrho^k$ entsprechen k Punkte ζ aus $|\zeta| < \varrho$, also auch k voneinander verschiedene Punkte z aus H'. *Daher ist die Umkehrung von $w = f(z)$ in der Umgebung $0 < |w - w_0| < \varrho^k$ von w_0 genau k-deutig* (Abb. 34).[1]

---

[1]) Bei dieser Umkehrung beschränkt man sich auf Werte z, die in einer Umgebung von z_0 liegen. Gibt es noch weitere Punkte z_0', für die $f(z_0') = w_0$ ist, so gibt es entsprechend auch eine Umkehrung $z = f^{-1}(w)$, deren Werte z in einer Umgebung von z_0' liegen.

8. ZUSAMMENHÄNGE DER FUNKTIONENTHEORIE MIT DER TOPOLOGIE

8.1. Problemstellung

Für den Aufbau der Funktionentheorie erwies sich der Cauchysche Integralsatz als besonders bedeutungsvoll. Dabei genügte es, bei allen Überlegungen den Cauchyschen Integralsatz für Sterngebiete (**2.4.**, Korollar zu Satz 2) zu verwenden. Man sagt, auf ein Gebiet G treffe die Aussage des Cauchyschen Integralsatzes zu, wenn gilt: Ist $f(z)$ in G regulär und γ_0 eine geschlossene Kurve in G, so ist $\oint_{\gamma_0} f(z)\, dz = 0$. Nun gilt diese Aussage nicht für jedes Gebiet. Beispielsweise ist $f(z) = \dfrac{1}{z}$ in $0 < |z|$ regulär, nach **2.3.** ist jedoch $\oint_{|z|=1} \dfrac{1}{z}\, dz = 2\pi i$. Jetzt soll der Frage nachgegangen werden, ob es außer den Sterngebieten überhaupt noch andere Gebiete gibt, auf die die Aussage des Cauchyschen Integralsatzes zutrifft. Es wird sich zeigen, daß der Cauchysche Integralsatz tatsächlich nicht nur für Sterngebiete gilt. Im folgenden werden für die Gültigkeit des Cauchyschen Integralsatzes mehrere notwendige und hinreichende Bedingungen angegeben werden. Dabei wird sich zeigen, daß Gebiete, in denen der Cauchysche Integralsatz gilt, sich topologisch charakterisieren lassen. Daher werden durch diese Betrachtungen Zusammenhänge zwischen der Funktionentheorie und der Topologie der Ebene deutlich.

Bevor die für die Gültigkeit des Cauchyschen Integralsatzes notwendigen und hinreichenden Bedingungen formuliert werden können, müssen die dazu erforderlichen topologischen Begriffe zusammengestellt werden.

Es sei M eine Punktmenge in der komplexen Ebene. Die Menge aller Punkte der Ebene, die nicht zu M gehören, heißt das *Komplement* von M und wird mit $\complement M$ bezeichnet (vgl. **5.3.**, Fußnote ³) auf S. 97). Dann gilt:

Hilfssatz 1. *Das Komplement einer abgeschlossenen Menge ist offen. Das Komplement einer offenen Menge ist abgeschlossen.*

Beweis.

a) Es sei M abgeschlossen und z_0 werde beliebig, aber fest aus $\complement M$ gewählt. Wenn in jedem $U_\delta(z_0)$ ein Punkt von M läge, wäre z_0 Häufungspunkt von M. Da M abgeschlossen sein sollte, müßte z_0 zu M gehören, was wegen $z_0 \in \complement M$

unmöglich ist. Also gibt es ein $\delta_0 > 0$, so daß $U_{\delta_0}(z_0)$ ganz zu $\mathbf{C}M$ gehört. Also ist $\mathbf{C}M$ offen.

b) Ist M offen, so besitzt jeder Punkt $z_0 \in M$ eine Umgebung, die ganz zu M gehört. Daher kann kein Punkt von M Häufungspunkt von $\mathbf{C}M$ sein, d. h., alle Häufungspunkte von $\mathbf{C}M$ müssen zu $\mathbf{C}M$ gehören, also ist $\mathbf{C}M$ abgeschlossen. Q. e. d.

Es sei M eine beliebige Menge. Unter der *abgeschlossenen Hülle* von M versteht man die Menge, die entsteht, wenn man zu M alle Häufungspunkte von M hinzunimmt. Die abgeschlossene Hülle von M wird mit $\overline{M}$ bezeichnet. Unter dem *Rand* von M, Bezeichnung ∂M, versteht man alle Punkte, die $\overline{M}$ und $\overline{\mathbf{C}M}$ gleichzeitig angehören:

$$\partial M = \overline{M} \cap \overline{\mathbf{C}M}.$$

Es sei γ_0 ein Polygonzug (Streckenzug), der aus endlich vielen Strecken s_1, $s_2, \ldots, s_n$ bestehen soll und der geschlossen und doppelpunktfrei sein soll. Das bedeutet: Der Anfangspunkt von s_i $(i = 2, 3, \ldots, n)$ ist mit dem Endpunkt von s_{i-1} identisch, der Endpunkt von s_n fällt mit dem Anfangspunkt von s_1 zusammen. Sonst haben zwei der n Strecken $s_1, \ldots, s_n$ keine gemeinsamen Punkte.

Nach Hilfssatz 1 ist $\mathbf{C}\tilde{\gamma}_0$ eine offene Menge. Es gilt:

Hilfssatz 2 (*Jordanscher Kurvensatz*). *Das Komplement $\mathbf{C}\tilde{\gamma}_0$ von $\tilde{\gamma}_0$ besteht aus zwei zueinander punktfremden Gebieten. Eines dieser beiden Gebiete — es wird als Innengebiet bezeichnet — ist beschränkt, das andere (Außengebiet) ist unbeschränkt. Beide Gebiete besitzen $\tilde{\gamma}_0$ als Rand. Ein Streckenzug, der einen Punkt des Innengebietes mit einem Punkt des Außengebietes verbindet, muß den Polygonzug $\tilde{\gamma}_0$ wenigstens einmal schneiden. Die Windungszahl (vgl. 4.4.) von $\tilde{\gamma}_0$ in bezug auf einen Punkt des Innengebietes ist je nach dem Durchlaufungssinn von $\tilde{\gamma}_0$ gleich $+1$ oder gleich -1. In bezug auf einen Punkt des Außengebietes ist die Windungszahl gleich Null.*[1])

Zur Vorbereitung des Beweises wird für achsenparallele, geschlossene und doppelpunktfreie Polygonzüge der Begriff der *Schleife* eingeführt. Darunter soll ein Teilstück $\hat{\gamma}$ von $\tilde{\gamma}_0$ verstanden werden, das ganz auf dem Rand eines Recht-

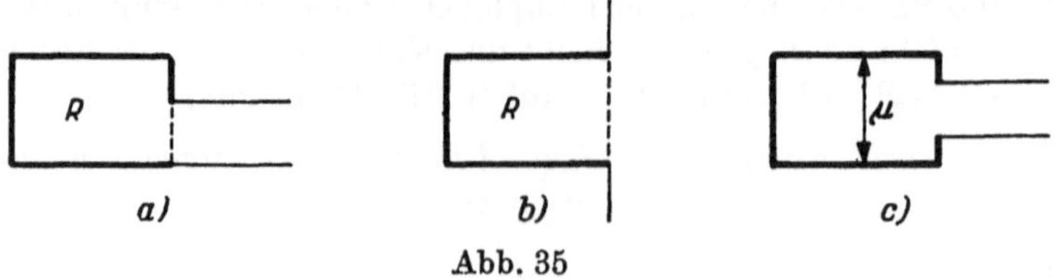

Abb. 35

---

[1]) Diese Aussage gilt sogar unter bedeutend schwächerer Voraussetzung: Die gegebene geschlossene Kurve braucht kein Polygonzug, sondern nur eine geschlossene Jordan-Kurve (eineindeutiges und stetiges Bild einer Kreislinie) zu sein.

ecks R liegt. Dabei müssen drei Seiten des Rechtecks vollständig bedeckt sein; auch auf der vierten Seite müssen Teile von $\hat{\gamma}$ liegen (Abb. 35a), oder auf der Verlängerung der vierten Seite müssen sich an $\hat{\gamma}$ anschließende Kanten von $\tilde{\gamma}_0$ befinden (Abb. 35b). Die vierte Seite von R wird nur dann vollständig bedeckt, wenn $\tilde{\gamma}_0$ selbst der Rand eines Rechtecks ist. Falls nicht dieser Fall vorliegt, sei μ die Länge der nicht vollständig bedeckten vierten Seite (Abb. 35c). Daß jedes $\tilde{\gamma}_0$ wenigstens eine Schleife besitzt, sieht man, wenn man eine auf $y = \mathrm{const} = \alpha$ gelegene Kante betrachtet und dabei α möglichst groß wählt. Dann müssen die beiden sich an diese Kante anschließenden Kanten zur y-Achse parallel sein und in $y \leqq \alpha$ liegen, woraus die Existenz einer Schleife folgt.

Induktionsbeweis des Jordanschen Kurvensatzes. Induktion nach der Anzahl der Kanten.

a) Induktionsanfang: $n = 4$. Dann ist $\tilde{\gamma}_0$ der Rand eines Rechtecks. Die Richtigkeit des Jordanschen Kurvensatzes ist in diesem Fall sofort zu sehen.

b) Die Behauptung sei bewiesen für Polygonzüge mit höchstens $n - 1$ Kanten. Der Polygonzug $\tilde{\gamma}_0$ habe n Kanten. Es sei $\hat{\gamma}$ eine Schleife von $\tilde{\gamma}_0$, für die das zugeordnete μ den kleinstmöglichen Wert besitzt; das zugehörige Rechteck sei R. Weiter sei s die Strecke, die auf der nicht vollständig bedeckten vierten Seite von R liegt und Anfangs- und Endpunkt von $\hat{\gamma}$ verbindet (Abb. 36a). Da $\hat{\gamma}$

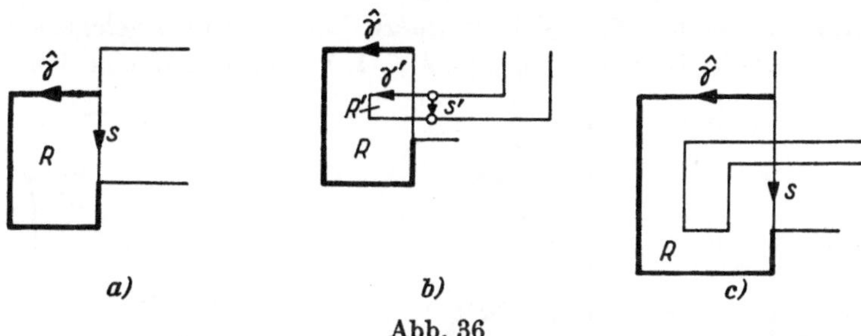

Abb. 36

minimales μ besitzt, kann s höchstens von einem oder von mehreren Teilstücken γ', die Teile von Schleifen R' sind (Abb. 36b), geschnitten werden (der Fall von Abb. 36c ist also nicht möglich). Ersetzt man γ' durch s' (Abb. 36b) und danach $\hat{\gamma}$ durch s, so erhält man einen Polygonzug, für den sich die Anzahl der Kanten verringert hat, auf den also die Induktionsvoraussetzung zutrifft. Also besitzt der abgeänderte Polygonzug Innen- und Außengebiet, wie Hilfssatz 2 behauptet. Aus diesen erhält man durch Abänderung um R' und R das Innen- und Außengebiet von $\tilde{\gamma}_0$. Da die Windungszahl des Randes eines Rechtecks in bezug auf einen Punkt des Außengebietes gleich Null und in bezug auf einen Punkt des Innengebietes je nach dem Durchlaufungssinn des Randes gleich ± 1 ist, erkennt man bei dieser Abänderung auch die Richtigkeit der Behauptung über die Windungszahl von $\tilde{\gamma}_0$. Q. e. d.

Ist M eine Punktmenge der komplexen Ebene, so besteht das *Komplement von M in bezug auf die Riemannsche Zahlenkugel* (symbolisch $\mathbb{C}^* M$) aus $\mathbb{C} M$ und dem Punkt $z = \infty$. Analog soll $\overline{M}^*$ die Menge bezeichnen, die entsteht, wenn man zu M alle zur Riemannschen Zahlenkugel gehörenden Häufungspunkte von M hinzunimmt. Ist M unbeschränkt, so ist $z = \infty$ Häufungspunkt von M (vgl. 6.1.). In diesem Fall besteht $\overline{M}^*$ aus $\overline{M}$ und dem Punkt $z = \infty$. Für beschränkte Mengen ist $\overline{M}^* = \overline{M}$. Versteht man unter $\partial^* M = \overline{M}^* \cap \overline{\mathbb{C}^* M}^*$ den *Rand von M in bezug auf die Riemannsche Zahlenkugel*, so ist $\partial^* M = \partial M$, wenn M beschränkt ist, bzw. $\partial^* M$ entsteht aus ∂M durch Hinzunahme von $z = \infty$, wenn M unbeschränkt ist. [1])

Schließlich wird noch der Begriff der *Homotopie* zweier Kurven gebraucht. Es sei G ein Gebiet, γ_0 und γ_1 seien zwei Kurven in G mit dem gleichen Anfangspunkt z_a und dem gleichen Endpunkt z_e. Die Darstellung von γ_0 sei $z_0(t)$, $0 \leq t \leq 1$, die von γ_1 sei $z_1(t)$, $0 \leq t \leq 1$. [2]) Die beiden Kurven heißen homotop, wenn folgendes gilt:

a) Es gibt eine im Quadrat $0 \leq t \leq 1$, $0 \leq \lambda \leq 1$ der t,λ-Ebene definierte stetige Funktion $z(t, \lambda)$, deren Funktionswerte $z(t, \lambda)$ dem Gebiet G angehören;

b) es ist $z(0, \lambda) = z_a$ und $z(1, \lambda) = z_e$ für alle $0 \leq \lambda \leq 1$;

c) es ist $z(t, 0) = z_0(t)$ und $z(t, 1) = z_1(t)$.

Jedes $z(t, \lambda)$, λ fest in $0 \leq \lambda \leq 1$, definiert dann eine in G gelegene Kurve γ_λ von z_a nach z_e (Abb. 37a). Die γ_λ, $0 \leq \lambda \leq 1$, stellen damit eine Kurvenschar

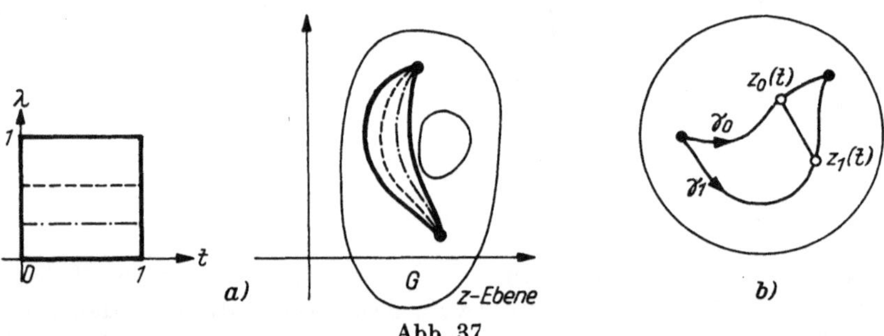

Abb. 37

dar, die γ_0 (für $\lambda = 0$) und γ_1 (für $\lambda = 1$) enthält. Anschaulich gesprochen bedeutet Homotopie, daß es eine solche Kurvenschar γ_λ gibt, durch die man γ_0 stetig in γ_1 überführen kann, ohne dabei das Gebiet G zu verlassen.

---

[1]) Da M in der komplexen Ebene liegt, enthält $\mathbb{C}^* M$ und also auch $\overline{\mathbb{C}^* M}^*$ den Punkt $z = \infty$.

[2]) Ist $z(t')$, $a \leq t' \leq b$, die Darstellung einer Kurve, so kann man durch die Substitution $t' = a + (b - a)\, t$ eine Darstellung $z(a + (b - a)\, t)$ erhalten, bei der t in $0 \leq t \leq 1$ läuft. Denn für $t = 0$ ist $t' = a$, für $t = 1$ ist $t' = b$.

Beispielsweise sind in einer (offenen) Kreisscheibe oder in der ganzen Ebene zwei Kurven γ_0, γ_1 mit gleichem Anfangs- und gleichem Endpunkt immer homotop. Denn sind $z_0(t)$, $z_1(t)$, $0 \leq t \leq 1$, die Darstellungen von γ_0 bzw. γ_1, so gehört wegen der Konvexität der Kreisscheibe bzw. der Ebene auch die ganze durch $z_0(t)$ und $z_1(t)$ bestimmte Strecke zur Kreisscheibe bzw. zur Ebene. Als Funktion $z(t, \lambda)$ kann man daher $z(t, \lambda) = \lambda z_0(t) + (1 - \lambda) z_1(t)$ verwenden (Abb. 37b).

Es sei G ein Gebiet der komplexen Ebene. Dann wird gezeigt werden: Trifft für G eine der folgenden sechs Aussagen zu, so besitzt G auch die fünf übrigen Eigenschaften:

A. *Ist $f(z)$ in G regulär und γ_0 eine in G gelegene, geschlossene (stückweise glatte) Kurve, so ist $\oint\limits_{\gamma_0} f(z)\, dz = 0$.*

B. *Es ist G die ganze komplexe Ebene oder es gibt in G eine reguläre Funktion $w = \tilde{f}(z)$, die G eineindeutig auf die Kreisscheibe $|w| < 1$ abbildet.*

C. *Zwei in G liegende (stetige) Kurven mit gleichem Anfangspunkt und gleichem Endpunkt sind homotop.*

D. *Das Innengebiet eines in G gelegenen achsenparallelen doppelpunktfreien und geschlossenen Polygonzuges gehört ganz zu G.[1]*

E. *Das Komplement $\mathbf{C}^*G$ von G in bezug auf die Riemannsche Zahlenkugel läßt sich nicht in zwei nicht leere abgeschlossene Punktmengen ohne gemeinsame Punkte zerlegen.[2]*

F. *Der Rand ∂^*G von G (in bezug auf die Riemannsche Zahlenkugel) läßt sich nicht in zwei nicht leere abgeschlossene Punktmengen ohne gemeinsame Punkte zerlegen.[3]*

In 8.2. wird gezeigt werden, daß aus A die Aussage B folgt. Daß aus B die Aussage C, aus C die Aussage D und aus D wieder die Aussage A folgt, wird in 8.3. gezeigt werden. Damit ist dann zunächst die Äquivalenz von A, B, C und D nachgewiesen. In 8.4. wird schließlich gezeigt werden, daß einerseits D und E, andererseits E und F gleichwertig sind. Das logische Schema der Äquivalenzbeweise zeigt Abb. 38. Gebiete, die eine der vier äquivalenten Eigenschaften C, D, E oder F besitzen, werden auch *einfach zusammenhängend* genannt. Die Tatsache, daß aus C die Aussage A folgt (bzw.

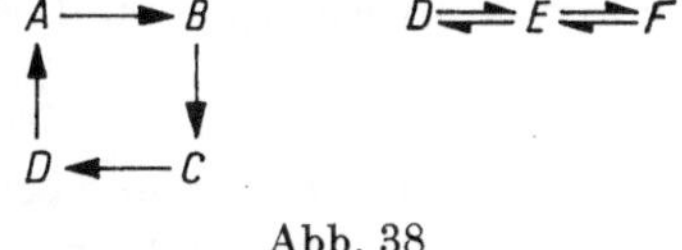

Abb. 38

---

[1]) Diese Aussage trifft dann auch für das Innengebiet jeder ganz in G gelegenen Jordan-Kurve zu (vgl. die Fußnote auf S. 142).

[2]) Man sagt dafür auch, daß die (abgeschlossene) Menge $\mathbf{C}^*G$ zusammenhängend sei. — Daß bei dieser Aussage $\mathbf{C}^*G$ und nicht $\mathbf{C}G$ genommen werden muß, zeigt das folgende Beispiel: Ist G der Streifen $0 < \operatorname{Im}[z] < 1$, so besteht $\mathbf{C}G$ aus den beiden zueinander punktfremden abgeschlossenen Mengen $1 \leq \operatorname{Im}[z]$ und $\operatorname{Im}[z] \leq 0$. Dagegen besitzt $\mathbf{C}^*G$ nicht diese Zerlegung, da $z = \infty$ Häufungspunkt dieser beiden Mengen ist.

[3]) Das in der Fußnote [2]) für E Gesagte gilt analog auch für F.

D → A, E → A oder F → A) heißt *Cauchyscher Integralsatz* (in seiner allgemeinsten Form), C → B (bzw. D → B, E → B oder F → B) heißt *Riemannscher Abbildungssatz.*

8.2. Charakterisierung durch Abbildungseigenschaften

Für die ganze Ebene trifft die Aussage A zu (vgl. 2.4., Korollar zu Satz 2), da die ganze Ebene insbesondere ein Sterngebiet ist. Jetzt soll gezeigt werden, daß aus A die Aussage B folgt. Wenn G nicht die ganze komplexe Ebene ist, gibt es einen nicht zu G gehörenden Punkt z_* der komplexen Ebene. In diesem Fall wird gezeigt: Ist z_0 ein beliebiger Punkt von G, so gibt es eine in G reguläre Funktion $w = \tilde{f}(z)$, die G eineindeutig auf $|w| < 1$ abbildet und wobei $z = z_0$ in $w = 0$ übergeht.

Für die Beweisführung[1]) werden zunächst einige Hilfsmittel zusammengestellt.

I. Konvergenzaussagen

Hilfssatz 1. *Es sei G ein Gebiet, $f_n(z)$ seien in G definierte komplexwertige Funktionen, die in G gleichmäßig beschränkt seien, d. h., es sei $|f_n(z)| \leq C$ für alle $n = 1, 2, \ldots$ und alle $z \in G$. Ist dann $\{z_j\}$ eine in G gelegene abzählbare Punktmenge, so gibt es eine Teilfolge der $\{f_n(z)\}$, die in allen z_j konvergiert.*

Beweis (*Cantorsches Diagonalverfahren*). Da die $f_n(z)$ gleichmäßig beschränkt sind, gibt es von $\{f_n(z)\}$ eine Teilfolge

$$f_{n_{11}}(z), f_{n_{12}}(z), f_{n_{13}}(z), \ldots, \tag{1}$$

die in z_1 konvergiert. Von dieser Teilfolge wird wieder eine Teilfolge

$$f_{n_{21}}(z), f_{n_{22}}(z), f_{n_{23}}(z), \ldots \tag{2}$$

genommen, die in z_2 konvergiert. Da (2) Teilfolge von (1) ist und da (1) in z_1 konvergiert, konvergiert auch (2) in z_1. Also konvergiert (2) in z_1 und z_2.

Dieses Verfahren wird fortgesetzt. Nach dem k-ten Schritt erhält man eine Teilfolge

$$f_{n_{k_1}}(z), f_{n_{k_2}}(z), f_{n_{k_3}}(z), \ldots,$$

die in $z_1, z_2, \ldots, z_k$ konvergiert. Nun betrachte man die Folge

$$f_{n_{11}}(z), f_{n_{22}}(z), f_{n_{33}}(z), \ldots$$

(schreibt man alle $f_{n_{k_1}}(z), f_{n_{k_2}}(z), f_{n_{k_3}}(z), \ldots (k = 1, 2, \ldots)$ untereinander, so ist $\{f_{n_{\mu\mu}}(z)\}$ die *Diagonalfolge*). Die Folge $\{f_{n_{\mu\mu}}(z)\}$ ist für $\mu \geq \lambda$ Teilfolge von

---

[1]) Die Beweisanordnung entspricht im wesentlichen der in [1] angegebenen.

$f_{n_{\lambda 1}}(z), f_{n_{\lambda 2}}(z), f_{n_{\lambda 3}}(z),\ldots$ Also konvergiert $\{f_{n_{\mu\mu}}(z)\}$ in $z_1, z_2, \ldots, z_\lambda$. Da λ beliebig gewählt werden kann, konvergiert $\{f_{n_{\mu\mu}}(z)\}$ in allen z_j. Q. e. d.

Hilfssatz 2. *Es sei G ein Gebiet, $f(z)$ in G regulär und beschränkt, $|f(z)| \leq C$. Ist $\tilde{z} \in G$ fest gewählt und liegt $|z-\tilde{z}| \leq r$ ganz in G, so ist $|f'(z)| \leq \dfrac{4}{r} C$ in $|z - \tilde{z}| \leq \dfrac{r}{2}$.*

Beweis. Für z aus $|z - \tilde{z}| < r$ gilt nach der Cauchyschen Integralformel (4.2., Folgerung 3)

$$f'(z) = \frac{1}{2\pi i} \oint_{|\zeta - \tilde{z}| = r} \frac{f(\zeta)}{(\zeta - z)^2}\, d\zeta.$$

Liegt z insbesondere in $|z - \tilde{z}| \leq \dfrac{r}{2}$, so ist $|\zeta - z| \geq \dfrac{r}{2}$ für ζ aus $|\zeta - \tilde{z}| = r$, also wegen $|f(z)| \leq C$

$$|f'(z)| \leq \frac{1}{2\pi} \frac{C}{\left(\dfrac{r}{2}\right)^2} 2\pi r = \frac{4}{r} C. \qquad \text{Q. e. d.}$$

Die $\{f_n(z)\}$ seien eine Folge von Funktionen, die alle auf einer Menge M definiert seien. Die $f_n(z)$ heißen *gleichgradig stetig* auf M, wenn man zu jedem $\varepsilon > 0$ ein $\delta = \delta(\varepsilon)$ angeben kann, so daß

$$|f_n(z_2) - f_n(z_1)| < \varepsilon$$

ist für alle n und für alle z_1, z_2 aus M mit $|z_2 - z_1| < \delta(\varepsilon)$.[1] Es gilt:

Hilfssatz 3. *Es sei G ein Gebiet, die $f_n(z)$ seien in G regulär und gleichmäßig beschränkt, $|f_n(z)| \leq C$. Ist $\tilde{z}$ beliebig, aber fest in G gewählt, so gibt es ein r derart, daß die $f_n(z)$ in $|z - \tilde{z}| \leq \dfrac{r}{2}$ gleichgradig stetig sind.*

Beweis. Nach Hilfssatz 2 ist $|f'_n(z)| \leq \dfrac{r}{4} C$ für alle n und z aus $|z - \tilde{z}| \leq \dfrac{r}{2}$.

Nun ist $f_n(z_2) - f_n(z_1) = \displaystyle\int_{\gamma(z_1, z_2)} f'_n(z)\, dz$, wobei z_1, z_2 aus $|z - \tilde{z}| \leq \dfrac{r}{2}$ seien und $\gamma(z_1, z_2)$ die geradlinige Verbindung von z_1 und z_2 ist. Also ist $|f_n(z_2) - f_n(z_1)| \leq \dfrac{4}{r} C |z_2 - z_1|$. Ist also $|z_2 - z_1| < \delta(\varepsilon) = \dfrac{r\varepsilon}{4C}$, so ist $|f_n(z_2) - f_n(z_1)| < \varepsilon$. Q. e. d.

Hilfssatz 4 (Satz von ARZELÀ-ASCOLI). *Die $f_n(z)$ seien in G regulär und gleichmäßig beschränkt, $|f_n(z)| \leq C$. Dann gibt es eine Teilfolge der $\{f_n(z)\}$ mit folgender Eigenschaft:*

Zu jedem $\tilde{z} \in G$ gibt es ein r, so daß die Teilfolge in $|z - \tilde{z}| \leq \dfrac{r}{2}$ gleichmäßig konvergiert (dabei ist r so gewählt, daß $|z - \tilde{z}| \leq r$ ganz zu G gehört).

---

[1] Jedes $f_n(z)$ ist dann insbesondere auf M gleichmäßig stetig.

10*

Beweis. Zunächst sei $\{z_j\}$ eine abzählbare Punktmenge in G, die in G überall dicht sei, d. h., zu jedem $z \in G$ und zu jedem $\delta > 0$ gibt es ein z_j mit $|z - z_j| < \delta$. Als solche Menge $\{z_j\}$ kann man z. B. alle zu G gehörenden komplexen Zahlen mit rationalem Real- und rationalem Imaginärteil verwenden (da die Menge der rationalen Zahlen abzählbar ist). Nach Hilfssatz 1 gibt es eine Teilfolge $\{f_{n_{\mu\mu}}(z)\}$ der $\{f_n(z)\}$, die in allen z_j konvergiert. Ist $\tilde{z} \in G$ beliebig, so gibt es nach Hilfssatz 3 ein r, so daß insbesondere die $f_{n_{\mu\mu}}(z)$ in $|z - \tilde{z}| \leqq \dfrac{r}{2}$ gleichgradig stetig sind. Also gibt es zu $\varepsilon > 0$ ein $\delta = \delta\left(\dfrac{\varepsilon}{3}\right)$, so daß $\left|f_{n_{\mu\mu}}(z_2) - f_{n_{\mu\mu}}(z_1)\right| < \dfrac{\varepsilon}{3}$ ist, wenn z_1, z_2 aus $|z - \tilde{z}| \leqq \dfrac{r}{2}$ sind und wenn $|z_2 - z_1| < \delta\left(\dfrac{\varepsilon}{3}\right)$ ist. Da die z_j in G, also insbesondere auch in $|z - \tilde{z}| \leqq \dfrac{r}{2}$ dicht liegen, kann man in $|z - \tilde{z}| \leqq \dfrac{r}{2}$ endlich viele $z_{j_1}, \ldots, z_{j_m}$ angeben, so daß jedes z aus $|z - \tilde{z}| \leqq \dfrac{r}{2}$ von wenigstens einem geeigneten z_{j_k} $(k = 1, \ldots, m)$ einen Abstand hat, der kleiner als $\delta\left(\dfrac{\varepsilon}{3}\right)$ ist. Wenn man nämlich die Ebene durch ein Quadratnetz

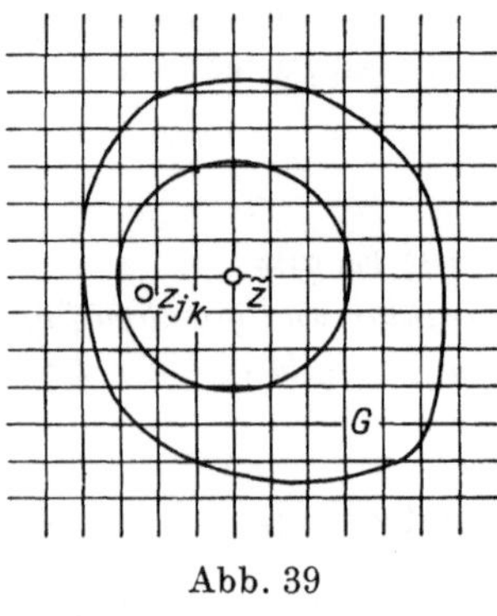

Abb. 39

unterteilt (Abb. 39), so liegt $|z - \tilde{z}| \leqq \dfrac{r}{2}$ bereits in endlich vielen Quadraten. Die Kante der Quadrate wird kleiner als $\dfrac{1}{2}\sqrt{2}\,\delta\left(\dfrac{\varepsilon}{3}\right)$ gewählt, also ist die Diagonale kleiner als $\delta\left(\dfrac{\varepsilon}{3}\right)$. In jedem Quadrat, das mit $|z - \tilde{z}| < \dfrac{r}{2}$ Punkte gemeinsam besitzt, wird ein in $|z - \tilde{z}| \leqq \dfrac{r}{2}$ gelegenes z_{j_k} der überall dichten Menge $\{z_j\}$ ausgewählt. Also gibt es zu jedem z aus $|z - \tilde{z}| \leqq \dfrac{r}{2}$ ein z_{j_k} mit $|z - z_{j_k}| \leqq \delta\left(\dfrac{\varepsilon}{3}\right)$. Da die Folge $\{f_{n_{\mu\mu}}(z)\}$ insbesondere in $z_{j_1}, \ldots, z_{j_m}$ konvergiert, kann man ein $N = N\left(\dfrac{\varepsilon}{3}\right)$ angeben, so daß $\left|f_{n_{\mu\mu}}(z_{j_k}) - f_{n_{\lambda\lambda}}(z_{j_k})\right| < \dfrac{\varepsilon}{3}$ für $\mu, \lambda \geqq N\left(\dfrac{\varepsilon}{3}\right)$ und für alle $k = 1, 2, \ldots, m$ ist.

Es sei z aus $|z - \tilde{z}| \leqq \dfrac{r}{2}$ beliebig gewählt, $z_{j_{k'}}$ sei eines der nach dem obigen Verfahren ausgewählten z_{j_k} $(k = 1, 2, \ldots, m)$, für das $|z - z_{j_{k'}}| < \delta\left(\dfrac{\varepsilon}{3}\right)$ ist. Es ist

$$\left|f_{n_{\mu\mu}}(z) - f_{n_{\lambda\lambda}}(z)\right| \leqq \left|f_{n_{\mu\mu}}(z) - f_{n_{\mu\mu}}(z_{j_{k'}})\right|$$

$$+ \left|f_{n_{\mu\mu}}(z_{j_{k'}}) - f_{n_{\lambda\lambda}}(z_{j_{k'}})\right| + \left|f_{n_{\lambda\lambda}}(z_{j_{k'}}) - f_{n_{\lambda\lambda}}(z)\right|.$$

Wegen der gleichgradigen Stetigkeit sind der erste und dritte Summand kleiner als $\frac{\varepsilon}{3}$. Der mittlere Summand ist kleiner als $\frac{\varepsilon}{3}$ wegen der Konvergenz der $f_{n_{\mu\mu}}(z)$ in $z_{j_{k'}}$. Insgesamt erhält man damit:

Zu $\varepsilon > 0$ gibt es ein $N = N\left(\frac{\varepsilon}{3}\right)$, so daß

$$\left| f_{n_{\mu\mu}}(z) - f_{n_{\lambda\lambda}}(z) \right| < \varepsilon \quad \text{für} \quad \mu, \lambda \geqq N\left(\frac{\varepsilon}{3}\right) \tag{3}$$

ist. Also konvergiert die Folge $\{f_{n_{\mu\mu}}(z)\}$ in ganz $|z - \tilde{z}| \leqq \frac{r}{2}$. Bezeichnet man die Grenzfunktion mit $\tilde{f}(z)$, so folgt aus (3) durch den Grenzübergang $\lambda \to \infty$

$$\left| f_{n_{\mu\mu}}(z) - \tilde{f}(z) \right| \leqq \varepsilon \quad \text{für} \quad \mu > N\left(\frac{\varepsilon}{3}\right) \quad \text{und alle } z \text{ aus} \quad |z - \tilde{z}| \leqq \frac{r}{2}.$$

Mithin ist die Konvergenz in $|z - \tilde{z}| \leqq \frac{r}{2}$ gleichmäßig. Q. e. d.

Korollar 1. *Wegen der Gleichmäßigkeit der Konvergenz ist die Grenzfunktion in* $|z - \tilde{z}| < \frac{r}{2}$ *regulär* (4.2., Folgerung 6). *Da* $\tilde{z} \in G$ *beliebig gewählt werden kann, ist die Grenzfunktion* $w = \tilde{f}(z)$ *in ganz* G *regulär.*

Diese Aussage wird ergänzt durch

Korollar 2. *Sind die* $f_{n_{\mu\mu}}(z)$ *schlicht, so ist die Grenzfunktion* $\tilde{f}(z)$ *entweder in* G *konstant oder ebenfalls schlicht.*

Dabei heißt eine Funktion in G *schlicht*, wenn sie in zwei voneinander verschiedenen Punkten von G stets voneinander verschiedene Funktionswerte annimmt (vgl. Fußnote [3]) auf S. 80).

Beweis von Korollar 2. Andernfalls gäbe es zwei voneinander verschiedene Punkte z_{01} und z_{02}, so daß $\tilde{f}(z)$ in beiden Punkten den gleichen Wert $\tilde{f}(z_{01}) = \tilde{f}(z_{02}) = w_0$ annimmt. Wenn $\tilde{f}(z)$ nicht konstant ist, kann man um z_{01} und z_{02} so kleine Kreise $|z - z_{01}| \leqq \varrho$ bzw. $|z - z_{02}| \leqq \varrho$ schlagen, daß z_{01} bzw. z_{02} in diesen Kreisen die einzige w_0-Stelle von $\tilde{f}(z)$ ist (vgl. 4.5.). Weiterhin wird ϱ so klein gewählt, daß die beiden Kreise keine Punkte gemeinsam besitzen und daß die $f_{n_{\mu\mu}}(z)$ in diesen beiden Kreisen $|z - z_{01}| \leqq \varrho$ bzw. $|z - z_{02}| \leqq \varrho$ gleichmäßig konvergieren.

Wegen $\tilde{f}(z) \neq w_0$ auf $|z - z_{01}| = \varrho$ bzw. auf $|z - z_{02}| = \varrho$ ist $\displaystyle\inf_{\substack{|z - z_{0i}| = \varrho \\ i = 1,2}} \left| \tilde{f}(z) - w_0 \right|$

$= d_0 > 0$. Wegen der gleichmäßigen Konvergenz gibt es zu $\varepsilon = \frac{d_0}{2}$ ein $N = N\left(\frac{d_0}{2}\right)$, so daß $\left| f_{n_{\mu\mu}}(z) - \tilde{f}(z) \right| < \frac{d_0}{2}$ ist für $\mu \geqq N\left(\frac{d_0}{2}\right)$ und alle z aus $|z - z_{0i}| \leqq \varrho$ $(i = 1, 2)$. Andererseits ist $\left| \tilde{f}(z) - w_0 \right| \geqq d_0$ auf $|z - z_{0i}| = \varrho$ $(i = 1, 2)$. Daher ist für alle z von $|z - z_{0i}| = \varrho$ $(i = 1, 2)$ und für $\mu \geqq N\left(\frac{d_0}{2}\right)$

$$\left| f_{n_{\mu\mu}}(z) - \tilde{f}(z) \right| < \left| \tilde{f}(z) - w_0 \right|.$$

Nach dem Satz von Rouché (**5.4.**, II) haben daher $\tilde{f}(z) - w_0$ und

$$f_{n_{\mu\mu}}(z) - w_0 = \big(\tilde{f}(z) - w_0\big) + \big(f_{n_{\mu\mu}}(z) - \tilde{f}(z)\big), \quad \mu \geqq N\left(\frac{d_0}{2}\right),$$

in $|z - z_{0i}| < \varrho$ $(i = 1, 2)$ die gleiche Gesamtordnung von Nullstellen. Da $f(z) - w_0$ sowohl in $|z - z_{01}| < \varrho$ als auch in $|z - z_{02}| < \varrho$ eine Nullstelle hat, muß auch $f_{n_{\mu\mu}}(z) - w_0$ für $\mu \geqq N\left(\frac{d_0}{2}\right)$ sowohl in $|z - z_{01}| < \varrho$ als auch in $|z - z_{02}| < \varrho$ jeweils mindestens eine Nullstelle haben. Wegen der vorausgesetzten Schlichtheit kann $f_{n_{\mu\mu}}(z)$ aber nicht sowohl in $|z - z_{01}| < \varrho$ als auch in $|z - z_{02}| < \varrho$ den gleichen Wert w_0 annehmen. Q. e. d.

Hilfssatz 5. *Ist $f(z)$ in G schlicht, so ist $f'(z) \neq 0$ in ganz G.*

Beweis. Zunächst kann $f'(z)$ nicht identisch Null sein. da sonst (Korollar 2 zu Satz 1 aus **2.4.**) $f(z)$ konstant sein müßte. Ist z_0 aber eine isolierte Nullstelle von $f'(z)$, so nimmt $f(z)$ den Wert $f(z_0)$ in z_0 von der Ordnung $k \geqq 2$ an. Nach **7.3.**, c) nimmt $f(z)$ dann jeden Wert $w \neq f(z_0)$ aus einer Umgebung von $f(z_0)$ in k voneinander verschiedenen Punkten z (aus einer Umgebung von z_0) an. Das ist für eine schlichte Funktion aber nicht möglich. Q. e. d.

II. Hilfssätze über eine unbestimmte Integration

Es sei G ein Gebiet, z_0 ein beliebig, aber fest gewählter Punkt von G. Dann gilt:

Hilfssatz 6. *Besitzt G die Eigenschaft* A *und ist $f(z)$ in G regulär, so gibt es genau eine Stammfunktion $F(z)$ von $f(z)$, die in $z = z_0$ den Wert $F(z_0) = 0$ annimmt.*

Beweis. Ist $z_0 \in G$ beliebig, aber fest gewählt, und ist γ eine Kurve von z_0 nach z, so wird in G durch $F(z) = \int\limits_{\gamma} f(z)\, dz$ eine (eindeutige) Funktion definiert.

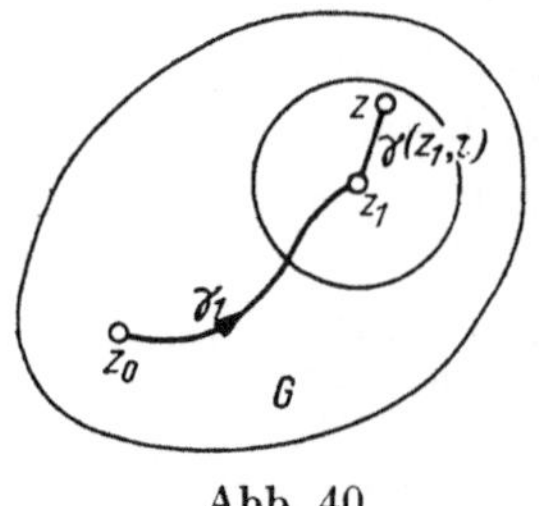

Abb. 40

Denn wegen der vorausgesetzten Eigenschaft A ist das Integral nur von z, nicht vom speziellen Verlauf von γ abhängig. Daß $F(z)$ regulär ist und die Ableitung $f(z)$ besitzt, sieht man so: In einer Umgebung von z_1 (Abb. 40) ist, wenn γ_1 eine Kurve von z_0 nach z_1 ist,

$$F(z) = F(z_1) + \int\limits_{\gamma(z_1,z)} f(z)\, dz. \tag{4}$$

Dabei ist $\gamma(z_1, z)$ die geradlinige Verbindung von z_1 und z. Aus (4) folgt unter Berücksichtigung von Hilfssatz 1 aus **2.4.** $F'(z_1) = f(z_1)$ ($F(z_1)$ ist eine Konstante und besitzt daher die Ableitung Null). Da z_1 beliebig gewählt werden kann, folgt damit die Behauptung. Daß es nur eine Stammfunktion von $f(z)$ mit $F(z_0) = 0$ gibt, folgt aus Korollar 2 zu Satz 1 aus **2.4.** Q. e. d.

Ist jetzt $h(z)$ in G regulär und überall von Null verschieden, so ist auch $\dfrac{h'(z)}{h(z)}$ in G regulär. Wendet man Hilfssatz 6 auf $f(z) = \dfrac{h'(z)}{h(z)}$ an, so folgt

Korollar. *Es gibt in G genau eine reguläre Funktion $H(z)$, $H(z_0) = 0$, für die $H'(z) = \dfrac{h'(z)}{h(z)}$ ist.*

Für diese Funktion gilt:

Hilfssatz 7. *Es ist*

$$\exp\big(H(z)\big) = \frac{h(z)}{h(z_0)}.\tag{5}$$

Beweis. Wegen

$$\frac{d}{dz}\left(\frac{\exp(H(z))}{h(z)}\right) = \frac{1}{(h(z))^2}\left(h(z)\exp\big(H(z)\big)\frac{h'(z)}{h(z)} - h'(z)\exp\big((H(z))\big)\right) \equiv 0$$

und wegen $H(z_0) = 0$ ist

$$\frac{\exp(H(z))}{h(z)} \equiv \text{const} = \frac{1}{h(z_0)}. \quad \text{Q. e. d.}$$

Wegen

$$\exp\big(H(z)\big) = \exp\left(\operatorname{Re}[H(z)] + i\operatorname{Im}[H(z)]\right)$$

$$= \exp\left(\operatorname{Re}[H(z)]\right)\cdot\exp\left(i\operatorname{Im}[H(z)]\right)$$

$$= \exp\left(\operatorname{Re}[H(z)]\right)\big(\cos\big(\operatorname{Im}[H(z)]\big) + i\sin\big(\operatorname{Im}[H(z)]\big)\big)$$

folgt aus (5)

$$\exp\left(\operatorname{Re}[H(z)]\right) = \left|\frac{h(z)}{h(z_0)}\right|.\tag{6}$$

Hilfssatz 8. *Ist $h(z)$ schlicht, so kann $H(z)$ nicht in zwei voneinander verschiedenen Punkten Werte annehmen, die sich um $k\cdot 2\pi i$ unterscheiden (k ganz).*

Beweis. Wäre $H(z_2) = H(z_1) + k\cdot 2\pi i$, so wäre

$$\exp\big(H(z_2)\big) = \exp\big(H(z_1) + k\cdot 2\pi i\big) = \exp\big(H(z_1)\big).$$

Wegen (5) ist dann also auch $h(z_2) = h(z_1)$. Da $h(z)$ schlicht sein sollte, ist dann aber notwendig $z_2 = z_1$. Q. e. d.

III. Abschluß des Beweises

Es werden jetzt alle in G regulären Funktionen mit folgenden Eigenschaften betrachtet:

a) $f(z_0) = 0$,
b) $f(z)$ ist in G schlicht,
c) es ist $|f(z)| < 1$ für alle $z \in G$.

Hilfssatz 9. *Es gibt wenigstens eine Funktion mit diesen drei Eigenschaften a), b) und c).*

Beweis. Ist z_* ein nicht zu G gehörender Punkt der komplexen Ebene, so ist $h(z) = z - z_* \neq 0$ in G. Zu $h(z) = z - z_*$ wird nach dem Korollar von Hilfssatz 6 die Funktion $H(z)$ konstruiert. Wegen

$$H'(z) = \frac{h'(z)}{h(z)} = \frac{1}{z - z_*} \neq 0$$

ist $H(z)$ nicht konstant. Nach dem Satz von der Gebietstreue (7.1.) und wegen $H(z_0) = 0$ nimmt $H(z)$ auch alle Werte $|w| < \varrho$, $\varrho < \pi$ geeignet gewählt, in G an. Da $h(z) = z - z_*$ schlicht ist, nimmt $H(z)$ nach Hilfssatz 8 keine Werte w aus $|w - 2\pi i| < \varrho$ an. Es ist also

$$|H(z) - 2\pi i| \geqq \varrho$$

für jedes z aus G.

Die Funktion

$$g(z) = \frac{\varrho}{4\pi i} + \frac{\varrho}{2} \frac{1}{H(z) - 2\pi i}$$

besitzt die drei Eigenschaften a), b) und c). Denn zunächst ist $g(z_0) = 0$. Weiter ist $g(z)$ schlicht; denn ist $g(z_2) = g(z_1)$, so muß $H(z_2) = H(z_1)$ sein. Da $H(z)$ nach Hilfssatz 7 insbesondere auch schlicht ist, ist die Gleichung $H(z_2) = H(z_1)$ nur für $z_2 = z_1$ möglich. Schließlich ist[1])

$$|g(z)| \leqq \frac{\varrho}{4\pi} + \frac{\varrho}{2} \cdot \frac{1}{\varrho} < 1. \quad \text{Q. e. d.}$$

Nach Hilfssatz 2 müssen für alle Funktionen mit den Eigenschaften a), b) und c) die Werte $|f'(z_0)|$ beschränkt sein. Es sei C^* die obere Grenze dieser Werte. Wegen der Schlichtheit folgt unter Berücksichtigung von Hilfssatz 5, daß für die in Hilfssatz 9 angegebene Funktion $g(z)$ die Aussage $|g'(z_0)| > 0$ gilt. Also muß auch $C^* > 0$ sein.

Hilfssatz 10. *Es gibt eine Funktion $w = \tilde{f}(z)$, die die Eigenschaften* a), b) *und* c) *besitzt und für die $|\tilde{f}'(z_0)| = C^*$ ist.*

Beweis. Nach Definition der oberen Grenze gibt es eine Folge in G regulärer Funktionen $f_n(z)$, die die Eigenschaften a), b), c) besitzen und für die $|f_n'(z_0)| > C^* - \frac{1}{n}$ ist. Nach Hilfssatz 4 gibt es eine in ganz G konvergente Teilfolge $\{f_{n_{\mu\mu}}(z)\}$. Die Grenzfunktion $\tilde{f}(z)$ ist regulär (Korollar 1 zu Hilfssatz 4). Wegen $f_{n_{\mu\mu}}(z_0) = 0$ ist auch $\tilde{f}(z_0) = 0$. Die Konvergenz ist insbesondere in $|z - z_0| \leqq \frac{r}{2}$ (vgl. Hilfssatz 4) gleichmäßig. Nach dem Weierstraßschen Konvergenzsatz

---

[1]) Es ist sogar $|g(z)| < \frac{\varrho}{4\pi} + \frac{\varrho}{2} \frac{1}{\varrho}$, da $g(z)$ nicht konstant ist und daher $|g(z)|$ nach dem Maximumprinzip (vgl. Folgerung 5 des Satzes aus **4.5.**) in keinem Punkt das Supremum annehmen kann.

(**4.2.**, Folgerung 6, b)) ist speziell auch

$$|\tilde{f}'(z_0)| = \lim_{\mu \to \infty} |f'_{n_{\mu\mu}}(z_0)| = C^* \neq 0.$$

Wegen $\tilde{f}'(z_0) \neq 0$ kann $\tilde{f}(z)$ nicht konstant sein. Also muß nach Korollar 2 von Hilfssatz 4 die Grenzfunktion $\tilde{f}(z)$ schlicht sein. Aus $|f_{n_{\mu\mu}}(z)| < 1$ folgt $|\tilde{f}(z)| \leqq 1$. Da $\tilde{f}(z)$ nicht konstant ist, muß nach dem Maximumprinzip (**4.5.**, Folgerung 5) sogar $|\tilde{f}(z)| < 1$ sein. Q. e. d.

Die in Hilfssatz 10 genannte Funktion $w = \tilde{f}(z)$ bildet G also eineindeutig auf ein in $|w| < 1$ gelegenes Gebiet ab. Dieses Gebiet ist sogar die ganze Kreisscheibe $|w| < 1$; denn es gilt

Hilfssatz 11. *Die in Hilfssatz 10 genannte Funktion* $w = \tilde{f}(z)$ *nimmt jeden Wert* w *von* $|w| < 1$ *an genau einer Stelle in* G *an.*

Beweis. Andernfalls gäbe es ein w_* aus $|w| < 1$, das von $w = \tilde{f}(z)$ nicht angenommen wird. Man betrachte dann die Funktion

$$h(z) = \frac{\tilde{f}(z) - w_*}{1 - \bar{w}_* \tilde{f}(z)} .$$

Wegen $|\bar{w}_*| < 1$, $|\tilde{f}(z)| < 1$ ist der Nenner für alle z aus G von Null verschieden, also ist $h(z)$ in G regulär. Nach dem Beispiel von **6.3.** ist $\dfrac{w - w_*}{1 - \bar{w}_* w} < 1$ für jedes w aus $|w| < 1$. Wegen $|w| = |\tilde{f}(z)| < 1$ für $z \in G$ ist

$$|h(z)| = \left| \frac{\tilde{f}(z) - w_*}{1 - \bar{w}_* \tilde{f}(z)} \right| < 1$$

für jedes $z \in G$. Da $\dfrac{w - w_*}{1 - w_* w}$ eine eineindeutige Abbildung definiert (vgl. **6.3.**), ist $h(z_2) = h(z_1)$ nur möglich für $\tilde{f}(z_2) = \tilde{f}(z_1)$. Da $\tilde{f}(z)$ schlicht ist, muß dann $z_2 = z_1$ gelten. Also ist auch $h(z)$ schlicht.

Wegen $\tilde{f}(z) \neq w_*$ ist $h(z) \neq 0$ in ganz G. Zu $h(z)$ wird nach dem Korollar von Hilfssatz 6 die Funktion $H(z)$ konstruiert. Da $h(z)$ schlicht ist, ist nach Hilfssatz 8 auch $H(z)$ schlicht. Bei Berücksichtigung von $h(z_0) = -w_*$ folgt aus (6)

$$\mathrm{Re}\,[H(z)] = \ln |h(z)| - \ln |w_*|.$$

Hierbei bezeichnet ln den eindeutig bestimmten reellen Logarithmus einer positiv reellen Zahl (da $\tilde{f}(z_0) = 0$ ist, kann $w_* \neq 0$ angenommen werden). Wegen $|h(z)| < 1$ ist

$$\mathrm{Re}\,[H(z)] + \ln |w_*| = \ln |h(z)| < 0.$$

Setzt man

$$g(z) = \frac{H(z)}{H(z) + 2\ln|w_*|} = \frac{(|H(z) + \ln|w_*|) - \ln|w_*|}{(H(z) + \ln|w_*|) - (-\ln|w_*|)},$$

so ist $|g(z)| < 1$ wegen

$$\big||(H(z) + \ln|w_*|) - \ln|w_*|\big| < \big|(H(z) + \ln|w_*|) - (-\ln|w_*|)\big|$$

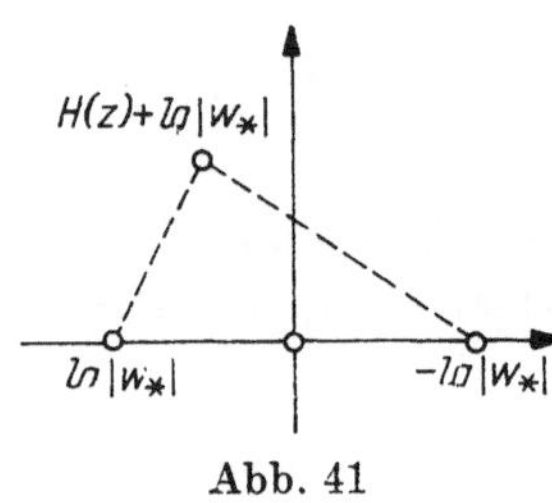

Abb. 41

(vgl. Abb. 41). Weiter ist $g(z_0) = 0$. Schließlich ist $g(z)$ auch schlicht; denn ist $g(z_2) = g(z_1)$, so folgt aus der Definition von $g(z)$, daß auch $H(z_2) = H(z_1)$ sein muß. Da $H(z)$ schlicht ist, folgt hieraus $z_2 = z_1$. Damit ist gezeigt, daß $g(z)$ die drei Eigenschaften a), b) und c) besitzt.

Nun ist

$$\frac{dg(z)}{dz} = \frac{2\ln|w_*|}{(H(z) + 2\ln|w_*|)^2} \cdot \frac{dH(z)}{dz}.$$

Wegen

$$\frac{dH(z)}{dz} = \frac{h'(z)}{h(z)} = \frac{1 - |w_*|^2}{(\tilde{f}(z) - w_*)(1 - \bar{w}_*\tilde{f}(z))} \cdot \tilde{f}'(z)$$

folgt damit

$$\frac{dg(z_0)}{dz} = \frac{1 - |w_*|^2}{-2w_*\ln|w_*|} \cdot \tilde{f}'(z_0),$$

und wegen $-\ln|w_*| = \ln\dfrac{1}{|w_*|}$ erhält man

$$\left|\frac{dg(z_0)}{dz}\right| = \frac{\dfrac{1}{|w_*|} - |w_*|}{2\ln\dfrac{1}{|w_*|}} \cdot C^*.$$

Für $\dfrac{1}{|w_*|} = t$ ist $t > 1$ wegen $|w_*| < 1$. Die Funktion $\chi(t) = 2\ln t + \dfrac{1}{t} - t$ hat nun aber in $t > 1$ die Ableitung $\chi'(t) = \dfrac{2}{t} - \dfrac{1}{t^2} - 1 = -\dfrac{(t-1)^2}{t^2} < 0$. Wegen $\chi(1) = 0$ ist $\chi(t) < 0$ für alle $t > 1$ und somit $2\ln t < t - \dfrac{1}{t}$ für $t > 1$. Damit ergibt sich $|g'(z_0)| > C^*$. Dies widerspricht der Wahl von C^* als oberer Grenze der Werte $|f'(z_0)|$ für alle Funktionen $f(z)$ mit den Eigenschaften a), b) und c). Q. e. d.

Damit ist insgesamt gezeigt:

Besitzt G die Eigenschaft A *und ist G nicht die ganze komplexe Ebene, so gibt es in G eine reguläre Funktion $w = \tilde{f}(z)$, die G eineindeutig auf die offene Kreisscheibe $|w| < 1$ abbildet, wobei ein willkürlich vorgegebener Punkt $z_0 \in G$ in $w = 0$ übergeht.*

In **8.6.** werden alle regulären Funktionen $w = \tilde{f}(z)$ bestimmt werden, die G eineindeutig auf $|w| < 1$ abbilden und wobei $\tilde{f}(z_0) = 0$ ist. Jetzt werde angenommen, daß $w = \tilde{f}(z)$ irgendeine Funktion mit dieser Eigenschaft ist. Wegen der Eineindeutigkeit von $w = \tilde{f}(z)$ existiert in ganz $|w| < 1$ die *Umkehrfunktion* $z = \tilde{f}^{-1}(w)$ von $w = \tilde{f}(z)$. Nach Hilfssatz 5 ist $\tilde{f}'(z) \neq 0$ in ganz G. Also ist nach Folgerung 2 aus **7.1.** die Umkehrfunktion regulär in einer Umgebung von $w_1 = \tilde{f}(z_1)$, $z_1 \in G$ beliebig. Da zu jedem w_1 aus $|w| < 1$ genau ein $z_1 \in G$ mit $\tilde{f}(z_1) = w_1$ existiert, hat man damit:

Folgerung. *Die Umkehrfunktion* $z = \tilde{f}^{-1}(w)$ *von* $w = \tilde{f}(z)$ *ist in ganz* $|w| < 1$ *regulär.*

Ist G die ganze komplexe Ebene, so läßt sich G nicht eineindeutig durch eine reguläre Funktion $w = \tilde{f}(z)$ auf die Kreisscheibe $|w| < 1$ abbilden. Denn eine in der ganzen komplexen Ebene reguläre Funktion, die beschränkt ist ($|\tilde{f}(z)| < 1$), muß nach dem Satz von LIOUVILLE (Korollar zu Hilfssatz 1 aus **3.3.**) konstant sein.

8.3. Topologische Charakterisierung

Zunächst soll gezeigt werden: *Aus* B *folgt* C. Wenn G die ganze komplexe Ebene ist, folgt die Homotopie zweier Kurven mit gleichen Anfangs- und gleichen Endpunkten nach dem in **8.1.** zur Homotopie gegebenen Beispiel. Es muß also noch der Fall betrachtet werden, daß G nicht die ganze Ebene ist. Nach Voraussetzung gilt B, also läßt sich G dann durch eine in G reguläre Funktion $w = \tilde{f}(z)$ eineindeutig auf $|w| < 1$ abbilden. Nach der Folgerung von **8.2.** ist die Umkehrfunktion $z = \tilde{f}^{-1}(w)$ in $|w| < 1$ regulär.

Sind nun γ_0, γ_1 zwei in G gelegene Kurven von z_a nach z_e, Darstellung $z = z_0(t)$ bzw. $z = z_1(t)$, $0 \leq t \leq 1$, so werden durch $w = \tilde{f}(z_0(t))$ bzw. $w = \tilde{f}(z_1(t))$ in $|w| < 1$ zwei Kurven $\tilde{\gamma}_1$ bzw. $\tilde{\gamma}_2$ von $\tilde{f}(z_a)$ nach $\tilde{f}(z_e)$ definiert. Diese Kurven sind (vgl. **8.1.**) homotop. Es gibt also eine in $0 \leq t \leq 1$, $0 \leq \lambda \leq 1$ definierte stetige Funktion $w(t, \lambda)$, so daß

a) $w(t, \lambda)$ in $|w| < 1$ liegt,

b) $w(0, \lambda) = \tilde{f}(z_a)$ und $w(1, \lambda) = \tilde{f}(z_e)$ für alle λ, $0 \leq \lambda \leq 1$, ist und

c) $w(t, 0) = \tilde{f}(z_0(t))$, $w(t, 1) = \tilde{f}(z_1(t))$ für alle $0 \leq t \leq 1$ ist.

Betrachtet man nun die Funktion $z(t, \lambda) = \tilde{f}^{-1}(w(t, \lambda))$, $0 \leq t \leq 1$, $0 \leq \lambda \leq 1$, so ist

a) $z(t, \lambda)$ in G gelegen,

b) $z(0, \lambda) = z_a$, $z(1, \lambda) = z_e$ für alle λ und

c) $z(t, 0) = \tilde{f}^{-1}(\tilde{f}(z_0(t))) = z_0(t)$, $z(t, \lambda) = \tilde{f}^{-1}(z_1(t)) = z_1(t)$.

Mithin sind γ_0 und γ_1 homotop. Damit ist C aus B hergeleitet worden.

11*

Um zu zeigen, daß aus der Aussage C die Aussage D folgt, benötigt man zunächst eine etwas allgemeinere Fassung des Hilfssatzes aus 5.3., nämlich:

Hilfssatz 1. *Ist* $z(t, \lambda)$ *in* $0 \leq t \leq 1$, $0 \leq \lambda \leq 1$ *definiert und stetig und liegen die Werte* $z(t, \lambda)$ *in* G, *so gibt es eine Zahl* $\delta > 0$, *so daß* $|z(t, \lambda) - \zeta| \geq \delta$ *für alle* t, λ *aus* $0 \leq t \leq 1$, $0 \leq \lambda \leq 1$ *und jedes* $\zeta \in \mathbf{C}G$ *ist.*

Der Beweis verläuft so wie der des entsprechenden Hilfssatzes von 5.3. Wäre die Behauptung nicht richtig, so gäbe es zu jedem n einen Punkt t_n, λ_n aus $0 \leq t \leq 1$, $0 \leq \lambda \leq 1$ und ein $\zeta_n \in \mathbf{C}G$, so daß $|z(t_n, \lambda_n) - \zeta_n| < \dfrac{1}{n}$ ist. Da $z(t, \lambda)$ wegen der Stetigkeit betraglich beschränkt ist, $|z(t, \lambda)| \leq K$, sind auch die ζ_n betraglich beschränkt, $|\zeta_n| < K + 1$. Jetzt wird wieder eine Index-Teilfolge n_i so gewählt, daß $t_{n_i} \to t_*$, $\lambda_{n_i} \to \lambda_*$ und $\zeta_{n_i} \to \zeta_*$ konvergieren. Es ist $\zeta_* \in \mathbf{C}G$ (da $\mathbf{C}G$ abgeschlossen ist, vgl. Hilfssatz 1 von 8.1.). Andererseits ist $z(t_*, \lambda_*) = \zeta_*$, da $|z(t_{n_i}, \lambda_{n_i}) - \zeta_{n_i}| < \dfrac{1}{n_i}$ ist. Also müßte ζ_* in G liegen. Dieser Widerspruch beweist die Behauptung.

Es sei γ, Darstellung $z(t)$, $0 \leq t \leq 1$, eine Kurve, die nicht durch den Punkt z_* hindurchgehe. Wird ein Polarkoordinatensystem mit dem Zentrum z_* eingeführt und ist φ der (zunächst nur mod 2π eindeutig bestimmte) Polarwinkel, so kann man diesen längs γ so wählen, daß $\varphi(t)$ stetig ist (vgl. 4.4.). Mit $[\arg(z - z_*)]_\gamma = \varphi(1) - \varphi(0)$ wird dann der *Argumentzuwachs längs* γ bezeichnet. Dann gilt:

Hilfssatz 2. *Sind* γ_0, γ_1 *zwei in* G *gelegene homotope Kurven und ist* z_* *nicht in* G *enthalten, so ist bezüglich des Punktes* z_* *als Ursprung eines Polarkoordinatensystems der Argumentzuwachs längs* γ_1 *gleich dem längs* γ_2.

Beweis. Da γ_0, γ_1 homotop sind, gibt es eine komplexwertige Funktion $z(t, \lambda)$, $0 \leq t \leq 1$, $0 \leq \lambda \leq 1$, mit Werten in G, so daß $z(t, 0)$ bzw. $z(t, 1)$ die Darstellung von γ_0 bzw. von γ_1 ist. Ist δ die in Hilfssatz 1 genannte Zahl, so

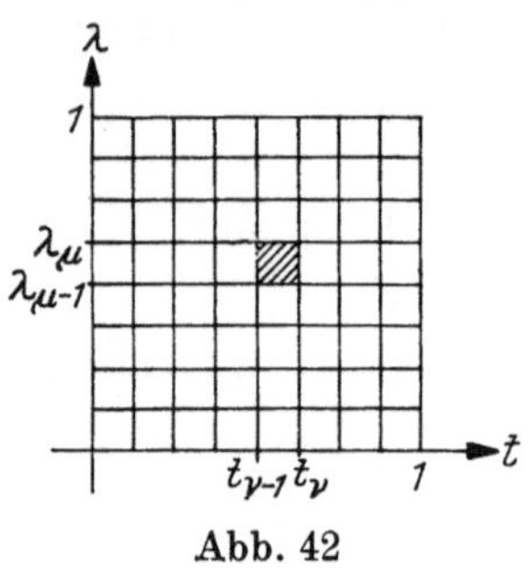

Abb. 42

wird das Quadrat $0 \leq t \leq 1$, $0 \leq \lambda \leq 1$ so stark unterteilt, daß für (t, λ) und (t', λ') aus einem beliebigen Teilquadrat $t_{\nu-1} \leq t \leq t_\nu$, $\lambda_{\mu-1} \leq \lambda \leq \lambda_\mu$ stets $|z(t, \lambda) - z(t', \lambda')| < \delta$ ist $(\mu, \nu = 1, 2, \ldots, N)$. Eine solche Unterteilung ist möglich, da $z(t, \lambda)$ stetig und folglich auch gleichmäßig stetig ist. Also ist das Bild des Teilquadrats $t_{\nu-1} \leq t \leq t_\nu$, $\lambda_{\mu-1} \leq \lambda \leq \lambda_\mu$ (Abb. 42) ganz in der Kreisscheibe $|z - z(t_{\nu-1}, \lambda_{\mu-1})| < \delta$ enthalten. Nach Definition von δ gehört dieser Kreis ganz zu G. Also kann $\arg(z - z_*)$ in diesem Kreis eindeutig definiert werden. Daher ist der Argumentzuwachs längs derjenigen Kurven gleich, die sich als Bild von k_1 bzw. k_2 ergeben (Abb. 43a). Durch Fortsetzung dieses Verfahrens (Abb. 43b) sieht man schließlich: Der Argumentzuwachs längs der Bildkurve von s_N (Abb. 43c) ist gleich dem Argumentzuwachs längs der Bildkurve von s_{N-1} [man beachte dabei, daß die ganzen auf $t = 0$ bzw. $t = 1$ gelegenen Intervalle zwischen $s_{\mu-1}$ und s_μ wegen $z(0, \lambda) = z_a$ bzw. $z(1, \lambda) = z_e$ für $0 \leq \lambda \leq 1$ in den Punkt $z = z_a$ bzw. $z = z_e$ abgebildet werden]. Wendet man auch diesen Schluß wiederholt an, so folgt: Der Argumentzuwachs längs des Bildes von s_N ist gleich dem Argumentzuwachs längs des Bildes von s_1. Das Bild von s_1 bzw. s_N ist aber γ_0 bzw. γ_1. Q. e. d.

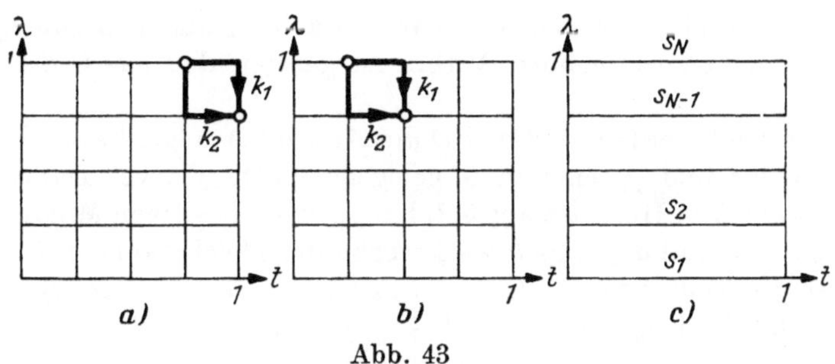

Abb. 43

Damit sind jetzt alle Hilfsmittel bereitgestellt, um zu zeigen, daß aus C die Aussage D folgt. Wäre D nicht erfüllt, so gäbe es einen achsenparallelen, geschlossenen und doppelpunktfreien Polygonzug $\tilde{\gamma}_0$, so daß ein zum Innengebiet

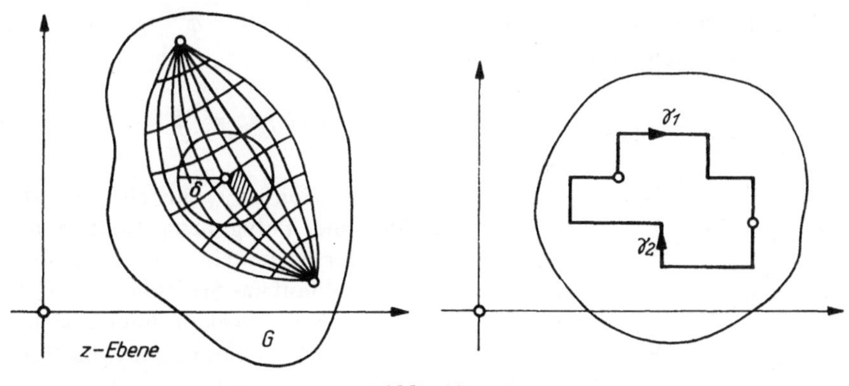

Abb. 44

von $\tilde{\gamma}_0$ gehörender Punkt z_* nicht in G liegt (Abb. 44). Jetzt wird $\tilde{\gamma}_0$ in Teilstücke γ_1, γ_2 aufgespalten. Der Argumentzuwachs längs $\tilde{\gamma}_0$ in bezug auf z_* ist je nach dem Durchlaufungssinn von $\tilde{\gamma}_0$ gleich $+2\pi$ oder -2π (Hilfssatz 2 aus 8.1.). Für die Argumentzuwächse $[\arg(z - z_*)]_{\gamma_i}$ längs γ_i gilt also

$$[\arg(z - z_*)]_{\gamma_1} + [\arg(z - z_*)]_{\gamma_2} = \pm 2\pi.$$

Der Argumentzuwachs längs der zu γ_2 inversen Kurve γ_2^{-1} ist $[\arg (z - z_*)]_{\gamma_2^{-1}}$ $= - [\arg (z - z_*)]_{\gamma_2}$, es gilt also

$$[\arg (z - z_*)]_{\gamma_1} = [\arg (z - z_*)]_{\gamma_2^{-1}} \pm 2\pi. \tag{1}$$

Nun sind γ_1 und γ_2^{-1} zwei Kurven in G mit gleichen Anfangs- und gleichen Endpunkten. Nach der Voraussetzung C sind beide Kurven homotop. Also muß nach Hilfssatz 2

$$[\arg (z - z_*)]_{\gamma_1} = [\arg (z - z_*)]_{\gamma_2^{-1}}$$

sein. Das widerspricht aber (1). Also kann es kein z_* aus dem Innengebiet von $\tilde{\gamma}_0$ geben, das nicht zu G gehört. Mithin ist gezeigt, daß *aus* C *die Aussage* D folgt.

Jetzt soll gezeigt werden, daß *aus* D *die Aussage* A folgt. Es sei G ein Gebiet, $f(z)$ in G regulär und γ_0 eine in G gelegene glatte Kurve, Darstellung $z(t)$, $a \leq t \leq b$. Nach dem Hilfssatz aus **5.3.** hat γ_0 einen positiven Mindestabstand δ von **C**G. Das Intervall $a \leq t \leq b$ wird wegen der gleichmäßigen Stetigkeit von $z(t)$ jetzt so in Teilintervalle $t_{\mu-1} \leq t \leq t_\mu$, $\mu = 1, 2, \ldots, N$, $t_0 = a$, $t_N = b$ zerlegt, daß das Bild γ_μ von $t_{\mu-1} \leq t \leq t_\mu$ ganz in $|z - z(t_{\mu-1})| < \delta$ enthalten ist. Anfangs- und Endpunkt von γ_μ werden in $|z - z(t_{\mu-1})| < \delta$ durch eine Treppenkurve $\tilde{\gamma}_\mu$ verbunden[1]) (man kann dabei $\tilde{\gamma}_\mu$ so wählen, daß $\tilde{\gamma}_\mu$ aus höchstens zwei Kanten besteht, vgl. Abb. 45). Weiter sei $\tilde{\gamma}_0 = \sum_\mu \tilde{\gamma}_\mu$. Nun ist $\gamma_\mu + \tilde{\gamma}^{-1}$ in $|z - z(t_{\mu-1})| < \delta$ eine geschlossene Kurve, also ist nach dem Cauchyschen Integralsatz in Sterngebieten (**2.4.**, Korollar zu Satz 2) $\oint_{\gamma_\mu + \tilde{\gamma}_\mu^{-1}} f(z)\, dz = 0$, also $\int_{\gamma_\mu} f(z)\, dz = \int_{\tilde{\gamma}_\mu} f(z)\, dz$ und somit auch

$$\oint_{\gamma_0} f(z)\, dz = \oint_{\tilde{\gamma}_0} f(z)\, dz. \tag{2}$$

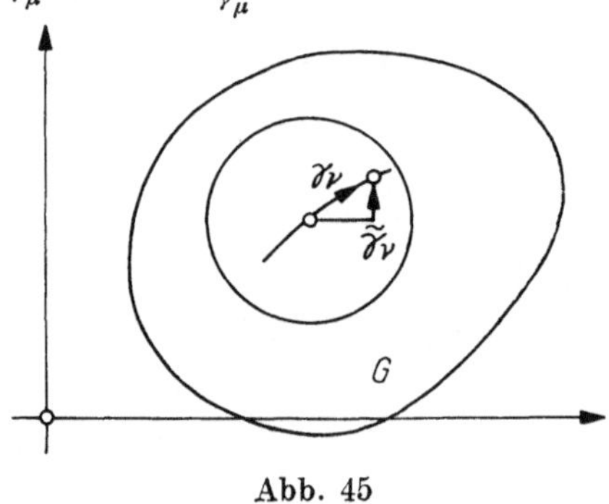

Abb. 45

Nach Definition ist $\tilde{\gamma}_0$ ein achsenparalleler geschlossener Polygonzug. Läßt man hintereinander zweimal im entgegengesetzten Sinne durchlaufene Strecken von $\tilde{\gamma}_0$ weg (längs solcher Strecken heben sich die Integrale auf), so kann man $\tilde{\gamma}_0$ als Summe von endlich vielen doppelpunktfreien geschlossenen achsenparallelen Polygonzügen $\tilde{\gamma}_{0*}$ schreiben. Wegen (2) erkennt man: Es ist $\oint_{\gamma_0} f(z)\, dz = 0$ bewiesen, wenn man nur zeigen kann, daß

$$\oint_{\tilde{\gamma}_{0*}} f(z)\, dz = 0 \tag{3}$$

---

[1]) Eine derartige Konstruktion verwendet auch F. VON KRBEK in [40].

gilt, wenn $\tilde{\gamma}_{0*}$ ein doppelpunktfreier geschlossener achsenparalleler Polygonzug ist.

Dem Beweis von (3) wird folgende Vorbemerkung vorangestellt:

Ist γ_* der Rand eines ganz in G gelegenen Rechtecks R, so ist $\oint\limits_{\gamma^*} f(z)\,dz = 0$.

Diese Behauptung folgt unmittelbar aus 2.4., Hilfssatz 2, wenn man R entsprechend Abb. 46 in zwei Dreiecke zerlegt.

Jetzt wird (3) durch Induktion nach der Anzahl der Geraden $y = \text{const}$ bewiesen, auf denen zur x-Achse parallele Kanten von $\tilde{\gamma}_{0*}$ liegen.

a) Induktionsanfang: $n = 2$. Dann ist $\tilde{\gamma}_{0*}$ notwendig der Rand eines Rechtecks, und die Behauptung folgt aus der Vorbemerkung.

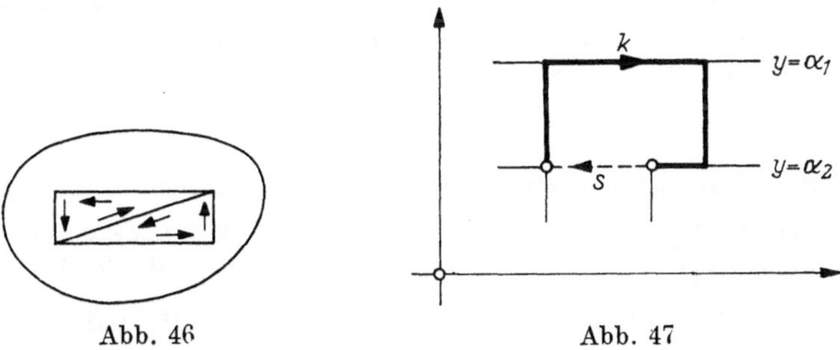

Abb. 46   Abb. 47

b) Die Behauptung sei bis $n - 1$ bewiesen. Der Polygonzug $\tilde{\gamma}_{0*}$ habe auf n Geraden $y = \text{const}$ zur x-Achse parallele Kanten. Es seien $y = \alpha_1$ und $y = \alpha_2$ die oberste und zweitoberste Gerade (Abb. 47). Das Teilstück k werde durch s ersetzt. Es ist dann $k + s^{-1}$ der Rand eines Rechtecks R. Da $y = \alpha_1$ die oberste Gerade ist, auf der Kanten von $\tilde{\gamma}_{0*}$ liegen, gehört $y > \alpha_1$ zum Außengebiet von $\tilde{\gamma}_{0*}$ und demnach R zum Innengebiet. Wegen D gehört R zu G, also ist nach der Vorbemerkung

$$\int\limits_{k} f(z)\,dz = \int\limits_{s} f(z)\,dz. \tag{4}$$

Durch die Ersetzung von k durch s erhält man einen Polygonzug, dessen zur x-Achse parallele Kanten auf höchstens $n - 1$ Geraden $y = \text{const}$ liegen. Über den abgeänderten Polygonzug verschwindet das Integral nach Induktionsvoraussetzung (um die Induktionsvoraussetzung anwenden zu können, werden im abgeänderten Polygonzug wieder hintereinander zweimal im entgegengesetzten Sinne durchlaufene Strecken weggelassen, und anschließend wird er als Summe von doppelpunktfreien Polygonzügen geschrieben). Wegen (4) verschwindet dann aber auch das Integral über den ursprünglichen Polygonzug $\tilde{\gamma}_{0*}$. Q. e. d.

Insgesamt ist damit jetzt gezeigt, daß die Aussagen A, B, C und D äquivalent sind.

8.4. Charakterisierung durch Unzerlegbarkeitseigenschaften

In diesem Abschnitt soll gezeigt werden, daß die Unzerlegbarkeitsaussagen E und F zutreffen, wenn G eine der vier einander äquivalenten Eigenschaften A, B, C oder D besitzt.

Als Vorbereitung wird gezeigt:

Hilfssatz 1. *Sind M_1, M_2 zwei abgeschlossene nicht leere Punktmengen der Riemannschen Zahlenkugel, die keine gemeinsamen Punkte besitzen sollen, so ist wenigstens eine der beiden Mengen beschränkt.*

Beweis. Wären beide Mengen nicht beschränkt, so gäbe es zu jedem n sowohl in M_1 ein $z_n^{(1)}$ mit $|z_n^{(1)}| > n$ als auch in M_2 ein $z_n^{(2)}$ mit $|z_n^{(2)}| > n$. Wegen $z_n^{(1)} \to \infty$, $z_n^{(2)} \to \infty$ für $n \to \infty$ ist dann $z = \infty$ Häufungspunkt sowohl von M_1 als auch von M_2. Da M_1, M_2 abgeschlossen sein sollten, gehört $z = \infty$ zu M_1 und zu M_2. Das ist aber nicht möglich, da M_1, M_2 keine gemeinsamen Punkte besitzen sollten.

Unter den Voraussetzungen von Hilfssatz 1 gilt noch:

Hilfssatz 2. *M_1 und M_2 haben einen positiven Mindestabstand, d. h., es gibt ein $\delta > 0$, so daß $|z^{(2)} - z^{(1)}| \geqq \delta$ ist für alle Paare $z^{(1)}$, $z^{(2)}$ mit $z^{(1)} \in M_1$, $z^{(2)} \in M_2$.*

Beweis. Andernfalls gäbe es zu jedem n ein $z_n^{(1)} \in M_1$ und ein $z_n^{(2)} \in M_2$ mit $|z_n^{(2)} - z_n^{(1)}| < \dfrac{1}{n}$. Da nach Hilfssatz 1 eine der beiden Mengen, etwa M_2, beschränkt ist, ist also insbesondere $|z_n^{(2)}| \leqq K$. Mithin ist auch

$$|z_n^{(1)}| = |z_n^{(2)} + (z_n^{(1)} - z_n^{(2)})| \leqq |z_n^{(2)}| + \frac{1}{n} \leqq K + 1.$$

Daher gibt es eine Index-Teilfolge n_i derart, daß die entsprechenden Teilfolgen von $z_n^{(1)}$ bzw. $z_n^{(2)}$ konvergieren: $z_{n_i}^{(1)} \to z_*^{(1)}$, $z_{n_i}^{(2)} \to z_*^{(2)}$. Wegen der Abgeschlossenheit von M_1 bzw. von M_2 ist $z_*^{(1)} \in M_1$, $z_*^{(2)} \in M_2$. Andererseits ist wegen $|z_{n_i}^{(2)} - z_{n_i}^{(1)}| < \dfrac{1}{n_i}$ aber $z_*^{(1)} = z_*^{(2)}$. Da M_1, M_2 punktfremd sein sollten, ist dies unmöglich. Q. e. d.

Hilfssatz 3. *Es sei γ_0 ein achsenparalleler doppelpunktfreier geschlossener Polygonzug, G_i sei das Innengebiet. Ist ferner M eine abgeschlossene Punktmenge, die $z = \infty$ enthält und die mit G_i, aber nicht mit γ_0 Punkte gemeinsam besitzt, so kann M in zwei abgeschlossene nicht leere Mengen M_1, M_2 ohne gemeinsame Punkte aufgespalten werden.*

Beweis. Es sei M_1 die Menge aller Punkte von M, die in G_i gelegen sind. Die Menge M_2 bestehe aus $z = \infty$ und allen im Außengebiet von γ_0 liegenden Punkten von M. Da Innen- und Außengebiet keine gemeinsamen Punkte besitzen, ist nur noch zu zeigen, daß M_1, M_2 abgeschlossen sind. Ist z_* Häufungspunkt von M_1, so ist z_* auch Häufungspunkt von M und gehört also zu M. Da alle

Häufungspunkte von G_i in G_i oder auf γ_0 liegen und da Punkte von γ_0 nicht zu M gehören sollten, muß also z_* in G_i liegen, d. h., z_* gehört zu M_1. Dieselbe Überlegung trifft auf M_2 zu, wobei man nur zu bedenken hat, daß auch der zu M_2 gehörende Punkt $z = \infty$ Häufungspunkt von Punkten des Außengebietes sein kann. Q. e. d.

Für eine beschränkte Menge M wird jetzt folgende Grundkonstruktion durchgeführt:

Die Ebene wird in Quadrate unterteilt. Zunächst wird der Menge M diejenige Menge $\tilde{M}$ zugeordnet (Abb. 48), die aus allen (abgeschlossenen) Quadraten besteht, die mit M einen Punkt gemeinsam haben. Der Rand von $\tilde{M}$ besteht aus

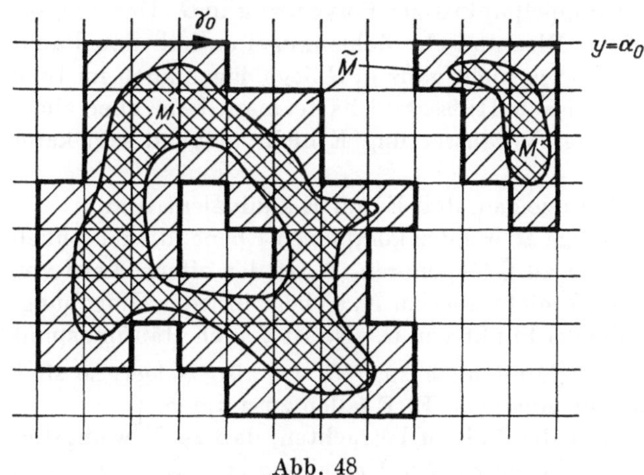

Abb. 48

einem oder aus mehreren achsenparallelen geschlossenen doppelpunktfreien Polygonzügen. Auf dem Rand von $\tilde{M}$ liegen keine Punkte von M. Denn besitzt die Kante (Seite) eines Teilquadrats mit M gemeinsame Punkte, so werden nach Definition von $\tilde{M}$ beide an diese Kante angrenzenden Teilquadrate mit zu $\tilde{M}$ genommen.

Es sei $\tilde{\gamma}_0$ ein solcher zum Rand von $\tilde{M}$ gehörender Polygonzug, der mit dem obersten Rand $y = \alpha_0$ von $\tilde{M}$ Punkte gemeinsam besitzt. Da $y > \alpha_0$ zum Außengebiet von $\tilde{\gamma}_0$ gehört, gilt:

Hilfssatz 4. *Das Innengebiet von $\tilde{\gamma}_0$ enthält Punkte von M.*

Auf der durch diese vier Hilfssätze gegebenen Grundlage können nun die noch fehlenden Äquivalenzbeweise geführt werden.

Herleitung von E *aus der Aussage* D:

Falls $\mathbf{C}*G$ eine Zerlegung in zwei zueinander fremde abgeschlossene und nicht leere Mengen M_1, M_2 besitzt, so sei δ der nach Hilfssatz 2 existierende positive

Mindestabstand von M_1 und M_2. Es sei M_1 diejenige Menge, die $z = \infty$ enthält. Nach Hilfssatz 1 ist dann M_2 beschränkt. Nun wird nach der Grundkonstruktion der Menge M_2 die entsprechende Menge $\tilde{M}_2$ und ein Polygonzug $\tilde{\gamma}_0$ zugeordnet, wobei das Quadratnetz so feinmaschig gewählt wird, daß die Diagonale eines Teilquadrats kleiner als δ ist. Daher kann kein Punkt von $\tilde{M}_2$ und also auch nicht von $\tilde{\gamma}_0$ mit M_1 Punkte gemeinsam haben. Daher liegt $\tilde{\gamma}_0$ ganz in G. Nach Hilfssatz 4 liegen Punkte von M_2 im Innengebiet von $\tilde{\gamma}_0$. Da M_2 ein Teil von $\mathbf{C}^*G$ ist, ist dies aber unter der Voraussetzung D nicht möglich. Also muß E gelten, wenn D gilt.

Umgekehrt folgt aber auch D *aus der Aussage* E. Dazu sei $\tilde{\gamma}_0$ ein geschlossener achsenparalleler doppelpunktfreier Polygonzug in G. Das Komplement $\mathbf{C}^*G$ von G in bezug auf die Riemannsche Zahlenkugel enthält den Punkt $z = \infty$. Falls das Innengebiet von γ_0 nicht ganz in G liegt, lägen auch im Innengebiet von $\tilde{\gamma}_0$ Punkte von $\mathbf{C}^*G$. Nach Hilfssatz 3 hätte man dann aber eine Zerlegung von $\mathbf{C}^*G$, was wegen der Voraussetzung E nicht möglich sein kann. Also folgt D aus E.

Es bleibt noch zu zeigen, daß F und E äquivalent sind.

Es sei N die Menge aller $\tilde{z}$ der komplexen Ebene, die einschließlich einer Umgebung $|z - \tilde{z}| < r$ zu $\mathbf{C}^*G$ gehören (N ist der offene Kern von $\mathbf{C}^*G$). Gehört der Punkt $\tilde{z}$ zu $\mathbf{C}^*G$, nicht aber zu N, so liegt in jeder Umgebung von $\tilde{z}$ auch ein (von $\tilde{z}$ verschiedener) Punkt von G, also ist $\tilde{z}$ auch Häufungspunkt von G, d. h., $\tilde{z}$ gehört zu $\overline{G}$ und damit auch zu ∂^*G. Ist also N leer, so sind ∂^*G und $\mathbf{C}^*G$ identisch, d. h., die Aussagen E, F fallen zusammen.

Damit bleibt nur der Fall zu betrachten, daß zu N wenigstens ein Punkt $\tilde{z}_0$ gehört. Dann liegt also eine ganze Umgebung $|z - \tilde{z}_0| < r_0$ von $\tilde{z}_0$ in $\mathbf{C}^*G$. Setzt man jetzt $\zeta = \dfrac{1}{z - \tilde{z}_0}$, so wird dadurch (vgl. **6.3.**) eine eineindeutige Abbildung der Riemannschen Zahlenkugel auf sich definiert. Wegen $\dfrac{1}{|z - z_0|} < \dfrac{1}{r_0}$ für z aus G wird G durch diese Abbildung in ein beschränktes Gebiet transformiert.[1]) Es genügt also, die Äquivalenz von E und F für beschränkte Gebiete nachzuweisen.

Zuerst wird gezeigt, daß *aus* E *die Aussage* F *folgt*. Es werde angenommen, daß ∂^*G doch in zwei nicht leere, abgeschlossene Mengen α_1, α_2 ohne gemeinsame Punkte zerlegbar wäre. Den Mengen α_1 und α_2 werden nach der Grundkonstruktion entsprechende Polygonzüge $\tilde{\gamma}_{01}$ bzw. $\tilde{\gamma}_{02}$ zugeordnet. Ist δ der positive Mindestabstand von α_1, α_2 und wählt man die Maschenweite des Quadratnetzes wieder so fein, daß die Diagonale jedes Teilquadrats kleiner als $\dfrac{\delta}{2}$ ist, so haben $\tilde{\gamma}_{01}$,

---

[1]) Bei der Abbildung $\zeta = \dfrac{1}{z - \tilde{z}_0}$ wird der Rand (bzw. das Komplement) von G wieder in den Rand (bzw. in das Komplement) des Bildgebietes übergeführt, da diese Abbildung und auch ihre Umkehrung stets konvergente Folgen wieder in konvergente Folgen überführt.

γ_{02} keine gemeinsamen Punkte.[1]) Ebenso liegt auf $\tilde{\gamma}_{01}$ kein Punkt von α_2 bzw. auf $\tilde{\gamma}_{02}$ auch kein Punkt von α_1. Nach Hilfssatz 4 enthält das Innengebiet von $\tilde{\gamma}_{01}$ (analog das von $\tilde{\gamma}_{02}$) Punkte von α_1 (bzw. von α_2), also auch Punkte von G [da jeder Randpunkt von G Häufungspunkt von Punkten aus G ist[2])]. Da auf $\tilde{\gamma}_{01}$ (bzw. $\tilde{\gamma}_{02}$) keine Punkte von $\partial^* G$ liegen, kann $\tilde{\gamma}_{01}$ (bzw. $\tilde{\gamma}_{02}$) nur ganz in G oder ganz in $\complement^* G$ liegen.[3]) Liegt $\tilde{\gamma}_{01}$ (bzw. $\tilde{\gamma}_{02}$) in G, d. h., hat $\complement^* G$ mit $\tilde{\gamma}_{01}$ (bzw. mit $\tilde{\gamma}_{02}$) keine Punkte gemeinsam, so gibt es nach Hilfssatz 3[4]) eine Zerlegung von $\complement^* G$. Das widerspricht aber der Voraussetzung E. Also liegt $\tilde{\gamma}_{01}$ (und auch $\tilde{\gamma}_{02}$) ganz in $\complement^* G$.

Gibt es im Außengebiet von $\tilde{\gamma}_{01}$ (bzw. von $\tilde{\gamma}_{02}$) auch nur einen Punkt von G, so könnte man diesen mit einem im Innengebiet von $\tilde{\gamma}_{01}$ (bzw. von $\tilde{\gamma}_{02}$) gelegenen Punkt von G durch einen in G verlaufenen Polygonzug verbinden. Die Verbindung muß $\tilde{\gamma}_{01}$ (bzw. $\tilde{\gamma}_{02}$) treffen. Also muß es dann auch einen Punkt von $\tilde{\gamma}_{01}$ (bzw. $\tilde{\gamma}_{02}$) geben, der auch zu G gehört. Das ist aber nicht möglich, da $\tilde{\gamma}_{01}$ (bzw. $\tilde{\gamma}_{02}$) ganz in $\complement^* G$ liegt. Damit ist gezeigt:

Ganz G ist im Innengebiet von $\tilde{\gamma}_{01}$ (bzw. von $\tilde{\gamma}_{02}$) enthalten.

Da auf $\tilde{\gamma}_{01}$, $\tilde{\gamma}_{02}$ keine Randpunkte von G liegen, liegt sogar ganz $\partial^* G$ im Innengebiet. Insbesondere liegt α_2 im Innengebiet von $\tilde{\gamma}_{01}$. Die Abstände von Punkten von α_2 zu Punkten auf $\tilde{\gamma}_{01}$ sind mindestens gleich $\delta - \dfrac{\delta}{2} = \dfrac{\delta}{2}$. Jeder Punkt von $\tilde{\gamma}_{02}$ ist von einem geeignet gewählten Punkt von α_2 um weniger als $\dfrac{\delta}{2}$ entfernt, also liegt auch $\tilde{\gamma}_{02}$ im Innengebiet von $\tilde{\gamma}_{01}$. Vertauscht man $\tilde{\gamma}_{01}$ mit $\tilde{\gamma}_{02}$, so folgt entsprechend, daß auch $\tilde{\gamma}_{01}$ im Innengebiet von $\tilde{\gamma}_{02}$ liegen müßte. Das ist unmöglich, also muß F gelten.

Die Umkehrung, daß E *aus* F *folgt*, sieht man sofort: Da die Randpunkte von $\complement^* G$ auch Randpunkte von G sind, hätte man, falls es eine Zerlegung von $\complement^* G$ gäbe, auch eine Zerlegung von $\partial^* G$.

Insgesamt ist damit die Äquivalenz aller Aussagen A bis F bewiesen.

---

[1]) Da es zu jedem Punkt von $\tilde{\gamma}_{01}$ bzw. $\tilde{\gamma}_{02}$ im Abstand $< \dfrac{\delta}{2}$ Punkte $z_{*1} \in \alpha_1$ bzw. $z_{*2} \in \alpha_2$ gibt, hätte man — falls es einen gemeinsamen Punkt von $\tilde{\gamma}_{01}$ und $\tilde{\gamma}_{02}$ gäbe — ein Punktepaar mit $|z_{*2} - z_{*1}| < \delta$.

[2]) Ein zu G gehörender Punkt gehört nicht zu $\complement^* G$ und kann, da G offen ist, auch nicht Häufungspunkt von $\complement^* G$ sein. Die zu $\partial^* G$ gehörenden Punkte können daher nicht zu G gehören, sondern müssen — nicht zu G gehörende — Häufungspunkte von G sein.

[3]) Da G offen ist, liegt mit jedem Punkt von G auch ein ganzes Intervall von $\tilde{\gamma}_{01}$ (bzw. von $\tilde{\gamma}_{02}$) in G. Ist z_* ein nicht zu G gehörender Randpunkt eines solchen Intervalls, so ist z_* einerseits Häufungspunkt von G, andererseits liegt z_* in $\complement^* G$. Also gehört z_* zu $\partial^* G$.

[4]) Im Innengebiet von $\tilde{\gamma}_{0i}$ liegen Punkte von α_i, also jedenfalls Punkte von $\partial^* G$ und damit von $\complement^* G$. Da G offen (also $\complement G$ nach Hilfssatz 1 aus **8.1.** abgeschlossen) ist, gehören diese Punkte zu $\complement^* G$.

8.5. Residuensatz

In **5.3.** wurde der Residuensatz hergeleitet für eine in $|z - z_0| < R$ definierte Funktion, die dort bis auf isolierte singuläre Stellen regulär ist. Diese Aussage soll jetzt verallgemeinert werden. Dazu sei G ein Gebiet, das eine der untereinander gleichwertigen Eigenschaften A, B, C, D, E oder F besitzen soll, $f(z)$ sei in G bis auf isolierte singuläre Stellen $\tilde{z}_j$ (vgl. die Fußnote auf S. 99) regulär. Ist γ_0 eine in G gelegene Kurve, die nicht durch die $\tilde{z}_j$ hindurchgeht, so gilt (*Residuensatz*)

$$\oint_{\gamma_0} f(\zeta)\,d\zeta = 2\pi i \sum_j \operatorname*{Res}_{\tilde{z}_j} f(z) \cdot n(\gamma_0, \tilde{z}_j). \tag{1}$$

Dabei sind nur endlich viele Windungszahlen $n(\gamma_0, \tilde{z}_j)$ von Null verschieden.

In dem Fall, daß $f(z)$ nur *endlich viele singuläre Stellen* besitzt, ergibt sich der Residuensatz wie in **5.3.** sofort aus der Aussage A. Denn sind $f_j(z)$ die Hauptteile in z_j, so ist $f_j(z)$ in $z \neq \tilde{z}_j$ regulär, $g(z) = f(z) - \sum_j f_j(z)$ besitzt in den $\tilde{z}_j$ hebbare singuläre Stellen. Es läßt sich also $g(\tilde{z}_j)$ so definieren, daß $g(z)$ in ganz G regulär ist. Wegen A ist

$$\oint_{\gamma_0} g(\zeta)\,d\zeta = 0. \tag{2}$$

Wie in **5.3.** sieht man, daß $\oint_{\gamma_0} f_j(\zeta)\,d\zeta = 2\pi i \operatorname*{Res}_{\tilde{z}_j} f(z) \cdot n(\gamma_0, \tilde{z}_j)$ ist. Durch Einsetzen von $g(z) = f(z) - \sum_j f_j(z)$ in (2) folgt mithin (1).

Jetzt soll gezeigt werden, daß (1) auch gilt, wenn $f(z)$ unendlich viele isolierte singuläre Stellen $\tilde{z}_j$ besitzt. Ist G die ganze Ebene, so folgt dies unmittelbar aus **5.3.** [denn ist $z(t)$, $a \leqq t \leqq b$, die Darstellung von γ_0, so liegt γ_0 wegen der Beschränktheit von $z(t)$, $|z(t)| < K$, bereits in dem Kreis $|z| < K$]. Ist G nicht die ganze Ebene, so wird G nach **8.2.** durch $w = \tilde{f}(z)$ eineindeutig auf die Kreisscheibe $|w| < 1$ abgebildet. Dabei gehen die $\tilde{z}_j$ in gewisse Punkte $\tilde{w}_j$ und γ_0 geht in eine geschlossene Kurve $\tilde{\gamma}_0$ in $|w| < 1$ über. Da G und $|w| < 1$ durch $w = \tilde{f}(z)$ bzw. $z = \tilde{f}^{-1}(w)$ eineindeutig aufeinander bezogen sind, kann man $f(z)$ als in $|w| < 1$ definierte Funktion $f = f(\tilde{f}^{-1}(w))$ auffassen. Die $\tilde{w}_j$ sind in $|w| < 1$ isoliert, es sind die singulären Stellen von $f(\tilde{f}^{-1}(w))$.[1]

Ist $z(t)$, $a \leqq t \leqq b$, die Darstellung einer beliebigen Kurve in der z-Ebene, so ist $w(t) = f(z(t))$, $a \leqq t \leqq b$, Darstellung der durch $w = \tilde{f}(z)$ in $|w| < 1$ entworfenen Bildkurve dieser Kurve. Nach der Kettenregel ist

$$\frac{dw(t)}{dt} = \frac{d\tilde{f}}{dz} \cdot \frac{dz(t)}{dt}. \tag{3}$$

---

[1] Auch die $\tilde{w}_j$ sind in $|w| < 1$ isoliert. Denn andernfalls gäbe es eine Folge $\tilde{w}_{j\mu} \to w_*$, $|w^*| < 1$. Setzt man $z_* = \tilde{f}^{-1}(w_*)$, so ist $z_{j\mu} \to z$, da $z = \tilde{f}^{-1}(w)$ insbesondere stetig ist. Da die $\tilde{z}_j$ in G isoliert sein sollten (vgl. die Fußnote auf S. 99), ist dies aber nicht möglich.

Umgekehrt führt die Umkehrfunktion $z = \tilde{f}^{-1}(w)$ (vgl. die Folgerung von **8.2.**) eine in $|w| < 1$ gegebene Kurve $w(t)$, $a \leq t \leq b$, in eine in G gelegene Kurve $z(t) = \tilde{f}^{-1}(w(t))$, $a \leq t \leq b$, über. Nach der Kettenregel ist

$$\frac{dz(t)}{dt} = \frac{d\tilde{f}^{-1}(w)}{dw} \cdot \frac{dw(t)}{dt} . \tag{4}$$

Mit Hilfe von (3) und (4) kann man Kurvenintegrale in der z-Ebene in Kurvenintegrale in der w-Ebene überführen und umgekehrt.

Da in $|w| < 1$ der Residuensatz gilt (vgl. **5.3.**), ist

$$\oint_{\gamma_0} f(z)\, dz = \oint_{\tilde{\gamma}_0} \tilde{f}\big(\tilde{f}^{-1}(w)\big) \frac{d\tilde{f}^{-1}(w)}{dw}\, dw = 2\pi i \sum_j \operatorname*{Res}_{\tilde{w}_j} f\big(\tilde{f}^{-1}(w)\big) \frac{d\tilde{f}^{-1}(w)}{dw} \cdot n(\tilde{\gamma}_0, \tilde{w}_j) . \tag{5}$$

Jetzt wird die rechte Seite von (5) berechnet:

a) Es ist

$$n(\tilde{\gamma}_0, \tilde{w}_k) = \frac{1}{2\pi i} \oint_{\tilde{\gamma}_0} \frac{1}{w - \tilde{w}_k}\, dw = \frac{1}{2\pi i} \oint_{\gamma_0} \frac{\tilde{f}'(z)}{\tilde{f}(z) - \tilde{w}_k}\, dz . \tag{6}$$

Der Integrand hat nur in $z = \tilde{z}_k$ eine singuläre Stelle, und zwar einen Pol erster Ordnung mit dem Residuum 1 [Grund: Es ist $z = \tilde{z}_k$ eine $\tilde{w}_k$-Stelle erster Ordnung von $w = \tilde{f}(z)$, vgl. **5.4.**; da $w = \tilde{f}(z)$ schlicht ist, wird der Wert $\tilde{w}_k$ auch nur in $z = \tilde{z}_k$ angenommen]. Durch Anwendung des Residuensatzes auf die rechte Seite von (6) erhält man

$$n(\tilde{\gamma}_0, \tilde{w}_k) = \frac{1}{2\pi i}\, 2\pi i \cdot 1 \cdot n(\gamma_0, z_k) = n(\gamma_0, z_k) \tag{7}$$

(für Funktionen mit nur endlich vielen singulären Stellen ist der Residuensatz bereits bewiesen).

b) Weiter sei $\tilde{\gamma}_{0j}$ eine einmal positiv durchlaufene Kreislinie um $\tilde{z}_j$, deren Radius so klein gewählt sei, daß außer $\tilde{z}_j$ keine weitere singuläre Stelle innerhalb $\tilde{\gamma}_{0j}$ liegt. Das Bild von γ_{0j} bei der Abbildung $w = \tilde{f}(z)$ sei $\tilde{\gamma}_{0j}$. Dann ist analog zu (7)

$$n(\tilde{\gamma}_{0j}, \tilde{w}_k) = n(\gamma_{0j}, \tilde{z}_k) .$$

Nach Wahl von γ_{0j} ist $n(\gamma_{0j}, \tilde{z}_k) = \delta_{kj}{}^{1)}$, so daß also auch

$$n(\tilde{\gamma}_{0j}, \tilde{w}_k) = \delta_{kj}$$

ist. Durch Anwendung des Residuensatzes in $|w| < 1$ folgt daher

$$\oint_{\tilde{\gamma}_{0j}} f\big(\tilde{f}^{-1}(w)\big) \frac{d\tilde{f}^{-1}(w)}{dw}\, dw = 2\pi i \sum_k \operatorname*{Res}_{\tilde{w}_k} f\big(\tilde{f}^{-1}(w)\big) \frac{d\tilde{f}^{-1}(w)}{dw} \cdot n(\tilde{\gamma}_{0j}, \tilde{w}_k)$$

$$= 2\pi i \operatorname*{Res}_{\tilde{w}_j} f\big(\tilde{f}^{-1}(w)\big) \frac{d\tilde{f}^{-1}(w)}{aw} .$$

$^{1)}$ Dabei ist δ_{kj} das Kronecker-Symbol: $\delta_{kj} = 0$ für $k \neq j$ und $\delta_{kk} = 1$ (k, j natürliche Zahlen).

Hieraus erhält man

$$\operatorname*{Res}_{\widetilde{w}_j} f\!\left(\widetilde{f}^{-1}(w)\right) \frac{d\widetilde{f}^{-1}(w)}{dw} = \frac{1}{2\pi i} \oint_{\widetilde{\gamma}_{0j}} f\!\left(\widetilde{f}^{-1}(w)\right) \frac{d\widetilde{f}^{-1}(w)}{dw}\, dw$$

$$= \frac{1}{2\pi i} \oint_{\gamma_{0j}} f(z)\, dz = \operatorname*{Res}_{\widetilde{z}_j} f(z), \tag{8}$$

wenn man noch die Integraldarstellung des Residuums berücksichtigt (vgl. **5.1.**). Setzt man (7), (8) in (5) ein, so folgt der behauptete Residuensatz (1).

Ist $f(z)$ in G regulär und ist z_1 ein fest gewählter Punkt von G, so hat $\dfrac{f(z)}{(z - z_1)^{p+1}}$ in $z = z_1$ eine Polstelle (oder eine hebbare singuläre Stelle) und ist sonst in G regulär ($p \geq 0$, ganz). Wie in **5.3.** gezeigt wurde, ist

$$\operatorname*{Res}_{z_1} \frac{f(z)}{(z - z_1)^{p+1}} = \frac{1}{p!}\, f^{(p)}(z_1).$$

Wendet man den Residuensatz auf $\dfrac{f(z)}{(z - z_1)^{p+1}}$ an und schreibt man nachher an

Stellé von z_1 wieder z, so ergibt sich (*allgemeine Gestalt der Cauchyschen Integralformel*):

Es sei G ein Gebiet, das eine der einander äquivalenten Eigenschaften A, B, C, D, E oder F besitzen soll. Ist $f(z)$ in G regulär und γ_0 eine in G liegende geschlossene Kurve, die nicht durch den Punkt z hindurchgehen soll, so gilt

$$n(\gamma_0, z) \cdot f^{(p)}(z) = \frac{p!}{2\pi i} \oint_{\gamma_0} \frac{f(\zeta)}{(\zeta - z)^{p+1}}\, d\zeta.$$

8.6. Das Schwarzsche Lemma

In **8.2.** wurde gezeigt, daß ein von der ganzen Ebene verschiedenes Gebiet G, das eine der gleichwertigen Voraussetzungen A, C, D, E oder F erfüllt, durch die reguläre Funktion $w = \widetilde{f}(z)$ eineindeutig auf $|w| < 1$ abgebildet werden kann. Dabei konnte der Punkt $z_0 \in G$, der in $w = 0$ übergehen sollte, willkürlich vorgeschrieben werden. Jetzt soll der Frage nachgegangen werden, inwieweit die Abbildung durch die Vorgabe von z_0 festgelegt ist. Als Hilfsmittel zur Lösung dieser Frage wird dabei das *Schwarzsche Lemma* verwendet:

Es sei $\chi(w)$ in $|w| < 1$ regulär, $\chi(0) = 0$ und $|\chi(w)| < 1$ für alle w aus $|w| < 1$. Dann ist entweder $|\chi(w)| < |w|$ für $w \neq 0$, oder es ist $\chi(w) = \exp(i\psi_0) \cdot w$, wobei ψ_0 eine reelle Konstante ist.[1]

---

[1] In diesem zweiten Fall stellt $\chi(w)$ eine Drehung um $w = 0$, Drehungswinkel ψ_0, dar (vgl. **2.2.**).

Beweis. Nach dem Satz von **4.3.** ist die durch $h(z) = \dfrac{\chi(w)}{w}$ für $w \neq 0$ und $h(0) = \chi'(0)$ definierte Funktion in $|w| < 1$ regulär. Auf $|w| = r < 1$ ist $|h(w)| < \dfrac{1}{r}$, also ist nach dem Maximumprinzip (**4.5.**, Folgerung 5) auch $|h(w)| < \dfrac{1}{r}$ in ganz $|w| \leq r$. Für $r \to 1$ folgt hieraus $|h(w)| \leq 1$ für alle w aus $|w| < 1$. Daher ist $|\chi(w)| \leq |w|$. Ist nun $|h(w)| = 1$ auch nur in einem Punkt von $|w| < 1$, so muß nach dem Maximumprinzip $h(w) \equiv \text{const} = \exp(i\psi_0)$ sein [denn jede Zahl vom Betrag 1 hat die Form $\exp(i\psi_0)$]. Dann ist also $\chi(w) = \exp(i\psi_0) \cdot w$. Q. e. d.

Es wird jetzt angenommen, daß $w = \tilde{f}_1(z)$ und $\tilde{w} = \tilde{f}_2(z)$ zwei in G reguläre Funktionen sind, die G eineindeutig auf $|w| < 1$ abbilden und wobei in beiden Fällen derselbe Punkt $z = z_0$ in $w = 0$ bzw. $\tilde{w} = 0$ übergehen soll. Da $z = \tilde{f}_1^{-1}(w)$ eine in $|w| < 1$ reguläre Funktion ist (Folgerung in **8.2.**), ist $\tilde{w} = \chi(w) = \tilde{f}_2(\tilde{f}^{-1}(w))$ eine in $|w| < 1$ definierte reguläre Funktion. Da $\tilde{f}_1^{-1}(0) = z_0$ ist, ist $\chi(0) = 0$. Weiter ist $|\chi(w)| < 1$. Also ist auf $\chi(w)$ das Schwarzsche Lemma anwendbar, d. h., es ist $|\tilde{w}| = |\chi(w)| \leq |w|$.

Andererseits ist $w = \chi^{-1}(\tilde{w}) = \tilde{f}_1(\tilde{f}_2^{-1}(\tilde{w}))$ in $|\tilde{w}| < 1$ regulär, $|\chi^{-1}(\tilde{w})| < 1$, $\chi^{-1}(0) = 0$. Mithin ist auch nach dem Schwarzschen Lemma, auf $\chi^{-1}(\tilde{w})$ angewandt, $|w| = |\chi^{-1}(\tilde{w})| \leq |\tilde{w}|$.

Zusammengenommen ergibt dies $|\tilde{w}| \equiv |w|$. Aber $|\chi(w)| \equiv |w|$ ist nach dem Schwarzschen Lemma nur möglich, wenn

$$\chi(w) \equiv \exp(i\psi_0) \cdot w$$

ist, d. h.

$$\tilde{f}_2(\tilde{f}_1^{-1}(w)) \equiv \exp(i\psi_0) \cdot w,$$

also

$$\tilde{f}_2(z) \equiv \exp(i\psi_0) \cdot \tilde{f}_1(z).$$

Ergebnis:

Diejenige reguläre Funktion, die G eineindeutig auf $|w| < 1$ abbildet und dabei einen vorgeschriebenen Punkt $z_0 \in G$ in $w = 0$ überführt, ist bis auf einen unimodularen Faktor $\exp(i\psi_0)$, ψ_0 reell, eindeutig bestimmt.

Ist φ der Winkel, den der Tangentenvektor einer in z_0 beginnenden Kurve mit der positiven reellen Achse bildet und $\tilde{\varphi}$ der entsprechende Winkel bei der durch $w = \tilde{f}(z)$ entworfenen Bildkurve, so ist nach Formel (3) von **7.2.** ($k = 1$ wegen $\tilde{f}'(z) \neq 0$)

$$\tilde{\varphi} \equiv \varphi + \arg \tilde{f}'(z_0) \pmod{2\pi}.$$

Ersetzt man $\tilde{f}(z)$ durch $\exp(i\psi_0) \cdot \tilde{f}(z)$, so ist wegen $\arg(\exp(i\psi_0) \cdot \tilde{f}'(z)) \equiv \psi_0 + \arg \tilde{f}'(z_0) \pmod{2\pi}$

$$\tilde{\varphi} \equiv \varphi + \arg \tilde{f}'(z_0) + \psi_0 \pmod{2\pi}.$$

Man kann daher ψ_0 mod 2π eindeutig so bestimmen, daß $\tilde{\varphi} \equiv 0$ (mod 2π) wird, d. h., daß die Bildkurve in $w = 0$ die Richtung der positiven reellen Achse hat.

Somit gilt:

Es gibt genau eine reguläre Funktion $w = \tilde{f}(z)$ in G, die G eindeutig auf $|w| < 1$ abbildet, die den willkürlich vorgeschriebenen Punkt $z_0 \in G$ in $w = 0$ überführt

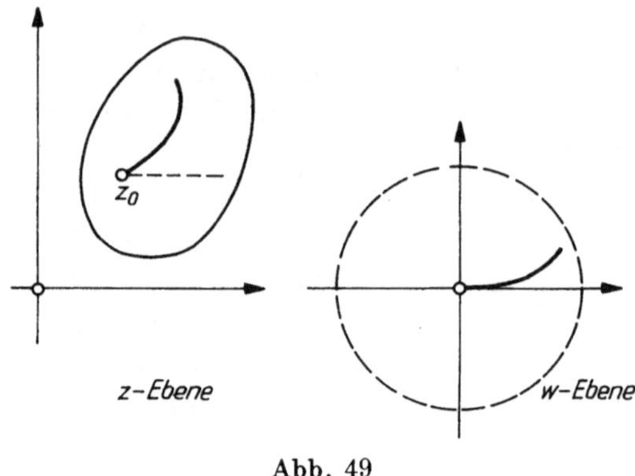

Abb. 49

und die eine vorgegebene Richtung in $z = z_0$ in die Richtung der positiven reellen Achse überführt (Abb. 49).

8.7. Monodromiesatz

In diesem Abschnitt soll ein Zusammenhang zwischen analytischer Fortsetzung und den Bedingungen A, B, C, D, E und F hergestellt werden.

Es sei z_0 ein Punkt der Ebene. Eine Potenzreihe, die in einer kreisförmigen Umgebung K_0 von z_0 konvergiert, wird als *Funktionselement* bezeichnet. Das Funktionselement stellt also in K_0 eine reguläre Funktion $f_0(z)$ dar.[1] Weiter sei γ eine in z_0 beginnende Kurve. Auf γ wird ein Punkt z_1 so gewählt, daß z_1 und auch das zwischen z_0 und z_1 liegende Stück γ_1 von γ ganz in K_0 liegt (Abb. 50). Die Potenzreihenentwicklung von $f_0(z)$ wird jetzt nach Potenzen von $z - z_1$ umgeordnet. Der Konvergenzkreis der umgeordneten Potenzreihe sei K_1. Die in K_1 durch die umgeordnete Potenzreihe definierte reguläre Funktion werde mit $f_1(z)$ bezeichnet. Durch $f_1(z)$ wird also in K_1 ein Funktionselement gegeben. In $K_0 \cap K_1$ ist (vgl. **4.6.**) $f_1(z) \equiv f_0(z)$.

Dieses Verfahren wird fortgesetzt. Zunächst wird in K_1 ein Punkt z_2 gewählt, so daß das zwischen z_1 und z_2 gelegene Stück γ_2 von γ ganz in K_1 liegt. Die in K_1

---

[1] An Stelle von Funktionselement ist auch die Bezeichnung *Funktionskeim* (genauer: *regulärer Funktionskeim*) üblich.

gegebene Potenzreihenentwicklung von $f_1(z)$ werde nach Potenzen von $z - z_2$ umgeordnet. Der entsprechende Konvergenzkreis sei K_2.

Man sagt, das in K_0 gegebene Funktionselement sei *längs γ analytisch fortsetzbar*, wenn man nach endlich vielen solchen Schritten den Endpunkt von γ erreicht und damit ein Funktionselement in einer kreisförmigen Umgebung des Endpunktes von γ erhält.[1]

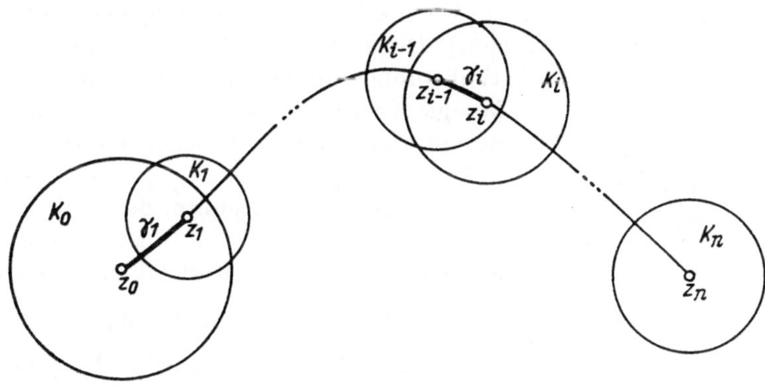

Abb. 50

Zur Fortsetzung eines Funktionselementes längs γ braucht man also ein System von endlich vielen Kreisen $K_0, \ldots, K_n$ mit folgender Eigenschaft:

Der Mittelpunkt z_i von K_i und das zwischen z_{i-1} ($=$ Mittelpunkt von K_{i-1}) und z_i liegende Stück γ_i von γ ist in K_{i-1} enthalten (Abb. 50). Die Kurve γ wird durch die γ_i in endlich viele Teilkurven zerlegt. Anfangs- und Endpunkt von γ seien die Mittelpunkte z_0 von K_0 bzw. z_n von K_n.

Ein solches System von Kreisen heißt zu γ gehörende *Kreiskette*.

Die analytische Fortsetzung längs einer Kurve γ besitzt folgende **Eigenschaften**:

I. *Liegt γ ganz in K_0, so ist die analytische Fortsetzung längs γ mit der Umordnung von $f_0(z)$ nach Potenzen von $z - z_*$ ($z_* = $ Endpunkt von γ) identisch.*

Beweis. Die analytische Fortsetzung längs γ werde durch die Kreiskette $K_0, K_1, \ldots, K_n$ realisiert. Also ist $f_{i+1}(z) \equiv f_i(z)$ in $K_i \cap K_{i+1}$. Da γ ganz in K_0 gelegen ist, haben alle K_i mit K_0 Punkte gemeinsam. Also ist insbesondere $K_0 \cap K_1 \cap K_2$ nicht leer. Wegen $f_0(z) \equiv f_1(z)$ in $K_0 \cap K_1$ und $f_1(z) \equiv f_2(z)$ in $K_1 \cap K_2$ ist $f_2(z) \equiv f_0(z)$ in $K_0 \cap K_1 \cap K_2$ und daher auch in ganz $K_0 \cap K_2$. Indem man diesen Schluß fortsetzt, erhält man schließlich $f_n(z) \equiv f_0(z)$ in $K_0 \cap K_n$. Q. e. d.

---

[1] Dabei können solche Umordnungsschritte, bei denen der neue Konvergenzkreis K_i nicht über K_{i-1} hinausragt, weggelassen werden.

II. *Wird ein Funktionselement längs γ mit Hilfe zweier verschiedener Kreisketten fortgesetzt, so sind die End-Funktionselemente identisch.*

Beweis. Die Kreise, die die beiden Kreisketten bilden, seien K_i bzw. K_j'. Die Mittelpunkte seien z_i bzw. z_j'. Die zwischen z_{i-1} und z_i bzw. die zwischen z_{j-1}' und z_j liegenden Stücke von γ werden wieder mit γ_i bzw. mit γ_j' bezeichnet.

Zunächst werden alle z_i, z_j' in der Reihenfolge aufgeschrieben, in der sie auf γ aufeinanderfolgen [ist $z(t)$, $a \leqq t \leqq b$, die Darstellung von γ, so entspricht diese Reihenfolge wachsenden t-Werten]. Die Kreise K_i, K_j' bilden, in der gleichen Reihenfolge aufgeschrieben, ebenfalls eine zulässige Kreiskette längs γ (gemeinsame Verfeinerung der beiden gegebenen Kreisketten).

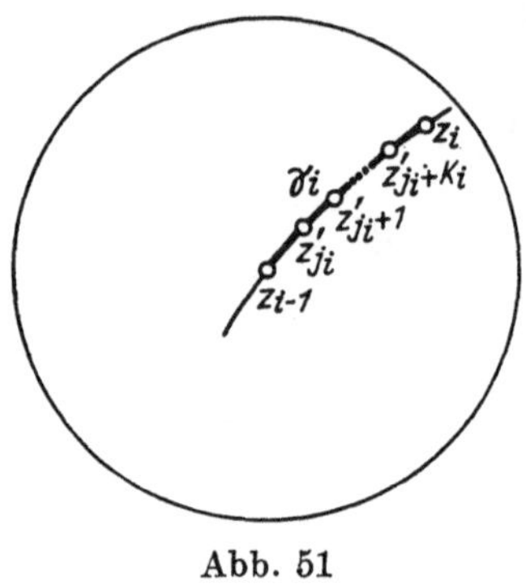

Abb. 51

Es seien z_{j_i}', z_{j_i+1}', $\ldots$, $z_{j_i+k_i}'$ die zwischen z_{i-1} und z_i liegenden Punkte, d. h., z_{j_i}', $\ldots$, $z_{j_i+k_i}'$ liegen auf γ_i (Abb. 51). Nun ist γ_i ganz in K_{i-1} enthalten. Also ist die Fortsetzung mit Hilfe von

$$K_{i-1}, K_{j_i}', K_{j_i+1}', \ldots, K_{j_i+k_i}', K_i$$

nach I mit der Umordnung nach Potenzen von $z - z_i$ identisch. Insgesamt bedeutet dies, daß die Fortsetzung durch die verfeinerte Kreiskette mit der durch die Kreiskette K_j identisch ist. Ebenso ist natürlich auch die Fortsetzung durch die verfeinerte Kreiskette mit der durch die Kreiskette K_j' identisch, womit gezeigt ist, daß die Kreisketten K_i und K_j' zu demselben End-Funktionselement führen. Q. e. d.

III. *Ein Funktionselement sei längs γ fortsetzbar. Setzt man das End-Funktionselement längs γ^{-1} fort, so erhält man wieder das Anfangs-Funktionselement.*

Beweis. Es sei K_i eine Kreiskette, mit deren Hilfe das Funktionselement $f_0(z)$ fortgesetzt wird. Da γ_i in K_{i-1} enthalten ist, gibt es nach dem Hilfssatz von **5.3.** ein δ, so daß mit jedem Punkt von γ_i auch die ganze Kreisscheibe vom Radius δ um diesen Punkt zu K_{i-1} gehört. Ist $z(t)$, $t_{i-1} \leqq t \leqq t_i$, eine Darstellung des Teilstücks γ_i von γ, so kann man — da $z(t)$ stetig und also auch gleichmäßig stetig ist — das Intervall $t_{i-1} \leqq t \leqq t_i$ so in Teilintervalle $\tau_{\mu-1} \leqq t \leqq \tau_\mu$ zerlegen ($\mu = 1, 2, \ldots, m$), daß das durch $z(t)$ entworfene Bild dieser Teilintervalle ganz in $|z - z(\tau_\mu)| < \delta$ enthalten ist. Daher sind die Kreise $|z - z(\tau_m)| < \delta$, $|z - z(\tau_{m-1})| < \delta$, $\ldots$, $|z - z(\tau_1)| < \delta$ eine zulässige Kreiskette längs γ_i^{-1}. Da $f_i(z) \equiv f_{i-1}(z)$ in $K_i \cap K_{i-1}$ ist und da andererseits alle oben angegebenen Kreise in K_{i-1} liegen, müssen die zu diesen Kreisen gehörenden Funktionen mit $f_{i-1}(z)$ übereinstimmen. Damit führt die Fortsetzung von $f_i(z)$ längs dieser Kreiskette zu $f_{i-1}(z)$.

Wiederholt man diese Konstruktion für jedes i, so erhält man durch diese Fortsetzung des End-Funktionselementes längs γ^{-1} wieder das Anfangs-Funktionselement. Nach II gilt dies dann aber für jede Fortsetzung des End-Funktionselementes längs γ^{-1}. Q. e. d.

Es sei G ein Gebiet, $f_0(z)$ ein Funktionselement, das in einer zu G gehörenden (offenen) Kreisscheibe gegeben sei. Das Funktionselement heißt *unbeschränkt in G fortsetzbar*, wenn es längs jeder in G verlaufenden Kurve analytisch fortsetzbar ist.

Setzt man ein in G unbeschränkt analytisch fortsetzbares Funktionselement $f_0(z)$ längs einer in G gelegenen Kurve γ_1 analytisch fort, so ist das entstehende End-Funktionselement $f_*(z)$ natürlich auch unbeschränkt analytisch fortsetzbar, denn eine Fortsetzung von $f_*(z)$ längs γ_2 ist eine Fortsetzung von $f_0(z)$ längs $\gamma_1 + \gamma_2$.

Zunächst gilt:

Hilfssatz. *Definiert eine Potenzreihe $\sum\limits_{\mu} a_\mu (z - z_0)^\mu = f_0(z)$ ein in G unbeschränkt analytisch fortsetzbares Funktionselement, so konvergiert die Potenzreihe in dem größten Kreis um z_0, der noch ganz in G enthalten ist.*

Beweis. Ist R der Konvergenzradius, so müßte, falls diese Behauptung nicht richtig wäre, die ganze abgeschlossene Kreisscheibe $|z - z_0| \leqq R$ in G liegen. Ist ζ ein beliebiger Punkt von $|z - z_0| = R$ (Abb. 52), so müßte nach Voraussetzung $f_0(z)$ insbesondere längs der geradlinigen Verbindung $\gamma(z_0, \zeta)$ von z_0 mit ζ analytisch fortsetzbar sein. Es gäbe also insbesondere eine Kreiskette K_0, $K_1, \ldots, K_n$ mit den Mittelpunkten $z_0, z_1, \ldots,$ $z_{n-1}, z_n = \zeta$, so daß z_i in K_{i-1} enthalten ist (Abb. 52). Insbesondere gehört ζ zu K_{n-1}. Nach I ist das zu K_{n-1} gehörende Funktionselement die Umordnung von $f_0(z)$ nach

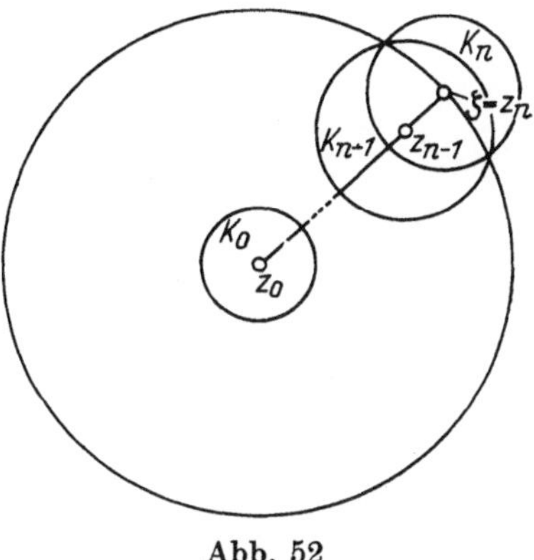

Abb. 52

Potenzen von $z - z_{n-1}$. Daher gehört ζ zu der in **4.6.**, 2. eingeführten Menge M. Da ζ beliebig gewählt wurde, müßte ganz $|z - z_0| = R$ zu M gehören, was aber der Aussage von **4.6.**, 2. widersprechen würde. Q. e. d.

Nun sei G ein Gebiet mit der Eigenschaft A (bzw. B, C, D, E oder F). Sind γ_0 und γ_1 zwei Kurven mit gleichen Anfangs- und gleichen Endpunkten, so sind (wegen C) die beiden Kurven homotop. Es sei $z(t, \lambda)$, $0 \leqq t \leqq 1$, $0 \leqq \lambda \leqq 1$, die im Sinne der Definition von **8.1.** bei Homotopie existierende Funktion. Nach Hilfssatz 1 von **8.3.** gehört für jedes t, λ, fest aus $0 \leqq t \leqq 1$, $0 \leqq \lambda \leqq 1$ gewählt, die Kreisscheibe $|z - z(t, \lambda)| < \delta$ ganz zu G. Wie in **8.3.** wird $0 \leqq t \leqq 1$, $0 \leqq \lambda \leqq 1$ jetzt wieder so unterteilt, daß das Bild jedes Teilquadrats ganz in

12*

$|z - z(t_{\nu-1}, \lambda_{\mu-1})| < \delta$ enthalten ist. Nach dem Hilfssatz muß die Potenzreihenentwicklung eines in G unbeschränkt analytisch fortsetzbaren Funktionselementes, das in einer Umgebung von $z(t_{\nu-1}, \lambda_{\mu-1})$ gegeben ist, mindestens in $|z - z(t_{\nu-1}, \lambda_{\mu-1})| < \delta$ konvergieren. Wegen I ist die Fortsetzung längs des durch $z(t, \lambda)$ entworfenen Bildes von k_1 und auch längs des Bildes von k_2 (vgl. Abb. 43a, b) eine Umordnung, also sind beide Fortsetzungen gleich. Insgesamt ist daher (Abb. 43c) die Fortsetzung längs des Bildes von s_N gleich der längs des Bildes von s_{N-1}. Schließlich folgt: Die Fortsetzung längs des Bildes von s_N ist gleich der längs des Bildes von s_1. Da die Bilder von s_1 bzw. von s_N die Kurven γ_0 bzw. γ_1 sind, ist also die analytische Fortsetzung längs γ_0 mit der längs γ_1 identisch, d. h., das End-Funktionselement, das man durch Fortsetzung von $f_0(z)$ längs einer in z_0 beginnenden und in G verlaufenden Kurve γ erhält, ist nur vom Endpunkt, nicht vom speziellen Verlauf von γ abhängig. Daher gilt:

Erfüllt G eine der untereinander gleichwertigen Bedingungen A, B, C, D, E oder F und ist $f_0(z)$ ein in G unbeschränkt analytisch fortsetzbares Funktionselement, so definiert die analytische Fortsetzung von $f_0(z)$ in G eine (eindeutige) reguläre Funktion (Monodromiesatz).

9. AUSBLICK AUF WEITERE FRAGESTELLUNGEN DER FUNKTIONENTHEORIE

Nach 2.2. bzw. 7.2. leistet eine reguläre Funktion mit von Null verschiedener Ableitung eine winkeltreue Abbildung. Damit folgt aus 8.2., daß man jedes Gebiet mit den Eigenschaften A, B, C, D, E bzw. F (einfach zusammenhängendes Gebiet) winkeltreu (konform) auf eine Kreisscheibe abbilden kann. Daher lassen sich zwei beliebige einfach zusammenhängende Gebiete konform aufeinander abbilden, alle einfach zusammenhängenden Gebiete sind — wie man sagt — konform äquivalent. Die Kreisscheibe gehört zu dieser konformen Klasse. Sie kann mithin als Normalform der einfach zusammenhängenden Gebiete aufgefaßt werden. Solche Normalformenprobleme lassen sich auch für allgemeinere Gebiete behandeln. Für mehrfach zusammenhängende Gebiete, das sind Gebiete mit mehreren Randkomponenten, ergeben sich als Normalformen Parallelschlitzgebiete (ein Parallelschlitzgebiet entsteht, wenn aus der Ebene mehrere zueinander parallele Strecken herausgenommen werden). Bezüglich der neueren Entwicklung dieser Untersuchungen vgl. man G. M. GOLUSIN [22], H. GRÖTZSCH [25], H. GRUNSKY [26], J. A. JENKINS [32], R. KÜHNAU [41] und U. PIRL [49].

Auf konforme Abbildungen wird man bei vielen angewandten Problemen geführt (vgl. H. DÖRRIE [16], W. M. KELDYSCH [35], F. RÜHS [55]). Zum Beispiel kann durch eine konforme Abbildung geklärt werden, wie bei einer (ebenen) stationären Strömung eine Kreisscheibe (durch eine inkompressible Flüssigkeit) umströmt wird.

Durch den Einsatz elektronischer Rechenmaschinen gewinnen konstruktive Verfahren zur tatsächlichen (näherungsweisen) Bestimmung konformer Abbildungen eine ständig steigende Bedeutung. Der gegenwärtige Stand dieser Forschungsrichtung ist aus dem Buch von D. GAIER [21] ersichtlich.

Neben geometrischen Fragen haben aber auch rein analytische Probleme die funktionentheoretische Forschung belebt. Zum Beispiel traf das für die elliptischen Integrale zu. Elliptische Integrale haben die Form $\int \mathrm{rat}\,\left(x, \sqrt{p(x)}\right) dx$, der Integrand ist also eine rationale Funktion von x und $\sqrt{p(x)}$. Dabei ist $p(x)$ ein Polynom dritten oder vierten Grades, das nur Nullstellen erster Ordnung haben soll. Der Integrand des elliptischen Integrals ist im allgemeinen in der z-Ebene nicht eindeutig, da die Quadratwurzel bei von Null verschiedenem Radikanden zwei mögliche Werte besitzt. Um den Integranden $\mathrm{rat}\,\left(z, \sqrt{p(z)}\right)$ der elliptischen Integrale als (eindeutige) Funktion auffassen zu können, wird wie in **7.3.** über der z-Ebene eine (zweiblättrige) Riemannsche Fläche konstruiert. Diese hat in den Nullstellen von $p(z)$ Verzweigungspunkte. Hat $p(z)$ ungerade Ordnung, so ist zusätzlich $z = \infty$ Verzweigungsstelle. Dies ist aber nicht der einzige Zusammenhang zwischen elliptischen Integralen und Funktionentheorie. Der eigentliche, tiefer liegende Zusammenhang besteht darin, daß die Integranden elliptischer Integrale auf doppeltperiodische meromorphe (sogenannte *elliptische*) Funktionen zurückgeführt werden können. Bis auf einen konstanten Faktor gibt es genau ein elliptisches Integral *erster Gattung*, das ist ein solches, bei dem der Integrand auf der ganzen Riemannschen Fläche bestimmte Regularitätsforderungen erfüllt. Das Integral erster Gattung wird durch

$$w = \int \frac{1}{\sqrt{p(z)}}\, dz \tag{1}$$

gegeben. Durch dieses Integral wird die Riemannsche Fläche auf ein Parallelogramm in der w-Ebene abgebildet. Die eineindeutige Abbildung eines mehrblättrigen Gebildes über der z-Ebene auf ein Gebiet der w-Ebene heißt *Uniformisierung*. Hat man einen beliebigen Integranden $\mathrm{rat}\left(z, \sqrt{p(z)}\right)$ und rechnet man das Integral mit (1) in die w-Ebene um, so wird der Integrand des umgerechneten Integrals, wie oben schon gesagt wurde, eine elliptische Funktion (vgl. A. HURWITZ und R. COURANT [30], F. TRICOMI und M. KRAFFT [63]). Die Theorie der elliptischen Funktionen ist auch eng mit Fragen der analytischen Zahlentheorie verbunden (vgl. A. HURWITZ und R. COURANT [30]).

Elliptische Integrale sind also Integrale auf der durch $w^2 = p(z)$ definierten Riemannschen Fläche, $p(z) = $ Polynom dritten oder vierten Grades. Allgemein kann man Funktionen $w = w(z)$ betrachten, die durch eine algebraische Gleichung der Form

$$\sum a_{\lambda\mu} z^\lambda w^\mu = 0, \quad a_{\lambda\mu} \text{ konstant,}$$

definiert werden. Ist m der tatsächliche Grad dieser Gleichung in w, so gehören zu jedem z im allgemeinen m voneinander verschiedene Werte $w(z)$. Diese mehrdeutige Zuordnung heißt *algebraische Funktion*. Für jede algebraische Funktion läßt sich wieder eine Riemannsche Fläche konstruieren, auf der sie als (eindeutige) Funktion aufgefaßt werden kann. Die Riemannsche Fläche kann umgebungsweise durch Einführung geeigneter (komplexer) Koordinaten t auf Gebiete der komplexen t-Ebene bezogen werden. Die algebraische Funktion $w(z)$ und jede rationale Funktion von z und $w(z)$ ist als Funktion dieser lokalen Koordinaten t meromorph. Ein Integral, dessen Integrand eine rationale Funktion von z und $w(z)$ ist, heißt *Abelsches Integral*. Der Integrand ist also als Funktion zulässiger komplexer Koordinaten meromorph. Ist der Integrand insbesondere als Funktion aller zulässigen lokalen Koordinaten t polfrei, so heißt das Integral von *erster Gattung*. Es gibt stets nur endlich viele linear unabhängige Integranden von Integralen erster Gattung. Ihre Anzahl $p\,(\geqq 0)$ hat auch eine topologische Bedeutung: Die zugehörige Riemannsche Fläche läßt sich stetig in die Oberfläche einer Kugel mit p Henkeln verformen. Die Zahl p heißt das *Geschlecht der Riemannschen Fläche*. Im Spezialfall der elliptischen Integrale ist das Geschlecht $p = 1$, d. h., die Riemannsche Fläche hat die topologische Struktur der Oberfläche einer Kugel mit einem Henkel, das ist die topologische Struktur des Torus. Genauso wie man die Riemannsche Fläche des Integranden eines elliptischen Integrals uniformisieren kann, gelingt dies auch für die Riemannsche Fläche des Integranden eines Abelschen Integrals. Während sich im elliptischen Fall ein Parallelogramm ergibt, ergibt sich allgemein ein $4p$-Eck (die Kanten sind paarweise zu identifizieren). Im Fall der elliptischen Integrale gelingt die Uniformisierung durch das Integral erster Gattung, für den allgemeinen Fall trifft dies jedoch nicht zu.

Die Theorie Riemannscher Flächen bietet die Möglichkeit, axiomatische Gesichtspunkte für die Funktionentheorie heranzuziehen. Aus gewissen Eigenschaften der Riemannschen Flächen algebraischer Funktionen gewinnt man ein Axiomensystem (für die *abstrakte* Riemannsche Fläche; vgl. R. NEVANLINNA [46], H. WEYL [67]). Bei diesem Standpunkt stehen naturgemäß modelltheoretische Fragen im Vordergrund. Bemerkenswerterweise kann jede kompakte abstrakte Riemannsche Fläche (das ist eine Riemannsche Fläche, bei der jede unendliche Punktmenge wenigstens einen Häufungspunkt besitzt), als zugehörige Riemannsche Fläche einer geeigneten algebraischen Funktion gewonnen werden. Daher wurden in letzter Zeit vor allem die nicht kompakten Riemannschen Flächen untersucht (vgl. L. V. AHLFORS und L. SARIO [2], C. CONSTANTINESCU und A. CORNEA [14], R. NEVANLINNA [46], A. PFLUGER [50]). Eingeleitet wurde die Klassifizierungstheorie nicht kompakter Riemannscher Flächen durch die Arbeit von R. NEVANLINNA [45], der darin den Begriff der nullberandeten Riemannschen Fläche einführte. Nullberandete Riemannsche Flächen sind eine Klasse Riemannscher Flächen, deren Theorie noch viele gemeinsame Merkmale mit der der kompakten Riemannschen Flächen aufweist.

Die Theorie der algebraischen Funktionen ist aber auch in anderer Richtung weit ausgebaut worden. Es ist möglich, an Stelle des Körpers der komplexen Zahlen allgemeinere Körper zugrunde zu legen. Bezüglich dieser Richtung vergleiche man C. CHEVALLEY [12].

Die aus der Theorie der algebraischen Riemannschen Flächen hervorgegangene axiomatische Methode in der Funktionentheorie haben wichtige Gesichtspunkte für die Funktionentheorie mehrerer komplexer Veränderlicher ergeben. In dieser Theorie werden solche Funktionen von n komplexen Veränderlichen z_j betrachtet, die nach allen z_j partielle Ableitungen besitzen. An die Stelle der Riemannschen Fläche tritt zunächst die n-dimensionale komplexe Mannigfaltigkeit, die sich umgebungsweise auf Gebiete des n-dimensionalen komplexen Zahlenraums $(z_1, z_2, \ldots, z_n)$ beziehen läßt. Allerdings reicht der Begriff der komplexen Mannigfaltigkeit nicht für alle Untersuchungen von Funktionen mehrerer komplexer Veränderlicher aus. Betrachtet man z. B. die Funktion $w = \sqrt{z_1 z_2}$, so gehört zu dieser Funktion im z_1, z_2, w-Raum die durch $w^2 - z_1 z_2 = 0$ definierte sogenannte *analytische Menge*. Insbesondere gehört $(0, 0, 0)$ zu dieser analytischen Menge m. Allerdings läßt sich m in einer Umgebung von $(0, 0, 0)$ nicht auf komplexe Parameter beziehen (nichtuniformisierbarer Punkt). Daher wurde von H. BEHNKE und K. STEIN ([3]) der Begriff des *komplexen Raumes* eingeführt, der diesem Umstand Rechnung trägt. H. CARTAN [11] und später J. P. SERRE [59] führten einen anderen Begriff des komplexen Raumes ein, der algebraische (garbentheoretische) Gesichtspunkte bevorzugt. Der Zusammenhang zwischen beiden Begriffen wurde von H. GRAUERT und R. REMMERT ([24]) klargestellt.

All diese Dinge basieren auf dem Begriff der komplexen Ableitung. In letzter Zeit wurde die komplexe Analysis aber auch dadurch weiterentwickelt, daß man den Begriff der komplexen Differentiation allgemeiner faßte. Das läuft darauf hinaus, daß Real- und Imaginärteil der betrachteten komplexwertigen Funktion nicht dem Cauchy-Riemannschen partiellen Differentialgleichungssystem, sondern einem allgemeineren partiellen Differentialgleichungssystem genügen (vgl. L. BERS [5], I. N. VEKUA [66]. Diese Theorie ist vieler Anwendungen, z. B. in der momentefreien Schalentheorie, fähig (vgl. I. N. VEKUA [66]). Die Theorie der verallgemeinerten analytischen Funktionen ist theoretisch auch deswegen besonders interessant, weil die in ihr auftretenden Ableitungen im Sobolewschen Sinne, nicht im Sinne der klassischen Differentiation, aufgefaßt werden können. Dadurch kann die ganze Theorie unter sehr geringen Voraussetzungen aufgebaut werden.

LITERATURVERZEICHNIS

[1] AHLFORS, L. V., Complex analysis, 2nd ed., New York/Toronto/London 1966.

[2] AHLFORS, L. V., and L. SARIO, Riemann Surfaces, Princeton 1960.

[3] BEHNKE, H., und K. STEIN, Modifikation komplexer Mannigfaltigkeiten und Riemannscher Gebiete, Math. Ann. **124**, 1—16 (1951).

[4] BEHNKE, H., und F. SOMMER, Theorie der analytischen Funktionen einer komplexen Veränderlichen, 2. Aufl., Berlin/Göttingen/Heidelberg 1962.

[5] BERS, L., Theory of pseudo-analytic functions, New York 1952 (hektogr.).

[6] BIEBERBACH, L., Einführung in die Funktionentheorie, 2. Aufl., Bielefeld 1952.

[7] BIEBERBACH, L., Lehrbuch der Funktionentheorie; Bd. I: Elemente der Funktionentheorie, 3. Aufl., Leipzig/Berlin 1930; Bd. II: Moderne Funktionentheorie, 2. Aufl., Leipzig/Berlin 1931.

[8] BIEBERBACH, L., Einführung in die konforme Abbildung, 6. Aufl., Berlin 1967.

[9] BIEBERBACH, L., Analytische Fortsetzung, Berlin/Göttingen/Heidelberg 1955.

[10] CARATHÉODORY, C., Funktionentheorie; Bd. I: 2. Aufl., Basel/Stuttgart 1960; Bd. II: 2. Aufl., Basel/Stuttgart 1961.

[11] CARTAN, H., Séminaire E.N.S. 1951(52) (hektogr.).

[12] CHEVALLEY, C., Introduction to the theory of algebraic functions of one variable, New York 1951.

[13] CONNELL, E. H., On properties of analytic functions, Duke Math. Journ. **28**, 73—81 (1961).

[14] CONSTANTINESCU, C., und A. CORNEA, Ideale Ränder Riemannscher Flächen, Berlin/Göttingen/Heidelberg 1963.

[15] DINGHAS, A., Vorlesungen über Funktionentheorie, Berlin/Göttingen/Heidelberg 1961.

[16] DÖRRIE, H., Einführung in die Funktionentheorie, München 1951.

[17] FICHTENHOLZ, G. M., Differential- und Integralrechnung, Bd. I—II, 2. Aufl.; Bd. III, 1. Aufl., Berlin 1966, 1966 bzw. 1964 (Übersetzung aus dem Russischen).

[18] Б. А. Фукс, Введение в теорию аналитических функций многих комплексных переменных, Изд. второе, Москва 1962.

[19] Б. А. Фукс, Специальные главы теории аналитических функций многих комплексных переменных, Изд. второе, Москва 1963.

[20] FUKS, B. A., and B. V. SHABAT, Functions of a complex variable and some of their applications, New York/Paris 1964 (Übersetzung aus dem Russischen).

[21] GAIER, D., Konstruktive Methoden der konformen Abbildung, Berlin/Göttingen/Heidelberg 1964.

[22] GOLUSIN, G. M., Geometrische Funktionentheorie, Berlin 1957 (Übersetzung aus dem Russischen; neue russische Auflage 1966).

[23] GRAESER, E., Einführung in die Theorie der elliptischen Funktionen und deren Anwendungen, München 1950.

[24] GRAUERT, H., und R. REMMERT, Komplexe Räume, Math. Ann. **136**, 245—318 (1958).

[25] GRÖTZSCH, H., Über einige Extremalprobleme der konformen Abbildung, Ber. Verh. Sächs. Akad. Wiss. Leipzig, Math.-phys. Kl., **80**, 367—376 (1928); II: **80**, 497—502 (1928).

[26] Grunsky, H., Neue Abschätzungen zur konformen Abbildung mehrfach zusammen-hängender schlichter Bereiche, Schr. Math. Inst. Univ. Berlin 1 (1932).

[27] Heffter, L., Kurvenintegrale und Begründung der Funktionentheorie, Berlin/Göt-tingen/Heidelberg 1948.

[28] Heffter, L., Begründung der Funktionentheorie auf alten und neuen Wegen, Berlin/Göttingen/Heidelberg 1955.

[29] Hensel, K., und G. Landsberg, Theorie der algebraischen Funktion einer Veränder-lichen, Leipzig 1902.

[30] Hurwitz, A., und R. Courant, Funktionentheorie, 3. Aufl., Berlin 1929.

[31] Ilieff, L., Analytische Nichtfortsetzbarkeit und Überkonvergenz einiger Klassen von Potenzreihen, Berlin 1960.

[32] Jenkins, J. A., Univalent functions and conformal mapping, Berlin/Göttingen/Heidel-berg 1958.

[33] Jung, H. W. E., Theorie der algebraischen Funktionen einer Veränderlichen, Berlin 1923.

[34] Jung, H. W. E., Einführung in die Theorie der algebraischen Funktionen zweier Ver-änderlicher, Berlin 1951.

[35] Keldysch, M. W., Repetitorium der elementaren Funktionentheorie, Berlin 1959 (Übersetzung aus dem Russischen).

[36] v. Kerékjártó, B., Vorlesungen über Topologie, Berlin 1923.

[37] Kneser, H., Funktionentheorie, Göttingen 1958.

[38] Knopp, K., Funktionentheorie; I. Grundlagen der allgemeinen Theorie der analyti-schen Funktionen, 11. Aufl., Berlin 1965; II: Anwendungen und Weiterführung der allgemeinen Theorie, 11. Aufl., Berlin 1965.

[39] Knopp, K., Theorie und Anwendung der unendlichen Reihen, 5. Aufl., Berlin/Göttin-gen/Heidelberg/New York 1964.

[40] v. Krbek, F., Der Integralsatz von Cauchy, Wiss. Zeitschr. Univ. Greifswald, Math.-naturw. Reihe, 8, 39—41 (1959).

[41] Kühnau, R., Geometrie der konformen Abbildung auf der projektiven Ebene, Wiss. Zeitschr. Univ. Halle, Math.-naturw. Reihe, 12, 5—20 (1963).

[42] Lawrentjew, M. A., und B. W. Schabat, Methoden der komplexen Funktionen-theorie, Berlin 1967 (Übersetzung aus dem Russischen).

[43] Schröder, K. (Herausgeber), Mathematik für die Praxis, Band III, 3. Aufl., Berlin 1966.

[44] Naas, J., und H. L. Schmid, Mathematisches Wörterbuch (2 Bände), 2. Aufl., Berlin/Stuttgart 1962.

[45] Nevanlinna, R., Quadratisch integrierbare Differentiale auf einer Riemannschen Mannigfaltigkeit, Ann. Acad. Sci. Fenn., Ser. A, I. 1 (1941).

[46] Nevanlinna, R., Uniformisierung, Berlin/Göttingen/Heidelberg 1953.

[47] Nevanlinna, R., Eindeutige analytische Funktionen, 2. Aufl., Berlin/Göttingen/Hei-delberg 1953.

[48] Nevanlinna, R., und V. Paatero, Einführung in die Funktionentheorie, Basel 1965.

[49] Pirl, U., Über isotherme Kurvenscharen vorgegebenen topologischen Verlaufs und ein zugehöriges Extremalproblem der konformen Abbildung, Math. Ann. 133, 91—117 (1957).

[50] Pfluger, A., Theorie der Riemannschen Flächen, Berlin/Göttingen/Heidelberg 1957.

[51] Porcelli, P., and E. H. Connell, A proof of the power series expansion without Cauchy's formula, Bull. Amer. Math. Soc. 67, 177—181 (1961).

[52] Priwalow, I. I., Einführung in die Funktionentheorie; Teil 1—3, Leipzig 1958, 1959 bzw. 1959 (Übersetzung aus dem Russischen).

[53] Priwalow, I. I., Randeigenschaften analytischer Funktionen, 2. Aufl., Berlin 1956 (Übersetzung aus dem Russischen).

[54] READ, A. H., Higher derivatives of analytic functions from the standpoint of topological analysis, Journ. London Math. Soc. **36**, 345—352 (1961).

[55] RÜHS, F., Funktionentheorie, Berlin 1962.

[56] SAKS, S., and A. ZYGMUND, Analytic functions, Warszawa/Wrocław 1952.

[57] SCHIFFER, M., and D. C. SPENCER, Functionals of finite Riemann surfaces, Princeton 1954.

[58] SEIFERT, H., und W. THRELFALL, Lehrbuch der Topologie, Leipzig/Berlin 1934.

[59] SERRE, J. P., Géométrie algébrique et géométrie analytique, Ann. Inst. Fourier 6, 1—42 (1955/56).

[60] SMIRNOW, W. I., Lehrgang der höheren Mathematik, Teil III$_2$, 6. Aufl., Berlin 1967 (Übersetzung aus dem Russischen).

[61] SPRINGER, G., Introduction to Riemann surfaces, Massachusetts 1957.

[62] THRON, W. J., The theory of functions of a complex variable, New York/London 1953.

[63] TRICOMI, F., und M. KRAFFT, Elliptische Funktionen, Leipzig 1948.

[64] TUTSCHKE, W., Eine Bemerkung zu einer Abschätzung von O. Zaubek für die Nullstellen von Polynomen, Math. Nachr. **25**, 331—333 (1963).

[65] TUTSCHKE, W., Über eine Verschärfung der Aussage des Satzes von Rouché, Arch. d. Math. XVII, 432—434 (1966).

[66] VEKUA, I. N., Verallgemeinerte analytische Funktionen, Berlin 1963 (Übersetzung aus dem Russischen).

[67] WEYL, H., Die Idee der Riemannschen Fläche, 3. Aufl., Stuttgart 1955.

[68] WITTICH, H., Neuere Untersuchungen über eindeutige analytische Funktionen, Berlin/Göttingen/Heidelberg 1955.

[69] ZAUBEK, O., Über eine Abschätzung des Fehlers der Nullstellen ganzrationaler Funktionen einer komplexen Veränderlichen mit fehlerhaften Koeffizienten, Math. Nachr. **25**, 319—329 (1963).

NAMEN- UND SACHVERZEICHNIS

Die Differential- und Integralgleichungen der Mechanik und Physik

VIEWEG PAPERBACKS

Gute wissenschaftliche Literatur muß nicht teuer sein!

Diese Paperbacks hat jede Buchhandlung vorrätig.

Sehen Sie sich in Ruhe an, was Sie interessiert.

Jeden Monat erscheinen neue Titel!

Fragen Sie Ihren Buchhändler!

Er zeigt sie Ihnen gern!

Sie können bei ihm auch einfach eine Reihe

zur Fortsetzung vormerken lassen.

Philosophie	**Biologie**
Mathematik	**Maschinenbau**
Physik	**Elektrotechnik**
Chemie	**Automation**

WTB Wissenschaftliche Taschenbücher

Chemische Thermodynamik
von W. Wagner — DM 6,80

Elementare Methoden zur Lösung von Differentialgleichungsproblemen
von H. Goering — DM 3,80

Elementarteilchen
von A. A. Sokolow — DM 3,80

Magnetochemie
von W. Haberditzl — DM 6,80

Mathematische Hilfsmittel in der Physik I
von G. Heber — DM 6,80

Mathematische Hilfsmittel in der Physik II
von G. Heber — DM 6,80

Relativität und Kosmos – Raum und Zeit in Physik, Astronomie und Kosmologie
von H.-J. Treder — DM 6,80

Spektroskopische Methoden in der organischen Chemie
von R. Borsdorf / M. Scholz — DM 6,80

Varianzanalyse
von H. Ahrens — DM 9,80

Weiterhin sind als Paperbacks lieferbar:

Der Aufstieg der wissenschaftlichen Philosophie
von H. Reichenbach — DM 16,80

Boolsche Algebra und ihre Anwendung
von J. E. Whitesitt — DM 10,80

Grundlagen der Regelungstechnik
von E. Pestel / E. Kollmann — DM 19,80

Über mehrwertige Logik
von A. A. Sinowjew — DM 9,80

uni-texte

Studienbücher

Gruppentheorie
von K. Mathiak / P. Stingl — DM 9,80

Mechanik
von L. D. Landau / E. M. Lifschitz — DM 9,80

Mechanik I: Grundbegriffe – Kinematik – Statik
von K.-A. Reckling — DM 9,80

Rechenseminar in physikalischer Chemie
von K. Torkar / H. Krischner — DM 9,80

Wechselströme und Netzwerke
von W. Leonhard — DM 9,80

Lehrbücher

Einführung in die höhere Mathematik
von H. Dallmann / K. H. Elster — DM 36,00

Elektromagnetische Wellen I
von H.-G. Unger — DM 16,80

Elektromagnetische Wellen II
von H.-G. Unger — DM 12,80

Elektronische Bauelemente und Netzwerke I
von H.-G. Unger / W. Schultz — DM 16,80

Elektronische Bauelemente und Netzwerke II
von H.-G. Unger / W. Schultz — ca. DM 16,80

Energieverteilung
von H. Lau / W. Hardt — DM 12,80

Grundlagen der Funktionentheorie
von W. Tutschke — ca. DM 13,80

Physik der Halbleiter I
von D. Geist — ca. DM 16,80

Physikalische Grundlagen der Hochfrequenztechnik
von E. Meyer / R. Pottel — DM 29,50

Physikalische und technische Akustik
von E. Meyer / E.-G. Neumann — DM 29,50

Plasma und Lichtbogen
von W. Rieder — DM 12,80

Quantenelektronik
von H.-G. Unger — DM 7,50

Theorie der Leitungen
von H.-G. Unger — DM 12,80

Vorstufe zur höheren Mathematik
von S. G. Krein / V. N. Uschakowa — DM 6,80

Der Wald – Begründung, Aufbau und Erhaltung
von J. Barner — DM 12,80

Ostwalds Klassiker

der exakten Wissenschaften- Taschenbuchreihe kommentierter Originaltexte

Die Begründung der Elektrochemie und Entdeckung der ultravioletten Strahlen
von J. W. Ritter — DM 14,00

Über die Einführung absoluter elektrischer Maße
von W. Weber und R. Kohlrausch — DM 9,80

Das Feste im Festen
von Niels Stensen — DM 18,00

Neun Bücher arithmetischer Technik – Ein chinesisches Rechenbuch für den praktischen Gebrauch aus der frühen Hanzeit — DM 16,80

De Thiende (Dezimalbruchrechnung)
von Simon Stevin — DM 7,80

Taschenbücher der Technik

Reihe Automatisierungstechnik

Studienausgaben

Die naturwissenschaftliche Erkenntnis:
von E. Hunger
Band 1 – Begriff und Methode   DM 4,90

Band 2 – Der Mensch und die Naturwissenschaft
   DM 4,90

Band 3 – Prinzipienfragen der naturwissenschaftlichen
Erkenntnis   DM 4,90

Nichteuklidische Geometrie
von H. Meschkowski   DM 4,80

Physikalische Aufgaben
von H. Lindner   DM 8,80

Die physikalische Erkenntnis und ihre Grenzen
von A. March   DM 10,80

Physikalische Kernchemie
von U. Schindewolf   DM 10,80

Symbole, Einheiten und Nomenklatur in der Physik
Document U.I.P. (IUPAP)   DM 3,50

Unterhaltsame Mathematik
von R. Sprague   DM 6,80

Vektoren in der analytischen Geometrie
von A. Wittig   DM 6,80

Was sind und was sollen die Zahlen?
Stetigkeit und irrationale Zahlen
von R. Dedekind   DM 5,80

Wendepunkte in der Physik
D. ter Haar u. A. C. Crombie   DM 9,80

C + International Library

Advanced Engineering Thermodynamics
von R. S. Benson   DM 14,40

Agricultural Physics
von C. W. Rose   DM 10,10

Atomic Spectra
von W. R. Hindmarsh   DM 16,80

Basic Instrumentation for Engineers an Physicists
von A. M. P. Brookes   DM 10,10

Basic Principles of Electronics, Vol. 1: Thermionics
von J. Jenkins und W. H. Jarvis   DM 10,10

Chemical Binding and Structure
von J. E. Spice   DM 10,10

Chemical Kinetics and Surface / Colloid Chemistry
von A. F. Trotman-Dickenson und G. D. Parfitt
   DM 8,40

The Chemistry of the Metallic Elements
von D. Steele   DM 10,10

Chemistry of the Non-Metallic Elements
von E. Sherwin und G. J. Weston   DM 7,20

Concerning Amines – Their Properties
Preparation and Reactions
von D. Ginsburg   DM 12,00

The Contributions of Faraday and Maxwell to
Electrical Science
von R. A. R. Tricker   DM 12,00

Diffraction Coherence in Optics
von M. François   DM 9,60

Elementary Reactor Physics
von P. J. Grant   DM 10,10

Elements and Formulae of Special Relativity
von E. A. Guggenheim   DM 6,00

The Fundamentals of Corrosion
von J. C. Scully   DM 9,60

Heavy Organic Chemicals
von A. J. Gait   DM 12,00

High Explosives and Propellants
von S. Fordham   DM 10,10

High Pressure Chemistry
von R. S. Bradley und D. C. Munro   DM 10,10

Inorganic Chemistry in Non-Aqueous Solvents
von A. K. Holliday und A. G. Massey   DM 8,40

Introduction to Dislocations
von P. Hull   DM 12,00

An Introduction to Gas Discharges
von A. M. Howatson   DM 10,10

An Introduction to Chemical Metallurgy
von R. H. Parker   DM 16,80

Introduction to Polymer Chemistry
von D. Margerison und G. C. East   DM 12,00

Introductory Practical Physical Chemistry
von D. T. Burns und E. Rattenbury   DM 7,20

Irradiation Damage to Solids
von B. T. Kelly   DM 12,00

Kinetics of Inorganic Reactions
von A. G. Sykes   DM 14,40

Kinetic Theory, Vol. 1:
The Nature of Gases and of Heat
von S. G. Brush   DM 8,40

Kinetic Theory, Vol. 2: Irreversible Processes
von S. G. Brush   DM 10,10

The Laws and Applications of Thermodynamics
von A. D. Buckingham   DM 10,10

Magnetohydrodynamics with Hydrodynamics, Vol. 1
von P. C. Kendall und C. Plumpton   DM 8,40

Nuclear Forces
von D. M. Brink   DM 8,40

Optical Illusions
von S. Tolansky   DM 8,40

Purines, Pyrimidines und Nucleotides
von T. L. V. Ulbricht   DM 6,00

Reaction Kinetics, Vol. 1: Homogeneous Gas
Reactions
von K. J. Laidler   DM 10,10

Reaction Kinetics, Vol. 2: Reactions in Solution
von K. J. Laidler   DM 8,40

Selected Readings in Chemical Kinetics
von M. H. Back und K. J. Laidler   DM 10,10

uni—texte

Studienbücher

K. Mathiak / P. Stingl, Gruppentheorie
für Chemiker, Physiko-Chemiker, Mineralogen (ab 5. Semester)

K. Torkar / H. Krischner, Rechenseminar in Physikalischer Chemie
für Chemiker, Verfahrenstechniker und Physiker (ab 3. Semester)

K.-A. Reckling, Mechanik I
für Studierende der Ingenieurwissenschaften (1. Semester)

L.D. Landau / E.M. Lifschitz, Mechanik
für Mathematiker und Physiker (2. und 3. Semester)

W. Leonhard, Wechselströme und Netzwerke
für Elektrotechniker (3. Semester)

Vorschau auf die nächsten Bände:

G. Frühauf, Elektrische Meßtechnik I, II
für Elektrotechniker (2. und 3. Semester), Physiker und Physiko-Chemiker (ab 5. Semester)

G. Frühauf, Meßtechnisches Praktikum
für Elektrotechniker (3. Semester)

H. Glaser, Einführung in die Technische Wärmelehre
für Maschinenbauer und Technische Physiker (3. Semester)

H.F. Grave, Grundlagen der Elektrotechnik
für Elektrotechniker (1. und 2. Semester)

G. Grawert, Quantenmechanik I, II
für Mathematiker, Physiker und Physiko-Chemiker (4. und 5. Semester)

S. Großmann, Funktionalanalysis I, II
für Mathematiker und Physiker (4. und 5. Semester)

P. Guillery, Werkstoffkunde für Elektroingenieure
für Elektrotechniker (4. Semester)

R. Jötten / H. Zürneck, Einführung in die Elektrotechnik I, II
für Maschinenbauer und Wirtschaftsingenieure (3. und 4. Semester)

W. Leonhard, Grundlagen der Regelungstechnik
für Maschinenbauer und Elektrotechniker (5. Semester)

G. Ludwig, Festkörperphysik
für Physiker und Physiko-Chemiker (4. Semester)

W. Martienssen, Einführung in die Physik I, II
für Naturwissenschaftler (1. und 2. Semester)

A. Peyerimhoff, Gewöhnliche Differentialgleichungen I, II
für Mathematiker und Physiker (3. und 4. Semester)

K.-A. Reckling, Mechanik II, III, Aufgabensammlung
für Studierende der Ingenieurwissenschaften (2. und 3. Semester)

H. Wolter / U. Gradmann, Grundlagen der Atomphysik
für Physiker (3. Semester)